सांख्यिकी भूगोल
STATISTICAL GEOGRAPHY

सांख्यिकी भूगोल
STATISTICAL GEOGRAPHY

लेखक
डॉ॰ इन्दिरा सिंह

डिस्कवरी पब्लिशिंग हाऊस
नई दिल्ली–110 002

प्रथम संस्करणः 2007

पुनर्मुद्रणः 2024

ISBN: 978-93-5056-657-2

सांख्यिकी भूगोल

प्रकाशकः

डिस्कवरी पब्लिशिंग हाऊस

4383/4B, अन्सारी रोड, दरियागंज

नई दिल्ली - 110 002

दूरभाष–+91-11-23279245, 23253475, 43596065

E-mail: discoverybooksindia@gmail.com

orderdphbooks@gmail.com

namitwasan9@gmail.com

web: www.discoverypublishinggroup.com

Printed at:

Infinity Imaging Systems

Delhi

प्रस्तावना

भौगोलिक शोध एवं अधिकांश सामाजिक विज्ञानों में वैज्ञानिक विधियों और सम्बद्ध गणित-साँख्यिकी की भाषा के उपयोग को विशेष महत्व मिला हुआ है। अति विस्तृत तथ्यों तथा आँकड़ों को अन्तर्ग्रहण करने की मानव बुद्धि की असमर्थता तथा साँख्यिकीय विधियों द्वारा आँकड़ों को एक सूत्र रूप में प्रस्तुत करने की विशेषता के कारण ही आज ये प्रविधियाँ अपरिहार्य हो गई हैं। भूगोल में वितरण विश्लेषण के लिए परम्परागत रूप से पृथक-पृथक किन्तु बहुधा अन्योन्याश्रित, विधियों का प्रयोग होता रहा है।

मात्रात्मक विधियाँ, जिसमें साँख्यिकीय विधियाँ मुख्य रूप से आती हैं। मानचित्र-विज्ञान, ऐतिहासिक तथा पुरातात्विक विवेचना तथा गुणात्मक वर्णन, वितरण विश्लेषण की अन्य विधियाँ हैं। उक्त सभी विधियों का भौगोलिक विश्लेषण में सतत महत्त्व होते हुए भी एक आधारभूत अनुसन्धान विषय सीमित विज्ञान के रूप में भूगोल का भविष्य कुछ सीमा तक मात्रात्मक तकनीकों के समुचित विकास पर ही आश्रित है।

मात्रात्मक विश्लेषण तकनीकों से प्रशिक्षित एक भूगोल का विद्यार्थी, उपयोग किए जाने वाले चरों की संख्या से न तो अवरोधित होगा एवं न ही गत्यात्मक प्राचल मूल्यों से युक्त आँकड़ों के विश्लेषण में कमजोर होगा। भूगोल में सैद्धान्तिक विकास हेतु मात्रात्मक तकनीक एक सही विधि हैं। मात्रात्मक युग तब तक अक्षुण्ण रहेगा

जब तक इसकी विधियाँ सिद्धान्तों के विकास में मददगार होती रहेंगी। अर्थात् भूगोल की कोई शाखा यदि अपने को वैज्ञानिक कहलाना चाहती है तो उसे सिद्धान्त का विकास करना जरूरी होगा तथा कोई भी शाखा जिसे सिद्धान्त की जरूरत है, मात्रात्मक तकनीकों की निश्चय ही जरुरत पड़ेगी।

सिद्धान्त के सभी विवरणों को, अपनी शुरूआती अवस्था में, मात्रात्मक रूप में प्रदर्शित करने की आवश्यकता नहीं पड़ती है, किन्तु सिद्धान्तों के विकास, उनके परीक्षण एवं नूतन एवं सत्यापनीय ज्ञान प्राप्त करने हेतु इनका उपयोग आवश्यक है।

इसी परिप्रेक्ष्य में भूगोल के विद्यार्थियों को साँख्यिकीय विधियों के आधारभूत सिद्धान्तों एवं भूगोल में उनके प्रयोग सम्बन्धी विश्लेषण को प्रस्तुत करने का प्रयास किया गया है।

धन्यवाद।

—लेखक

अनुक्रम

1

सांख्यिकी भूगोल : परिचय

भूगोल और विज्ञान के क्षेत्र में घटित कई प्रमुख आविष्कारों और इंग्लैंड में घटित औद्योगिक क्रान्ति से भूगोल के प्रयोजन और क्षेत्र में क्राान्तिकारी परिवर्तन आए। खोजों और अनुसंधानों के फलस्वरूप लोगों के मन से मध्यकालीन जड़ता समाप्त हुई और परम्परावाद का स्थान तर्कवाद या विश्लेषणवाद ने ले लिया। नव विश्लेषणात्मक शोध तकनीकों एवं नूतन विषय सामग्री द्वारा परम्परागत विचारधारा का संशोधन करने से अध्ययन प्रणाली में नवीनता आई है तथा भौगोलिक जानकारी क्रियात्मक एवं व्यवहारिकताजन्य आयाम से युक्त हुआ है। सम्प्रति भौगोलिक समस्याओं के समाधान में गणित तथा साँख्यिकीय विधियों के प्रयोग तथा संगणकों (कम्प्यूटर) की सुविधा और भूगोल विज्ञान के प्रति सामान्य दृष्टिकोण में बदलाव से भूगोल तथा सामान्य विज्ञान में समन्वय का मार्ग प्रशस्त हुआ है। इस उपागमजन्य परिवर्तन के प्रयास को मात्रात्मक क्रान्ति की संज्ञा दी जाती है। भूगोल में मात्रात्मक क्रान्ति 1950 के आस-पास शुरू हुई जो 1957 से 1960 के मध्य अपने चरम बिन्दु पर थी, और अब वह समाप्त हो चुकी है। **अकरमान** ने 1958 में इस नूतन पद्धति पर अपने विचार प्रकट करते हुए बताया कि 'यद्यपि भूतकाल में भौगोलिक वितरणों के विश्लेषण में सरलतम साँख्यिकी का प्रयोग किया जाता था, किन्तु आज विषय जटिलतम साँख्यिकीय विधियों—एक पूर्ण तार्किक विकास—की ओर प्रवृत्त है।

विश्लेषणात्मक मॉडल के प्रयोग, तथा समाश्रयण, सहसम्बन्ध, प्रसरण एवं सह-प्रसरण विश्लेषण के भूगोल में अत्यधिक प्रयोग की आशा की जाती है। इन विधितन्त्रों की जरूरत एवं मूल्य की दृष्टि से भूगोल अन्य समाज विज्ञानों से भिन्न नहीं है। **स्पेट** (1960), यद्यपि मात्रात्मक विधि के प्रति कुछ सशंकित थे, इसके बावजूद मानते हैं कि 'नए भूगोलज्ञ अनुभव करेंगे कि बिना साँख्यिकीय-ज्ञान के वे समुचित रूप से सुसज्जित नहीं' तथा अन्त में असहाय हो यह भी जोड़ा कि 'युवा-भूगोलज्ञ न होने से वे भारमुक्त हैं।' "एक बौद्धिक क्रान्ति उस समय खम्म हो जाती है जब परम्परागत मान्य विचारों को, नई मान्यताओं को शामिल करने के लिए दूर फेंक दिया जाता है या परिवर्तित कर दिया जाता है।

एक बौद्धिक क्रान्ति उस समय भी समाप्त हो जाती है जब क्रान्तिकारी विचार स्वयं परम्परागत बौद्धिकता के अंग बन जाते हैं। **अकरमान, स्पेट** या **हार्टशार्न** जब 'कुछ' के लिए सहमत हैं, तब हम परम्परागत बौद्धिकता की बात कर रहे हैं। अतएव मेरा विचार है कि मात्रात्मक क्रान्ति जो कुछ समय तक रही, समाप्त हो चुकी है। अब किस दर से हमारे पाठ्यक्रमों में मात्रात्मक पद्धतियों को स्थान मिल रहा है, इस पर ध्यान केन्द्रित करना है (**बर्टन** 1963)।" यद्यपि यह क्रान्ति समाप्त हो चुकी है, इसके विभिन्न चरणों की जांच करना लाभप्रद होगा, क्योंकि इससे 'मात्रात्मकता क्यों/किसलिए?' जैसे प्रश्न के लिए आधारभूमि प्रस्तुत होगी।

भौगोलिक चिंतन की दशा एवं दिशा

भूगोल अति प्राचीन काल से एक अनुकरणीय विज्ञान रहा है न कि अग्रणी विज्ञान। मुख्य विचारधाराओं का उद्‌भव अन्य क्षेत्रों में हुआ। वह हलचल जिसने भूगोल में क्रान्ति पैदा की भौतिकविदों तथा गणितज्ञों द्वारा प्रारम्भ की गई और जिसका सबसे पहले भौतिकशास्त्र, तदन्तर जीवविज्ञान में बदलाव हेतु विस्तार किया गया, आज यह अधिकांश समाज विज्ञानों--प्रमुखतः अर्थशास्त्र, मनोविज्ञान एवं समाजशास्त्र, में समुचित रूप से प्रदर्शित होता है। प्रमुख पूर्ववर्ती विज्ञानों में, जिनका प्रत्यक्ष या परोक्ष रूप से भूगोल में इस क्रान्ति को लाने में विशेष योगदान रहा है, **वॉन न्यूमान** (एक गणितज्ञ) और **मार्गेस्टर्न** (अर्थशास्त्री) अपने **गेम तथा आर्थिक व्यवहार सिद्धान्त** हेतु (1944), **नार्वर्ट विनेर** (1948) जिसका **साइबरनेटिक्स** शैक्षिक सीमाओं का अतिक्रमण करने का सुझाव देता है, एवं **जिफ** जिमने 1949 में **मानव व्यवहार तथा न्यूनतम प्रयास सिद्धान्त** को प्रकाशित किया, प्रमुख हैं।

भौतिक विद् **स्टीवर्ट** का आलेख 'जनसंख्या वितरण तथा समानता' से सम्बन्धित आनुभाविक गणितीय नियम 1947 में ही 'ज्योग्राफिकल रिव्यू' में छपा। **स्टीवर्ट** 'समाज-भौतिकी' के विकास का अगुआ है। कुछ प्राकृतिक तथा समाज वैज्ञानिकों द्वारा 1949 में प्रीस्टन सम्मेलन में किए गए संयुक्त विज्ञप्ति से ही कदाचित, समाज विज्ञान में गणित के उपयोग का सूत्रपात हुआ। इसके तत्काल बाद भूगोल में मात्रात्मकता का असर महसूस किया गया। कई विद्वानों द्वारा मात्रात्मक-प्रयोग के प्रति सुझावों से इसका प्रारम्भ हुआ। ऐसे प्रयत्न 1939 के आस-पास भी किए गए थे पर इस पर किसी ने ध्यान नहीं दिया।

वर्तमान क्रान्ति के सन्दर्भ में **प्रथम प्रयास स्टाहलर** द्वारा किया गया जिन्होंने भूगोल में इसके उपयोग को प्रोत्साहित किया। इसके अलावा **लीस्टर, किंग, शोरले, ड्यूरी, मैकेय, उलमान** आदि मात्रात्मक विधियों के अगुआ प्रयोगकर्त्ता हैं। मानव तथा आर्थिक भूगोल में मात्रात्मक विधियों को आत्मसात करने में विशेष कठिनाई रही।

सम्भववादी-परम्परा के कारण यह आश्चर्यजनक नहीं। इस क्षेत्र में 1950 के आस-पास **नेल्सन** के नगरों के 'सेवा-निर्धारण विधि' पर **गैरिसन** की टिप्पणी, भूगोल में साँख्यिकीय-विधियों के कम-प्रयोग पर **रेनॉल्ड** तथा **गैरिसन** के विचारों के आगत-निर्गत **स्पेट-बेरी** के 'आर्थिक भूगोल' में सम्पादकीय टिप्पणी में विचार' जिसमें **स्पेट** ने याद दिलाया है कि "साँख्यिकी सर्वोत्तम होते हुए भी अर्द्धजीवनयुक्त है, शेषार्द्ध समझ एवं तार्किक-विश्लेषण है।" जबकि **बेरी** ने इसके उलट मात्रापोषकों का पक्ष लेते हुए बताया है कि "तथ्यों, सिद्धान्तों तथा विधि-तन्त्रों के बीच स्पष्ट भेद हेतु यह पद्धति अपरिहार्य है," इस पद्धति में **डेसी, जोबलर-मैकेय, राविंसन, लुकरमान** तथा **बेरी** आदि के कार्य शामिल हैं। 1956 के मात्रापोषकों ने विविध व्यावसायिक पत्रिकाओं में अपने विचार सविस्तार रखने प्रारम्भ कर दिए थे। 1956 में 'रीजनल साइन्स परिषद्' की स्थापना से भूगोल में मात्रात्मकता को पुनः प्रोत्साहन मिला। पूर्ववर्ती क्रान्तिकारी अब तक भौगोलिक निर्माण के अंग बन चुके हैं तथा उनके कार्य हमारे विषय के स्वीकृत तथा एक उच्च स्तरीय अंग हैं।

प्रविधि की आलोचना

मात्रात्मक क्रान्ति से सम्बन्धित विरोधियों/आलोचकों को पाँच श्रेणियों में विभक्त किया जा सकता है। कतिपय लोगों का मत है कि वर्गों में विभाजित किया जा सकता है : कुछ लोगों का विचार है कि मात्रात्मकता का सम्पूर्ण विचार ही बुरा

या निन्दनीय है क्योंकि यह विषय को एक विपरीत एवं फलहीन दिशा की ओर ले जाएगा। **स्टैम्प** जैसे लोगों ने यह तर्क दिया कि "भूगोलज्ञों ने अपने औजारों (विधि-तन्त्रों यथा मानचित्र, आदि) को पूर्ण बनाने में बहुत समय व्यतीत किया है उन्हें अब कुछ यथार्थ निर्माण की ओर अग्रसर होना चाहिए। जबकि तीसरे प्रकार का विरोध यह है कि साँख्यिकीय तकनीक, भूगोल के एक भाग पर ही प्रयुक्त हो सकते हैं, सम्पूर्ण भूगोल में नहीं, क्योंकि कुछ विशेषताओं की माप नहीं हो सकती है। अन्य आपत्ति इस बात पर की गई कि मात्रात्मक तकनीक यद्यपि उपयोगी है तथा उनका उपयोग भी वाँछित है, किन्तु इनका अधिकतर गलत प्रयोग हुआ है, साधन में साध्य का भ्रम हुआ है तथा यह कोई नया अन्वेषण नहीं। अन्तिम आलोचना प्रयोगकर्ताओं से जुड़ा है जिसमें कहा गया है कि मात्रापोषकों में उन्माद एवं दम्भ का आधिक्य होता है। यह सत्य है कि क्राान्तिकारियों का स्वभाव नम्र नहीं होता है।

भौगोलिक चिंतन एवं क्रांति का परिणाम

यह क्रांति इस दृष्टि से समाप्त हो गई है कि समय विशेष की क्रान्तिकारी विचारधाराएँ अब एक पद्धति बन चुकी हैं। स्पष्टतया यह एक शुरूआत मात्र है। एक नयी पद्धति के निर्माण के अतिरिक्त इसका एक दूसरा प्रयोजन भी है। यदि यह क्रान्ति मात्रात्मकता में स्वीकृत विश्वास अथवा झक या फैशन से प्रोत्साहित हुआ होता तो अपनी ही गति से इसकी इतिश्री हो चुकी होती, किन्तु इस क्रान्ति का एक अलग ही उद्देश्य था। भूगोल को अधिक वैज्ञानिक बनाने और सिद्धान्तों को विकसित करने की सही जरूरत से ही यह प्रोत्साहित हुआ था। गुणात्मक शाब्दिक व्याख्या या इडियोग्राफिक (ideographic) के प्रति असन्तोष ही मात्रात्मक क्रान्ति के उद्भव का मूल रहा है।

सैद्धान्तिक तथा मॉडल-निर्माणजन्य भूगोल का विकास ही कदाचित मात्रात्मक क्रान्ति का प्रमुख प्रतिफल है। 'सिर्फ वर्णन करना' एक कला हो सकती है, तो भी 'वर्णन' वैज्ञानिक विधि का एक आवश्यक अंग है। यथार्थ विश्व की जाँच करते समय हमारा प्रथम कार्य द्रष्टव्य का वर्णन और उन अवलोकनों को सुविधाजनक उपयोग हेतु सार्थक वर्गों में विभक्त करना होता है, ज्योंही भूगोलज्ञ का एक क्षेत्र का वर्णन प्रारम्भ होता है वह चयनात्मक हो जाता है और चयन की यही क्रिया "सार्थक क्या है?" से सम्बद्ध चेतन या अचेतन में सिद्धान्त या परिकल्पना को शो करती है। वस्तुतः यह सार्थकता की माप किसी अन्तर्सम्बन्धजन्य नियम द्वारा ही की जा सकती है। जबकि सिद्धान्तों के विकास हेतु विभिन्न कारकों यथा, साँस्कृतिक

स्वरूपों, मानव क्रियाकलापों अथवा प्राकृतिक कारकों की भू-वैन्यासिक व्यवस्था में एकरूपता के अवलोकन तथा वर्णन करना प्रथम सोपान है।

सिद्धान्त ऐसा मापन प्रस्तुत करते हैं जिनसे असामान्य तथा विलक्षण घटनाओं को पहचाना जा सकता है। सिद्धान्तहीन विश्व में कोई भी चीज विलक्षण नहीं होती, हर चीज ही अनन्य (unique) होती है। इसीलिए सिद्धान्त का महत्त्व है। सिद्धान्त को विकसित करने की जरूरत के साथ ही मात्रात्मक क्रान्ति का विकास हुआ जिसने सिद्धान्तों को विकसित तथा संशोधित करने की प्रौद्योगिकी प्रदान की।

यह निश्चित नहीं कि प्रारम्भिक मात्रापोषक सिद्धान्त विकसित करने के लिए अभिप्रेरित थे, किन्तु अब भूगोलज्ञों को यह स्पष्ट हो गया है कि **मात्रात्मकता जटिल रूप से नियम से आबद्ध है।** वैज्ञानिक विधियों के कठोर-परिपालन-सिद्धान्तों के विकसित करने तथा प्रागुक्ति-युक्त परीक्षण की जरूरत की पूर्ति हेतु गणित एक सर्वोत्तम उपलब्ध औजार है।

अन्य औजार—भाषा, मानचित्र, प्रतीकात्मक तर्क—भी उपयोगी तथा कुछ दृष्टान्तों में काफी होते हैं, किन्तु गणित की भाँति—हमारी जरूरतों की किसी से भी पूर्ति नहीं होती। सिद्धान्तों का परिमाणन एवं सम्बन्धों के प्रदर्शनार्थ गणित के उपयोग का दो आधारों पर समर्थन किया जा सकता है : **प्रथम**, यह ज्यादा दृढ़ होता है, तथा **द्वितीय**, अधिक महत्त्वपूर्ण, व आत्मवंचना रहित या स्वयं को धोखे में न रखने का उपयुक्त साधन है।

अर्तकता आवश्यक

मात्रात्मक क्रान्ति एक दार्शनिक चिन्तन से जुड़ी है। अगर हम अपने दर्शन को समायोजित नहीं कर सकते तो गुणात्मक प्रक्रिया हमें सीधी एक अन्धी गली में ले जा सकती है। साथ ही, मात्रात्मक मार्ग पर चलते हुए पूर्व मूल्याँकित अधिकांश दार्शनिक विचारों को अक्षुण्ण रखा जा सकता है। अगर परम्परागत भौगोलिक विचारों के रचनात्मक पक्ष तथा मात्रात्मकता द्वारा प्रयुक्त दर्शन को निकट लाने का प्रयास कर सकें, तो आश्चर्यजनक रूप से यह पाया जाएगा कि भूगोल का दर्शन कितना विस्तृत तथा शक्तिशाली हो गया है। इससे विचारों के एक ऐसे नूतन संसार का द्वार खुलेगा जिसमें हम सैद्धान्तिक तथा संश्लेषणात्मक रूप से विचार करने में कोई भय नहीं होगा, जिससे हम व्यक्ति एवं समूह से एक ही वाक्य में बात कर सकते हैं तथा जिससे हम प्रारूपों के सामान्यीकरण तथा क्षेत्रीय सम्बन्धों में विशिष्टीकरण एक ही सन्दर्भ वाक्य में प्रस्तुत कर सकते हैं।

इस प्रकार मात्रात्मकता में वैज्ञानिक पद्धतियों के दर्शन ही निहित हैं। मात्रात्मकता का सर्वाधिक महत्त्वपूर्ण प्रभाव यही रहा कि इसने हमें तार्किक एवं अनवत रूप से इस बात पर सोचने के लिए प्रेरित (मजबूर) किया कि कौन से क्षेत्र अभी अछूते हैं। संक्षेप में हम भूगोल में वैज्ञानिक विधियों की भूमिका में रुचि लेने लगे हैं। पुनः विज्ञान हमें एक तेज औजार प्रदान करता है, किन्तु जैसा अधिकांश शिल्पी कहते हैं, तेज औजार ही अनुचित प्रयोग किए जाने पर सर्वाधिक क्षति पहुँचा सकते हैं।

गणित तथा साँख्यिकीय द्वारा अत्यन्त तेज औजार ही प्रदत्त किए जाते हैं। गणित जहाँ हमें तर्क को दृढ़ करने और उसके सरलतम निर्माण का माध्यम प्रदान करता है, साँख्यिकी द्वारा आँकड़े से सम्बन्धित विश्लेषण एवं परिकल्पना परीक्षण के औजार प्रदान किए जाते हैं। ऐसा अनुमान है कि भूगोलविदों द्वारा इन औजारों का अक्सर दुरुपयोग हुआ तथा इन्हें गलत समझा गया है। यदि हमे इन तीव्र औजारों को अपने अध्ययन में प्रयोग करते समय पर्याप्त नियन्त्रण करना है तो उन दार्शनिक तथा विधितंत्रीय मान्यताओं का, जिन पर उनके प्रयोग आश्रित हैं, ज्ञान आवश्यक है। ये मान्यताएँ, निश्चित ही, स्पष्टतः वैज्ञानिक विधि के विश्लेषण द्वारा ही बनती हैं। किन्तु हमें यह तय कर लेना होगा कि इस निश्चित वैज्ञानिक औजार से सम्बन्धित जो मान्यता स्वीकार करते हैं उन विस्तृत मान्यताओं से संघर्ष (द्वन्द्व) न करते हों और जो हमें तर्कपरक युक्ति (inference) तथा अनुमान हेतु मानक को निश्चित करने में प्रयुक्त करते हैं। इस प्रकार जहाँ मात्रात्मक तकनीक और सामान्य तर्कपरक युक्ति तथा अनुमान एक साथ आते हैं, उस बिन्दु पर एक पूर्ण विधि की समस्या पर दोहरा ध्यान देना होता है। इसीलिए मात्रात्मकता का महत्त्व है। अतः भौगोलिक अध्ययन में सभी स्तर पर मान्यताओं में पुनर्मेल करना जरूरी होता है।

भूगोल —एक विज्ञान

वर्तमान भौगोलिक विचार तथा व्यवहार में, भूगोल विषय को एक विज्ञान के तौर पर प्रतिष्ठित करने की दृष्टि से, महत्त्वपूर्ण अध्ययनगत अन्तरण (shift) दिखलाई पड़ता है। चूँकि विज्ञान जानकारी का एक संगठित स्वरूप होता है, जो संकल्पनाओं, सिद्धान्तों, विधितन्त्रों, तकनीकों तथा इन सबसे अधिक वैज्ञानिक विधियों एवं तर्क पर विकसित एवं आधारित होता है। अतएव भूगोल में भी इन प्रक्रियाओं को तीव्र गति से विकसित एवं प्रतिष्ठित करने का प्रयत्न जारी है।

शोरले (1971) भूगोल की 'भूमिति' (Geometrics) पर बल देता है। **हार्वे** (1969) ने भूगोल में विशुद्व विज्ञान के गुणों की मात्रा का परीक्षण किया। **अमेडीयो** तथा **गलैज** (Amedeo & Golledge 1975) ने भूगोल को एक विशुद्ध विज्ञान बनाने वाले खोजों को इंगित करने के लिए भूगोल की स्थिति का संक्षेपण किया। भूगोल के वर्तमान स्तर को एक ऐसे विज्ञान के तौर पर वर्णित किया जा सकता है जो पूर्व ऐतिहासिक से एक आद्य विज्ञान (proto-science) तथा एक विज्ञान होने की अवस्था से गुजर रहा है। किन्तु विज्ञान के स्तर को प्राप्त करने हेतु भूगोल में निम्नलिखित गुणों का होना जरूरी है–

(i) अनुभव के आधार पर परिकल्पनाओं का परीक्षण,
(ii) सिद्धान्तों को उत्पन्न करने की क्षमता,
(iii) प्रागुक्ति की योग्यता,
(iv) उपयुक्त परिकल्पनाओं का निर्धारण,
(v) 'नियम' जैसे कथन के रूप में समान्यीकरण करना आदि।

विद्यमान स्तर

भूगोल में वैज्ञानिक विधियों के बढ़ते चरण को दृष्टिगत कर **यीट्स** (1974) की यह परिभाषा अधिक प्रासंगिक प्रतीत होती है : "भूगोल वह विज्ञान है जो पृथ्वी पर विभिन्न विशेषताओं के भूवैन्यासिक वितरण एवं स्थिति का सिद्धान्तों के तार्किक विकास तथा परीक्षण द्वारा व्याख्या एवं प्रागुक्ति करने का प्रयत्न करता है।" **हार्वे** (1969) ने वस्तुतः जब विज्ञान के रूप में भूगोल की भूमिका का विस्तृत विवेचन किया तो वह पूर्ववर्ती **शॉफर** (1953), **हार्टशार्न** (1959), **बुंगे** (Bunge 1962) आदि के विचारोत्तेजक सम्बन्धित कथनों से, निश्चय ही अत्यंत प्रेरित हुआ था। इस परिप्रेक्ष्य में भूगोल सर्वाधिक प्रयुक्त शोध-उपागम, अर्थात वैज्ञानिक विधि के उपयोग की ओर उन्मुख है।

वैज्ञानिक विधि तर्कसंगत, समस्या-समाधान, पुनरावृत्ति एवं जाँच-पड़ताल कर सकने के लाभों से युक्त होने से भी अधिक, भूगोलविदों में वैज्ञानिक जिह्वा (Lingua Franca of Science) प्रतिस्थापित करती है। इस आखिरी पक्ष पर अधिक बल इसलिए दिया जा रहा है क्योंकि विषय की कोई भी शाखा और विशेषतः भूगोल, अन्य से अलग हो अस्तित्वहीन हो सकता है और विभिन्न सार्वभौम-भाषा, चाहे वह समान शोध-प्रक्रियाओं, प्रविधियों अथवा उपकरणों (संगणक आदि) के प्रयोग का प्रतिफल हो, यदि विषयगत सीमाओं को तोड़ती है, अपने आप में महत्त्वपूर्ण होती

है। तथापि ऐसी मान्यता है कि वैज्ञानिक विधियों का अतिप्रयोग किया जा सकता है।

भूगोलज्ञों में, **गॉल्ड** (1970) ने इसे पहचानते हुए, और ध्यान आकर्षित करते हुए सुझाव दिया है कि साँख्यिकी क्रियाविधि, जो इस निश्चित दार्शनिक विचार के प्रयोग के लिए विकसित किया गया है, के प्रयोग मात्र पर ही केन्द्रित शोध में वैज्ञानिक विधि का संकुचित प्रयोग प्रतिफलित होता है। यथा प्रांचल-साँख्यिकीय की अनेक परम्परागत क्रियाविधियाँ विगत सौ वर्षों में अनाश्रिता एवं यादृच्छिकता (randomness) की कल्पना पर आधारित हो विकसित हुई है और जब ये विधियाँ सामाजिक एवं व्यवहारगत आँकड़ों पर प्रयुक्त होती हैं तो परिणाम कुछ अर्थहीन हो ही सकते हैं। चूँकि प्रस्तुत अध्ययन में ऐसी प्रविधियों पर ही विचार किया जाएगा अतः सावधानी के ये शब्द अनिवार्य हैं।

क्षेत्रीय वितरण एवं विभिन्न विशेषताओं के मध्य अन्तर्सम्बन्धों के विश्लेषण के लिए प्रयुक्त वैज्ञानिक नियम या उपागम के दो मुख्य अंग हैं : प्रथम, तथ्यों अथवा आँकड़ों का संग्रह और द्वितीय, इन तथ्यों के अर्थपूर्ण सामान्य सम्बन्धों दूसरे अर्थों में सिद्धान्तों का निर्धारण। किसी शोध-क्रिया विधि के अभिकल्पन (Design) एवं कार्यान्वयन में सैद्धान्तिक या वैश्लेषिक कारक, आनुभविक तथ्यों या आँकड़ें संग्रह से पूर्व ही निश्चित किए जाने चाहिए क्योंकि सिद्धान्त सामान्यतः संचय किए जाने वाले आँकड़ें तधा शोध-दिशा की ओर प्रकाश डालते हैं।

वस्तुतः भूगोल में 'मात्रात्मक क्रान्ति' साँख्यिकीय तथा गणितीय प्रविधियों के उपयोग से युक्त एक नवाचारिता (innovative) की स्थिति मात्र नहीं था, अपितु वास्तविक 'क्रान्ति' ने भौगोलिक-शोध-उपागम में पूर्ण बदलाव का सुझाव भी दिया। यह बदलाव एक वर्णनात्मक-आगमनात्मक उपागम (descriptive-inductive approach) से सैद्धान्तिक-निगमनात्मक उपागम (theoretical-deductive approach) पर ज्यादा महत्त्व देने की ओर स्थानान्तरण था। सैद्धान्तिक उपागम को स्वीकृत करने का, यद्यपि यह तात्पर्य नहीं होना चाहिए कि वर्णनात्मक उपागम को पूर्णतः अस्वीकृत कर दिया जाए अपितु, इसकी तीक्ष्ण सीमाओं को पहचाना जाए। नीचे मॉडलसारणी में आगमनात्मक (inductive) एवं निगमनात्मक (deductive) सम्बन्धी वैज्ञानिक व्याख्या के दोनों सोपानों को **हार्वे** (1969) के आधार पर प्रस्तुत किया गया है।

स्मरणीय है कि आगमनात्मक शोध में दो या अधिक घटनाओं (तथ्यों) के बीच सम्बन्धों की जाँच, एक सैद्धान्तिक प्रक्रिया की क्रिया विधि को प्रदर्शित

करने के लिए, की जाती है। जबकि निगमनात्मक शोध में सैद्धान्तिक विधियों पर आधारित निष्कर्षों के सन्दर्भ में तथ्यों की व्याख्या होती है।

सिद्धान्त एवं वैज्ञानिक नियम

'सिद्धान्त' एक सामान्य कथन है जो विविध चरों के बीच अन्तर्सम्बन्धों को पारिभाषित एवं विश्लेषित करता है। यह किसी वैज्ञानिक की कल्पना का मूर्तरूप किसी विद्वान के विषयगत अनुभवों का निष्कर्ष, या श्रमपूर्ण निर्मित संरचना पर आधारित अनेकानेक परीक्षणों, अन्वेषणों और निष्कर्षों से परिचत हो सकता है। चाहे जिस भी स्रोत से यह प्राप्त हो, निष्कर्ष रूप में, एक सिद्धान्त में अन्तर्सम्बन्धों के जिस स्वरूप पर अत्यधिक महत्त्व दिया जाता है, वह अमूर्त निगमन (abstract deduction) के माध्यम से वर्णित किया जा सकता है। सिद्धान्त एक ऐसी चलनी प्रदान करता है जिससे असमान तथ्यों को संक्षेपित किया जाता है तथा जिसकी अनुपस्थिति में तथ्य अर्थहीन-ढेर ही रह जाते हैं। एक मान्य सिद्धान्त को आनुभविक जाँच (empirical varification) द्वारा साबत किया जा सकता है।

'अमूर्त निगमन' शब्द उस तर्क प्रक्रिया की ओर निर्देश करता है, जिससे आन्तरिक रूप से समान तथ्य समूहों से एक सामान्य निष्कर्ष का आकलन किया जा सके, जबकि 'आनुभविक जाँच' शब्द अमूर्त सिद्धान्तों को मान्य अथवा अमान्य करने के लिए आँकड़ा-संग्रह प्रक्रिया का बोध कराता है।

वैज्ञानिक विधि : वैज्ञानिक पद्धति वह प्रक्रिया है, जिसके द्वारा सिद्धान्तों की रचना, उनका विकास तथा उनमें परिष्करण किया जाता है। भौगोलिक शोध में वैज्ञानिक विधियों की भूमिका का गहन विवेचन किया गया है। यहाँ इसके आधारभूत पक्ष पर ही ध्यान केन्द्रित है। इस प्रक्रिया में सबसे पहले अध्ययन किए जाने वाले विषय (समस्या या निर्मेय problem) की परिभाषा करने के बाद परिकल्पना (hypothesis) का निरूपण किया जाता है। परिकल्पनाएँ मात्रात्मक विश्लेषण की आधारशिला होती हैं जबकि 'निर्मेय' की परिभाषा करना अति आवश्यक होता है।

निर्मेय प्रस्तुति

वैज्ञानिक शोध, सदैव एक निर्मेय से ही प्रारम्भ होता है क्योंकि यही सम्पर्ण शोध की दिशा (tone) को निर्धारित करता है। प्रश्नार्थक-कथन (interrogat statement) के रूप में निर्मेय की अभिव्यक्ति सर्वोत्तम होती है। **इस अध्ययन का**

उद्देश्य अथवा समस्या यह है कि—आदि के रूप में समस्याओं की प्रस्तुति सर्वथा उपयुक्त नहीं होती क्योंकि ये कथन, सामान्यतः संक्षिप्त नहीं होते। दो या ज्यादा चरों के मध्य सम्बन्धों वाले प्रश्नों की प्रस्तुति इस प्रकार हो कि निष्कर्ष आनुमानिक परीक्षणों द्वारा सत्यापित किए जा सकें। इस प्रकार वैज्ञानिक शोधों में मूल्य निर्णय (value judements) अनिवार्य नहीं होते हैं।

भूगोल में एक शोध समस्या इस प्रकार हो सकती है – पूर्वी उत्तर प्रदेश में व्यापारिक फसलों के वितरण को कौन से कारक प्रभावित करते हैं? वस्तुतः यह एक आत्म 'समस्या' है क्योंकि कई कारक वितरण को प्रभावित कर सकते हैं। इसे पुनः कई 'विशिष्ट समस्या' श्रेणियों में विभाजित करने की अवस्था में भूगोलज्ञ को क्षेत्रीय-वितरण को प्रभावित करने से सम्बद्ध कुछ सिद्धान्तों को विकसित करना होगा, जो ज्ञात कृषि-स्थानीयकरण विधियों पर आधारित हो सकते हैं, जैसे **वॉनथ्युनेन** का भूमि उपयोग सिद्धान्त आदि। यदि सिद्धान्त ठीक-ठीक निरूपित नहीं है, तो एक निर्धारित साँख्यिकीय 'खोज' प्रक्रिया का एक आँकड़े-समूह पर उपयोग किया जा सकता है, जिससे कुछ परिकल्पनाएँ और सम्भवतः 'सैद्धान्तिक संरचना', प्राप्त की जा सकती है।

आँकड़े की मदद से परिकल्पना की रचना को 'प्रक्रिया विधि' या अनुमानात्मक परिकल्पनात्मक-निगमन चक्र (inductive-hypothetico-deductive spiral) कहते हैं। यदि कोई मान्य सिद्धान्त उपलब्ध है तो निर्मेय को उपविभाजित करना जयादा सरल होता है। यथा भूस्वरूप किस सीमा तक क्षेत्र में नकदी-फसल के वितरण को प्रभावित करता है? निर्मेय के एक बार कथन के पश्चात्, शोधकर्त्ता इसको हल करने के लिए एक परिकल्पना तय कर सकता है। यह हल कई प्रकार से प्राप्त किया जा सकता है। पुनः सशक्त सिद्धान्त होने की अवस्था में, निश्चित सम्बन्ध को बताना सम्भव होता है : जैसे Y, X का रेखीय फलन है (Y is a linear function of X)। ये, निश्चित आरेखीय फलन (non-linear function), सरल एवं बहु समाश्रयण विधि द्वारा मूल्याँकित किए जा सकते हैं। ये साँख्यिकीय मॉडल यद्यपि अति निश्चयवादी हैं, अतः शोधकर्त्ता परिकल्पनाओं को कई प्रकार के अनुरूपता (सिमुलेसन मॉडल) एवं क्रियाविधि का उपयोग कर परीक्षण कर सकता है।

परिकल्पना

वैज्ञानिक क्रियाविधि में परिकल्पना का विशिष्ट महत्त्व होता है, क्योंकि यह शोध-दिशा का प्रदर्शक होता है। वस्तुतः एक परिकल्पना, सम्बन्धजन्य प्रश्नों का

एक संभावित उत्तर होता है। घटनाओं के अवलोकन से परिकल्पनाएँ पैदा होती हैं : ये अवलोकित विश्व तथा सिद्धान्तों के मध्य सेतु का कार्य करती हैं क्योंकि प्रशिक्षित पर्यवेक्षक (शोधकर्त्ता) उपलब्ध सिद्धान्तों के प्रकाश में ही घटनाओं के मध्य अन्तर-सम्बन्धजन्य प्रश्नों को पूछता है। अभिकल्पना हमेशा, 'वर्णनात्मक वाक्यों' के रूप में प्रस्तुत की जाती हैं जिसमें दो या अधिक चरों के मध्य सम्बन्ध को समस्या के सम्भावित समाधान के रूप में प्रदर्शित किया जाता है। ये वाक्य इस तरह के हो सकते हैं : "पूर्वी उत्तर प्रदेश में नकदी फसलों का वितरण समतल भूमि के वितरण से सम्बन्धित है।" यह वाक्य इस प्रकार बनाया गया है कि सम्बन्धों का परीक्षण किया जा सकता है, किन्तु सम्बन्ध का वास्तविक स्वरूप अभिकल्पना नहीं है। पुनः भूस्वरूप जैसे विस्तृत शब्द को समतल भूमि के वितरण के रूप में परिभाषित कर दिया गया है।

क्षेत्र (पूर्वी उत्तर प्रदेश) को कुछ भौगोलिक तथ्यों (निष्कर्षों) के सन्दर्भ में व्याख्यायित किया जा सकता है। 'समतल भूमि' वस्तुतः भूस्वरूप की एक क्रियात्मक परिभाषा (operational definition) है। भूस्वरूप का मापन कठिन है, परन्तु समतल भूमि, ढाल की मात्रा के सन्दर्भ में मापी जा सकती है। यह एक प्रतिनिधि मापन है, क्योंकि यह सामान्य पद, भूस्वरूप के स्थान पर प्रयुक्त है। मात्रात्मक विश्लेषण में ऐसी क्रियात्मक परिभाषाओं का ज्यादातर प्रयोग किया जाता है, क्योंकि बहुत-सी संकल्पनाओं को गणितीय रूप में पारिभाषित करना कठिन होता है। जैसे 'जीवन चक्र की अवस्था' में संकल्पना का मापन कठिन है क्योंकि यह परिवार व्यक्ति विशेष से सम्बद्ध है। परिवार के मुखिया की आयु, परिवार-आकार, बच्चों की संख्या, बच्चों की आयु, संकल्पना के द्योतक हैं, जिन्हें मापन के लिए प्रयुक्त किया जा सकता है, परन्तु इनमें से अकेले कोई भी 'अवस्था' का मापन नहीं कर सकता। तथापि मुख्य-कारक विश्लेषण (Principal-Components Analysis) का प्रयोग कर सभी मापकों को एक सामान्य-अंशन (calibration) में मिलाया जा सकता है एवं इस उदाहरण में मुख्य-कारक, जीवन चक्र-अवस्था हेतु, क्रियात्मक परिभाषा हो सकती है।

यहाँ ध्यान देने की बात यह है कि जब कभी क्रियात्मक परिभाषा का उपयोग किया जाए, चरों की व्याख्या के समय उनका सावधानीपूर्वक विश्लेषण अवश्य होना चाहिए। **परिकल्पनाओं के निरूपण** के समय, शोधकर्त्ताओं को उसी प्रकार के दूसरे अथवा समान कारक वाले अनुभवात्मक अध्ययनों से सम्बन्धों के प्रदर्शन में विशेष सावधानी रखनी चाहिए। कुछ दृष्टान्तों में, शोधकर्त्ता, दूसरे भौगोलिक क्षेत्रों में किए

कार्यों को पूर्ववर्ती अध्ययन में विस्तृत सामान्यीकरण लाने हेतु दोहराता है, जिसे 'तुलनात्मक अध्ययन' कहा जाता है। यहाँ अध्ययन एवं प्राप्त निष्कर्ष किस सीमा तक तुलनीय है? इसका स्पष्टीकरण जरूर कर देना चाहिए।

दूसरे अवलोकनों में, उसी भौगोलिक क्षेत्र में पूर्ववर्ती अध्ययन का पुनर्मूल्याँकन एवं पुनर्परीक्षण किया जा सकता है। यहाँ भी शोधकर्त्ता को अध्ययन की तुलना की मात्रा को स्पष्ट कर देना चाहिए। वैज्ञानिक नियम की एक उपयोगिता यही है कि इसमें ऐसी पुनरावृत्ति की जा सकती है। पुनः सम्बन्धित साहित्य के समुचित ज्ञान से ही, शोधकर्त्ता अपने या अन्य क्षेत्र में किए गए अध्ययन से अवगत तथा परिकल्पना-परिशोधन और शोध-समस्या हेतु सही डिजाइन तैयार करने में सक्षम हो सकता है। परिकल्पानाएँ यद्यपि सिद्धान्त की आधार होती हैं, भूगोल में पूर्णरूपेण साबित किए जा सकने वाले किसी एक सिद्धान्त को ग्रहण करना काफी कठिन कार्य होता है, क्योंकि एक ऐसी स्थिति का विचार, जिसमें सभी सम्भव दशाओं में सिद्धान्त को स्थापित किया जा सके, सर्वथा दुष्कर होता है। इसीलिए परिकल्पना को सत्य साबित करने के स्थान पर सामान्य कथन, 'परिकल्पना सत्य नहीं है' को अमान्य करने का यत्न किया जाता है। इस सामान्य कथन को **निष्फल परिकल्पना** (null hypothesis) कहते हैं, जो यह बतलाता है 'कि दो या ज्यादा चरों के मध्य सम्बन्ध नहीं है'।

दूसरी तरफ 'शोध-परिकल्पना' शोध के वास्तविक उद्देश्य का उल्लेख करता है जैसे- अ का ब से सीधा सम्बन्ध है, आदि। निष्फल तथा शोध परिकल्पना का विशद विवेचन सार्थकता परीक्षण के विषय में किया गया है। ये सार्थकता परीक्षण, टाइप I तथा टाइप II त्रुटि (error) की रचना की सम्भावना के विषय में महत्त्वपूर्ण होते हैं। प्रथम प्रकार की त्रुटि (टाइप I) उस समय होती है जब परिणाम के आधार पर शोधकर्त्ता एक परिकल्पना को, जो वस्तुतः सत्य होता है, अमान्य कर देता है और दूसरे प्रकार की त्रुटि (टाइप II) उस समय उत्पन्न होती है जब वह एक परिकल्पना को, जो वस्तुतः गलत होती है, स्वीकार कर लेता है। इन गलतियों का घटित होना स्वाभाविक है क्योंकि प्रतिदर्श पर आधारित सम्बन्धित क्षेत्र के आँकड़े, सभी सूचनाओं के यथार्थ प्रतिनिधि नहीं हो सकते।

साथ ही स्वतः मापन में भी गलतियां हो सकती हैं जो गलत परिणाम दे सकती हैं। इसीलिए प्रतिदर्श पर आधारित सूचनाओं के उपयोग से विश्लेषित परिकल्पनाओं का एक निर्धारित (confidence-level) पर परीक्षण किया जाता है। **परिकल्पना के परीक्षण** में कई मान्यताएँ (assumptions) अन्तर्निहित होती हैं। मापन स्वतः एक मान्यता है तथा अगले पृष्ठों पर कई प्रकार के मापक विश्लेषित हैं।

परिकल्पना-परीक्षण में प्रसामान्य बंटित समष्टि (normally distributed population) से यादृच्छिक रीति से लिए गए प्रतिदर्श की कल्पना की जाती है और इन्हें ही साबित करने की आवश्यकता होती है। विभिन्न साँख्यिकीय तकनीकों हेतु निश्चित रीति से मापित आँकड़े की, आवश्यकता होती है, जिसके लिए निर्धारित प्राचल (parametres) की गणना की जा सके। इस प्रकार, शोधकर्त्ता को अपने अध्ययन में सावधानीपूर्वक कम से कम मान्यताओं को रखते हुए उनकी संविस्तार व्याख्या करनी चाहिए, ताकि परिणाम हेतु रखे गए सीमाओं का सहजता से ज्ञान हो सके।

आदर्श प्रतिरूप

भौगोलिक मात्रात्मक विश्लेषणों में मॉडल या 'प्रतिरूपों' का बहुधा उपयोग किया जाता है। मॉडल तीन प्रकार के होते हैं जो 'अमूर्तता की वृद्धिमान अंशों को प्रदर्शित करते हैं। **प्रथम, 'प्रतिमा मॉडल** (iconic model) वास्तविक जगत की विशेषताओं को केवल मापक में परिवर्तन कर प्रदर्शन करता है। एक हवाई फोटोग्राफ प्रतिमा मॉडल ही है क्योंकि इसमें तथ्यों के बीच क्षेत्रिक सम्बन्ध यथावत किन्तु घटे मापक दर प्रदर्शित होते हैं। **द्वितीय, समधर्मी** (analog model) में एक विशेषता अथवा गुण को दूसरी विशेषताओं के रूप में प्रदर्शित किया जाता है। यथा स्थलाकृतिक मानचित्र में समोच्च रेखाएँ उच्चावच के तृतीय आयाम को प्रकट करने हेतु प्रयुक्त की जाती है। **तृतीय, प्रतीकात्मक मॉडल** (symbolic model) विषयगत विशेषताओं को प्रतीक के रूप में प्रदर्शित करता है। प्रतीकों के नाप लिए जाने की अवस्था में इन्हें **गणितीय मॉडल** (mathematical model) की संज्ञा दी जाती है एवं ये समीकरण के रूप में प्रकट किए जा सकते हैं।

गणितीय मॉडल वैज्ञानिक विधियों के लिए विशेष महत्त्व के होते हैं क्योंकि शोधकर्त्ता इनके आधार पर सहजाता से अनुमान लगा सकता है जो विज्ञान का प्रमुख उद्देश्य होता है। इस प्रकार कई प्रकार के प्रतिरूपों का भौगोलिक शोध के सभी पक्षों में उपयोग किया जा सकता है। प्रतिमा एवं समधर्मी प्रतिरूपों का मानचित्रों के रूप में अतीतकाल से ही सर्वाधिक प्रयोग किया गया है। प्रतीकात्मक तथा गणितीय प्रतिरूपों को भौगोलिक शोध में मात्रात्मक विश्लेषणों के उपयोग के फलस्वरूप विशेष स्थान मिला है।

2

भौगोलिक आँकड़ों की प्रकृति

क्षेत्र तथा कालगत विविधताएं

"भूगोल का सम्बन्ध स्थानिक या भूविन्यासगत विभिन्नताओं (spatial variations) से होता है," ऐसा पूर्व में स्पष्ट किया जा चुका है। कभी-कभी स्थानिक, कालगत तथा अन्य विविधताओं के मध्य विभेद किया जाता है। भूगोल में 'एक स्थानिक विभिन्नता, क्षेत्र में अवलोकनों (तथ्यों) की सापेक्ष स्थिति हेतु प्रयुक्त होती है'। सापेक्ष स्थिति को किसी रेखा के सहारे उद्भव बिन्दु से दूरी के रूप में, एक सतह पर दो निर्देशाँकों (co-ordinates), या त्रिविमीय संदर्भ में क्षेत्र में तीन निर्देशांकों के रूप में प्रकट किया जा सकता है। पृथ्वीतल, एक द्विविमीय उदाहरण है, जिस पर एक स्थान दूसरे हर स्थानों से एक निश्चित सम्बन्ध रखता है। इस प्रकार, भूगोल में पढ़े जाने वाले सभी वस्तु तथा अवलोकन, किसी समय विशेष में, क्षेत्र में एक विशिष्ट स्थिति धारण करते हैं और अपनी इस विशिष्ट स्थिति के कारण ही ये सभी क्षेत्र में सभी दूसरी वस्तुओं एवं अवलोकनों से विशेष रूप से सम्बन्धित होते हैं।

अवलोकन तथा क्षेत्र

भूगोलवेत्ता तथ्यों या अवलोकनों को स्थान के सन्दर्भ में व्यवस्थित करने में

रुचि लेता है। इनके द्वारा पठित तथ्यों को दूसरे विषयों में भी पढ़ा जाता है। पुनः भूगोलविदों का ही क्षेत्र पर संपूर्ण एकाधिकार नहीं होता; खगोलशास्त्री, भूवैज्ञानिक तथा वास्तुविदों के लिए भी यह समान महत्त्व का विषय होता है। इस तरह भूगोलविद तथ्यों और क्षेत्र दोनों को ही एक विशेष तरीके से, बहुधा अतिसरलीकरण तथा अमूर्तता द्वारा प्रकट करते हैं। अवलोकित कारकों की व्यवस्था तथा स्वतः उनकी उपस्थिति के क्षेत्र, यथार्थ रूप में त्रिविमीय ही होते हैं। यद्यपि इनके निश्चयार्थ जटिलतम मापन का उपयोग किया जा सकता है, परन्तु सरलता एवं उपयोगिता की दृष्टि से उनके आयामों एक, दो, या तीन की अनदेखी में कर उन्हें आयत, रेखा अथवा बिन्दु के रूप में बनाया जा सकता है।

यूक्लिड ज्यामिति में ये सतह, रेखा तथा बिन्दु और टोपोलाजी में ये प्रदेश (region), वक्र (arcs) तथा केन्द्र (node) के समानार्थी होते हैं। तीन वास्तविक अयामों को, सुविधा हेतु दो, एक या शून्य में छोटा किया जा सकता है। यदि आकृति सघन है तो कोई भी लघुकरण सामान्यतः तीन से निर्वात ही होती है, यदि चपटी है तो तीन से दो (आयात) एवं लम्बोतर है तो यह तीन से एक (रेखा) होती है। ऐसे ही कुल दस संयोजन सम्भव हैं।

आंकड़े की विशिष्टता

भूगोल में तथ्यों और क्षेत्रों और उनके आयाम वितरण और गुणों का अध्यन किया जाता है। ये प्राथमिक आँकड़े एक पूर्ण इकाई के रूप में पढ़े जा सकते हैं। हम बहुधा तथ्यों की संख्या के अध्ययन में रुचि लेते हैं क्योंकि अवलोकित कथ्यों से सम्बद्ध समस्याओं के निराकरण का सर्वोत्कृष्ट तरीका, अंशतः उनकी संख्या पर ही निर्भर करता है। अगर अध्ययन हेतु प्राप्त कुल संख्या के सन्दर्भ में यह संख्या छोटी ही है; तो यह सेट परिमित (finite) कहा जा सकता है। कई उद्धरणों में भूगोल से सम्बन्धित अवलोकनों की संख्या, व्यवहार में अगणनीय होती है एवं उन्हें अपरिमित समझा जा सकता है, तथापि गणितीय अर्थ में यह सत्य नहीं। ऐसे अवलोकनों को प्रतिचयन की साँख्यिकीय तकनीकी द्वारा पढ़ा जा सकता है। इस प्रकार को एक पृथक अवलोकन, असतत इकाई (discrete units) एवं उन्हें संख्या में परिमित होनी चाहिए; यद्यपि विश्लेषण के उद्देश्य से उन्हें गणनीय एवं अगणनीय दो श्रेणियों में विभक्त किया जा सकता है। कारकों की विशेषताओं पर विचार करते समय कतिपय जटिलताएँ उत्पन्न होती हैं। एक अवलोकन (कारक) को किसी आयामयुक्त क्षेत्र एवं काल में विद्यमान होना चाहिए। प्रत्येक आयाम स्वयं परिमित

होता है, किन्तु इसे अपरिमित बिन्दुओं में विभाजित किया जा सकता है, क्योंकि एक बिन्दु कोई आयाम नहीं रखता है। इस अपरिमित बिन्दु-संख्या को यथार्थ अंक प्रणाली द्वारा प्रदर्शित किया जा सकता है : एक बिन्दु, एक रेखा पर सतत चल सकता है। ये दूरियाँ इस तरह बहुत ही छोटे पगों के रूप में हो सकती हैं। इस प्रकार व्यवहार में, एक रेखा अपरिमित छोटे-छोटे पगों (steps) में विभाजित होती है। यही सिद्धान्त सतह एवं आयतन हेतु भी प्रयुक्त होता है। रेखा, सतह या आयतन स्वतः एक असतत इकाई हैं, किन्तु चूँकि इन्हें परिमाण-युक्त (magnitude) तथा मापन योग्य होना चाहिए, इन्हें एक या अधिक सतत दूरी सहित होना चाहिए, जो अपरिमित संख्या में बिन्दुओं से युक्त हो। कुछ वस्तुएँ कारकों आयामविहीन होते हैं, यथा, तापक्रम।

मात्रात्मक प्रविधि

भौगोलिक शोध एवं अधिकांश सामाजिक विज्ञानों में वैज्ञानिक विधियों और सम्बद्ध गणित-साँख्यिकी की भाषा के उपयोग को विशेष प्रोत्साहन मिला हुआ है। अति विस्तृत तथ्यों तथा आँकड़ों को अन्तर्ग्रहण करने की मानव बुद्धि की असमर्थता तथा साँख्यिकीय विधियों द्वारा आँकड़ों को के लिए एवं सूत्र रूप में प्रस्तुत करने की विशेषता, के कारण ही आज ये प्रविधियाँ अपरिहार्य हो गई हैं। भूगोल में वितरण विश्लेषण के लिए परम्परागत रूप से चार पृथक-पृथक किन्तु बहुधा अन्योन्याश्रित, विधियों का प्रयोग होता रहा है। मात्रात्मक विधियाँ, जिसमें साँख्यिकीय विधियाँ आती हैं, उनमें से एक है। मानचित्र-विज्ञान, ऐतिहासिक तथा पुरातात्विक विवेचना तथा गुणात्मक वर्णन, वितरण विश्लेषण की अन्य तीन विधियाँ हैं। उक्त सभी विधियों का भौगोलिक विश्लेषण में सतत महत्त्व होते हुए भी एक आधारभूत अनुसन्धान विषय सीमित विकासशील विज्ञान के रूप में भूगोल का भविष्य कुछ सीमा तक मात्रात्मक तकनीकों के समुचित विकास पर ही आश्रित है। केल्विन (1891) के शब्दों में "अपने कथन को यदि आप नाप नहीं सकते, उसे संख्याओं में प्रकट नहीं कर सकते तो आपका ज्ञान असन्तोषजनक एवं निम्न कोटि का है; यह ज्ञान का प्रारम्भ हो सकता है, किन्तु आपने अपने विचारों में चाहे जो भी समस्या हो, वैज्ञानिक अवस्था का अल्पतम विकास किया है।" मात्रात्मक विश्लेषण के अप्रत्याशित विकास के दो बुनियादी कारण हैं—प्रथम, परम्परागत विश्लेषण में प्रयुक्त वैज्ञानिक शोध-प्रविधि का अभाव एवं द्वितीय, वैद्युत संगणकों के विकास से स्थिर या गत्यात्मक प्राचलों (parameters) से बहुचर (multivariate analysis) विश्लेषण सम्भव हो गया है।

फलस्वरूप मात्रात्मक विश्लेषण तकनीकों से प्रशिक्षित एक भूगोल का विद्यार्थी, उपयोग किए जाने वाले चरों की संख्या से न तो अवरोधित होगा एवं न ही गत्यात्मक प्राचल मूल्यों से युक्त आँकड़ों के विश्लेषण में कमजोर होगा। भूगोल में सैद्धान्तिक विकास हेतु मात्रात्मक तकनीक एक सही विधि है। मात्रात्मक युग तब तक अक्षुण्ण रहेगा जब तक इसकी विधियाँ सिद्धान्तों के विकास में मददगार होती रहेंगी और साथ ही ज्यादा तथा अच्छे सिद्धान्तों की जरूरत में कमी नहीं हो सकती। अर्थात् भूगोल की कोई शाखा यदि अपने को वैज्ञानिक कहलाना चाहती है तो उसे सिद्धान्त का विकास करना जरूरी होगा। और कोई भी शाखा जिसे सिद्धान्त की जरूरत है, मात्रात्मक तकनीकों की निश्चय ही जरूरत पड़ेगी। सिद्धान्त के सभी विवरणों को, अपनी शुरुआती अवस्था में, मात्रात्मक रूप में प्रदर्शित करने की आवश्यकता नहीं पड़ती है, किन्तु सिद्धान्तों के विकास, उनके परीक्षण एवं नूतन एवं सत्यापनीय ज्ञान प्राप्त करने का यह एकमात्र पथ है। पाश्चात्य भूगोलविदों के अद्यतन प्रकाशनों पर दृष्टिपात करने पर हमें मात्रात्मक विश्लेषण का और उनकी सामान्य अभिरुचि का अवबोध होता है। मात्रात्मक भूगोलविदों का वर्ग अत्यधिक तीव्र गति से बढ़ा है। पाश्चात्य देशों में तो कई भूगोल विभाग, मात्रात्मक अनुसन्धान तकनीकों का भौगोलिक सूचना प्रणाली-GIS (Geographic Information System) के काफी विशिष्ट प्रशिक्षण प्रदान कर रहे हैं। शोध की इस नूतन विधि को ग्रहण करने में हम कुछ उदासीन रहे हैं। वस्तुतः विश्लेषणात्मक तकनीकों को भारतीय भूगोलविदों में अभी भी विशेष स्थान प्राप्त करना है। यह बात वैज्ञानिक मात्रात्मक प्रविधि के विषय में अधिक सत्य है। इसी परिप्रेक्ष्य में भूगोल के विद्यार्थियों को साँख्यिकीय विधियों के आधारभूत सिद्धान्तों एवं भूगोल में उनके प्रयोग सम्बन्धी विश्लेषण को प्रस्तुत किया है।

3

आँकड़ों का सम्पादन, व्यवस्थापन और प्रस्तुति

अपने मौलिक रूप में भौगोलिक आँकड़ों को किसी तरह के अध्ययन अथवा कार्य में स्पष्ट तौर पर इस्तेमाल में लाना असंभव होता है। उपलब्ध आँकड़े के आधार पर जरूरत के मुताबिक उनका संपादन, संपादन एवं व्यवस्थापन के अध्ययन के पूर्व आँकड़ों के संकलन के आधार एवं आँकड़ा संकलन की प्रक्रिया का पुनरावलोकन लाभकारी होगा।

आँकड़ा संग्रह की प्रक्रिया और आधार

आंकड़ा संग्रह की पद्धति एक पूर्व निर्धारित योजना का प्रतिफल होता है। संकलनकर्ता परियोजना या शोध कार्य के उद्देश्य के अनुसार एक योजना तैयार करता है। वह अपनी जरूरतों का आंकलन करने के बाद उन अपेक्षाओं को निश्चित करता है जिनकी पूर्ति संकलित आंकड़ों से होना है।

कोई भी परियोजना विषयवस्तु या शोध समस्या की संकल्पनात्मक पृष्ठभूमि पर अधारित होती है। यह संकलनात्मक पृष्ठभूमि ही आगणन इकाइयों के रूप (जिला, तहसील, विकास खण्ड आदि) एवं प्रश्नावली या अनुसूचियों में निहित तत्सम्बन्धित प्रश्नों के स्वरूप का निर्धारित करती है। संकलनात्मक पृष्ठभूमि बन

आँकड़ा आकलन की प्रक्रिया

आवश्यकता का आकलन (Need Assessment)

↓

अपेक्षाओं का निर्धारण (Requirements of Analysis)

↓

संकल्पनात्मक पृष्ठभूमि (Conceptual Frame)

↓

संकल्पना आधार का पुनरीक्षण (Review of Data Base)

↓

प्रश्नावली/अनुसूची निर्माण (Physical Design)

↓

आरम्भिक परख (Pilot Testing)

↓

योजना का कार्यान्वयन (Plan Implementation)

जाने के पश्चात आकड़ा संकलन आकार का पुनरीक्षण किया जाता है। अर्थात् क्या निर्धारित आंकलन इकाइयाँ पूरे क्षेत्र का सही प्रतिनिधित्व करती हैं? क्या इनकी संख्या बढ़ाकर संकलन आधार का पुनर्गठन जरूरत है? क्या इनकी संख्या बढ़ाकर संकलना आधार का पुनर्गठन जरूरी है? क्या संकलन आधार का नवीनीकरण जरूरी है? इत्यादि तत्पश्चात् प्रश्नावली (Questionnaire) की आरम्भिक परख की जाती है। अर्थात् किसी सीमित क्षेत्र या बिन्दुओं पर प्रश्नावली को भरकर यह देखा जाता है कि क्या सभी प्रश्नों के उत्तर सामान्य अपेक्षा के अनुसार मिल रहे हैं? क्या साक्षात्कार देने वाला किसी प्रश्न का उत्तर देने में हिचकता है? यदि हां, तो उस प्रश्न का स्वरूप परिवर्तिन करना होगा या वह प्रश्न हटाना होगा। इस प्रक्रिया से प्रश्नावली या अनुसूची को अन्तिम रूप दिया जाता है। यदि आवश्यक होता है तो संकलन आधार (Data Base) का पुनर्गठन भी किया जाता हैं। पूरी तरह आश्वस्त होने के पश्चात् ही आंकड़ों के संकलन की योजना कार्यान्वित की जाती हैं।

आंकड़ा संपादन और व्यवस्थापन

सांख्यिकी के आधार में आंकड़ा संपादन एवं व्यवस्थापन आते हैं। आंकड़ा सम्पादन (Data editing) से तात्पर्य प्राप्त आंकड़ों को परिशुद्ध करना, सांख्यिकी त्रुटियों को दूर करना तथा आंकड़ों को विश्लेषण के लिए तैयार कर देने से हैं। इसके विपरीत आंकड़ा व्यवस्थापन (Data management) के तहत आंकड़ा विघटन वर्गीकरण, सारणीयन, अनुरक्षण, संग्रहण, समय-सारणी एवं बजट निर्धारण आदि से सम्बन्धी कार्य होता है।

आंकड़ा सम्पादन--आंकड़ों के संकलन में कई व्यावहारिक कठिनाइयाँ होती हैं। उदाहरणार्थ अप्रकाशित स्रोतों से आंकड़ों का संकलन करते वक्त सभी उपलब्ध सूचनाओं को अंकित कर लिया जाता हैं। इस प्रक्रिया से उपलब्ध आंकड़ों को तारतम्या के क्रम में अंकित करना आवश्यक होता है या यदि अप्रकाशित स्रोतों को फोटोस्टेट या इलेक्ट्रोस्टेट विधि से प्राप्त किया जाता है तो सभी अंकित सूचनाएँ इसमें आ जाएँगी। इनमें से कुछ सूचनाएं परियोजना के दृष्टिकोण से अर्थहीन हो सकती हैं। ऐसे ही स्थिति प्रकाशित स्रोतों के परिप्रेक्ष्य में भी आ सकती है। कुछ संकलित सूचनाएं अस्पष्ट एवं अपूर्ण भी हो सकती है, जैसे किसी विशेष समय पर किसी कार्यालय से विभिन्न तहसीलों के भूमि उपयोग आंकड़े प्राप्त करते समय किसी तहसील के आंकड़े उस समय अनुपलब्ध हो सकते हैं, या उनका अंकन अस्पष्ट हो सकता हैं कुछ सूचनायें भ्रामक भी हो सकती है। संकलनकर्ता अंकन करते समय भूल कर सकता है-जैसे 35 को 53 लिख सकता हैं। कभी-कभी कुछ आंकड़ों में आगणन इकाइयों का क्रम एक रहता है, कुछ में दूसरा रहता है ऐसी स्थिति में आंकड़ों को तालिकाबद्ध करना मुश्किल हो जाता है। आंकड़ों के सम्पादन में उक्त त्रुटियों का निदान किया जाता है। यदि कहीं भूल हो गई है तो पुनः संकलन स्रोत से सम्पर्क किया जाता है। अशुद्धियों को ठीक किया जाता है या हटाया जाता हैं। आंकड़ों का सूक्ष्म रूप से निरीक्षण किया जाता है तथा उन्हें स्वच्छ व्यवस्थित, अर्थपूर्ण रूप में संगठित किया जाता है।

सांख्यिकी अनुमानों का विज्ञान के रूप में--इससे पूरी शुद्धता की तुलना नहीं की जा सकती। इस प्रकार आंकड़ों के संपादन में शुद्धता का एक स्तर लाया जाता सकता है तथा उसे निर्देशित किया जा सकता है ताकि विश्लेषण के परिणामों की सार्थकता की सीमा ज्ञात रहे। सांख्यिकी का उद्देश्य तथ्यों को आसान एवं बोधगम्य बनाना है। साथ ही आंकड़ों के सम्पादन में उनकी परिशुद्धता के स्तर को

बनाये रखना भी जरूरी होता हैं। इस दृष्टिकोण के आंकड़ों के सम्पादन के तीन प्रमुख तत्व हैं :–

(क) आंकड़ों का सन्निकटन (Approximation of Data)

(ख) सांख्यिकीय त्रुटि निर्धारण (Assessment of Statistical Error)

(ग) आंकड़ों का शोधन (Cleaning of Data)

इन तत्वों के विशद् वर्णन निम्नांकित है–

आंकड़े का सन्निकटन

प्रायः प्राप्य आंकड़े दशमलव के एक अथवा दो अंकों में अंकित होते हैं। कहीं लाख या करोड़ में होते हैं यथा 2.34.,4773 आदि। उनका जैसे तैसे प्रयोग नहीं हो सकता। इनमें साम्यता लाना जरूरी हैं। सन्निकटन की विधियां निम्न हैं–

सन्निकटन की विधियां

(अ) निकटतम पूर्णांक संख्या तक सन्निकटन–इस विधि के तहत जितने अंकों (digits) का सन्निकटन करना होता है उसके स्थान पर निकटतम पूर्णांक लिखा जाता है, जैसे- 164.19 को दशमलव के एक स्थान तक सन्निकटन करने पर संख्या 164.20 होगी तथा दहाई तक सन्निकटन करने पर संख्या 160 होगी। इसका सर्वविदित नियम यह है कि जितने अंकों का सन्निकटन करना है यदि वे अंक अपने पूर्णांक के आधे या ज्यादा हों, तो उन्हें पूर्णांक मान लिया जाता है अन्यथा उन्हें छोड़ दिया जाता है।

सन्निकटन संख्या वास्तविक संख्या के निकट होती है। वह अधिक भी हो सकती है और कम भी हो सकती हैं। इस विधि से सन्निकटन करने पर अशुद्धियां ऋणात्मक अथवा धनात्मक दोनों तरह की हो सकती हैं। उनकी प्रकृति क्षतिपूरक होती है।

(ब) संख्या को अगली संख्या तक बढ़ाकर सन्निकटन–इस विधि के अनुसार जितने अंकों का सन्निकटन किया जाता है उसके जगह पर पर अगला उच्चतर पूर्णांक लिखा जाता है यथा-8731.531 को दशमलव के दो अंकों तक सन्निकटन करना है तो संख्या 8731.54 होगी। इसी प्रकार यदि सैकड़ा तक सन्निकटन करना है तो संख्या 8800 होगी।

इस विधि द्वारा सन्निकटन संख्या वास्तविक संख्या में हमेशा ज्यादा होती है। अतः अशुद्धियां ऋणात्मक तथा संचयी प्रकृति की होती है।

सन्निकटन की विधियों की तुलना

वास्तविक संख्या	निकटतम पूर्ण संख्या	संख्या को अगली संख्या तक बढ़ाकर सन्निकटन	कुछ अंकों को छोड़कर सन्निकटन
14	010	20	10
28	30	30	20
53	50	60	50
68	70	70	60
93	90	100	90
योग 256	250	280	230
निरपेक्ष त्रुटि	+ 6	−27	+26
सापेक्षिक त्रुटि	+2.2%	−8.6%	+11.3%

(स) सन्निकटन कुछ अंकों को छोड़ कर—इस विधि के अनुरूप जितने अंकों का सन्निकटन करना होता है उन्हें छोड़ दिया जाता है यथा यदि 6348.65 का दशमलव के एक अंक तक सन्निकटन करना है तो संख्या 6348.3 होगी। यदि सैकड़ा तक सन्निकटन करना है तो संख्या 6300 होगी।

इस विधि द्वारा सन्निकटन संख्या वास्तविक संख्या से हमेशा कम होती है। अशुद्धियां धनात्मक होती हैं तथा उनकी प्रकृति संचयी होती है।

उक्त तीनों विधियों का तुलनात्मक अध्ययन—सन्निकटन संबंधी उपर्युक्त तीनों विधियों का तुलनात्मक अध्ययन तालिका से सुगमतापूर्वक किया जाता है।

प्रतिशतों का सन्निकटन भी उक्त विधियों की तरह किया जाता है। जैसे यदि 35.538% का दशमलव के एक अंक तक सन्निकटन करना है तो उक्त प्रथम विधि के अनुसार संख्या 35.5% होगी। द्वितीय तथा तृतीय विधियों के अनुसार संख्या क्रमशः 35.6% तथा 35.5 होगी।

सांख्यिकीय त्रुटि का निर्धारण

सांख्यिकी में त्रुटि का आशय अशुद्धि या गलती से नहीं है बल्कि इसका तात्पर्य वास्तविक मान तथा अनुमानित मान के अन्तर से है। यथा यदि किसी कक्षा में छात्रों की वास्तविक संख्या 115 हो और कोई 100 छात्र होने का अनुमान लगाये तो वास्तविक संख्या तथा अनुमानित संख्या के बीच 15 का फर्क है, जिसे

सांख्यिकीय त्रुटि कहेंगे। सांख्यिकीय त्रुटि सूचनादाताओं या प्रगणकों की असावधानी या पक्षपात से, प्रश्नावली के दोष से, प्रतिचयन विधि के दोष या आंकड़ों सन्निकटन के दोष से, उचित मापक की कमी से, अनुसंधान विषय की दोषपूर्ण परिभाषा आदि के कारण उत्पन्न होती है।

सांख्यिकीय त्रुटि के वर्गीकरण—सांख्यिकीय त्रुटियां दो तरह की होती हैं—

(अ) अभिनत त्रुटि —इसे विभ्रम की सतत त्रुटि या संचयी त्रुटि भी कहते है। इस त्रुटि सबसे बड़ी विशेषता यह होती है कि सभी आंकड़ों का अनुमान वास्तविक संख्या से या तो ज्यादा होता है या कम होता है। पक्षपात युक्त गणनाकारों या संख्या को अगली संख्या तक बढ़ाकर सन्निकटन करने अथवा कुछ अंकों को छोड़कर सन्निकटन करने से इस तरह की त्रुटि उत्पन्न होती है। तालिका में प्रस्तुत -24 (सापेक्ष त्रुटि -8.6%) तथा +26 (सापेक्ष त्रुटि +11.3%) अभिनत त्रुटि हैं संकलनकर्ता के व्यक्तिनिष्ठ गुण इसके प्रमुख कारक होते हैं।

(ब) अनभिनत त्रुटि —इस भिन्न को संयोगिक त्रुटि या दैव त्रुटि भी कहते है। यह त्रुटि संयोगवश उत्पन्न होती है। यह न तो किसी पक्षपात के कारण होती है और मापक के दोष के कारण। इस त्रुटि की उत्पत्ति का कारण गणनाकारों की असावधानी या निकटतम संख्या तक आंकड़ों का सन्निकटन करना होता है। गणनाकारों की असावधानी के कारण या आंकड़ों को निकटतमपूर्ण संख्या तक सन्निकटन के कारण कुछ आंकड़े अपने वास्तविक मान से ज्यादा हो जाते हैं, तथा कुछ आंकड़ अपने वास्तविक मान से कम हो जाते हैं। इस प्रकार एक त्रुटि दूसरी त्रुटि को नष्ट कर देती है। आंकड़ों के ज्यादा होने पर अनभिनता त्रुटि से कम उत्पन्न होने की अधिक सम्भावना होती है। तालिका में +6 (सापेक्ष त्रुटि +2.4%) अनभिनत त्रुटि है।

सांख्यिकीय त्रुटि मापक—उपर्युक्त त्रुटियों को निम्नलिखित ढंग से मापा जा सकता है—

(अ) निरपेक्ष त्रुटि—वास्तविक मान एवं अनुमानित मान के अंतर को निरपेक्ष त्रुटि कहते हैं। उदाहरणार्थ यदि वास्तविक मान या संख्या 450 है तथा अनुमानित संख्या 500 है तो—

निरपेक्ष त्रुटि = वास्तविक संख्या—अनुमानित संख्या

$450-600=-26$

उदाहरणस्वरूप तालिक में +6,— 24 तथा +26 निरपेक्ष त्रुटि के उदाहरण हैं।

(ब) सापेक्ष त्रुटि—निरपेक्ष त्रुटि तथा अनुमानित संख्या के बीच के अनुपात को सापेक्ष त्रुटि कहते हैं। अर्थात् निरपेक्ष त्रुटि —50 होने पर,

$$\text{सापेक्ष त्रुटि} = \frac{\text{निरपेक्ष त्रुटि}}{\text{अनुमानित संख्या}}$$

$$= \frac{-50}{500} = 0.1$$

सापेक्ष त्रुटि को प्रतिशत में भी व्यक्त कर सकते हैं। प्रतिशत में व्यक्त करने के लिये सापेक्ष त्रुटि में 100 का गुणा कर देते हैं। अर्थात्

$$\text{सापेक्ष \% त्रुटि} = \frac{-50}{500} \times 100 = -1.0$$

जोड़ गुणा या भाग का सांख्यिकीय त्रुटियों पर प्रभाव—जैसे कि ऊपर स्पष्ट किया जाता है कि साख्यिकीय त्रुटियाँ दो तरह की होती है–

(क) अभिनत त्रुटि

(ख) अनभिनत त्रुटि

इन त्रुटियों पर जोड़-घटा व, गुणा अथवा भाग का समान रूप से प्रभाव नहीं पड़ता है जब आंकड़ा को जोड़ा जाता है तो अभिनत त्रुटि संचयी तथा अनभिनत त्रुटि समकारी होती है। समकारी से आशय यह है कि अनभिनत त्रुटि में एक त्रुटि दूसरी त्रुटि को नष्ट कर देती है। जब आंकड़ों को आपस में गुणा किया जाता है तो अभिनत त्रुटि की अपेक्षा अनभिनत त्रुटि ज्यादा समकारी होती है लेकिन जब पदों को घटाया या विभाजित किया जाता है जब अनभिनत त्रुटि की अपेक्षा अभिनत त्रुटि ज्यादा यथेष्ठ (वास्तविकता के निकट) होती हैं।

सारिणी

वास्तविक मान	अनुमानित मान (1) (कुछ अंकों को छोड़कर सन्निकटन)	अभिनत त्रुटि	अनुमानित मान (2) (निकटतम पूर्ण सं. तक) सन्निकटन	अनभिनत त्रुटि
क 256	250	+6	250	+ 6
ख 307	300	+7	312	–5

जोड़-घटाव, गुणा-भाग के सांख्यिकीय त्रुटि पर प्रभाव को तालिका के आंकड़ों को हल करके स्पष्ट किया जाता है।

सारणी से स्पष्ट है कि–

'क' पद में अभिनत त्रुटि +6 तथा अनभिनत त्रुटि +6 है।

पुनः 'ख' पद में अभिनत त्रुटि +9 तथा अनभिनत त्रुटि −3 है।

इसके पश्चात् हमें अब यह देखना है कि 'क' और 'ख' के बीच सम्पन्न जोड़-घटा व, गुणा-भाग से सांख्यिकीय त्रुटि प्रकार निम्न प्रभावित होती है।

(1) **'क' और 'ख' को जोड़ने पर–**

'क' और 'ख' पदों के वास्तविक मान का योग $= 256 + 307 = 563$

'क' और 'ख' पदों के अनुमानित मान (1) का योग $= 250 + 300 = 550$

'क' और 'ख' पदों के अनुमानित मान (2) का योग $= 250 + 312 = 562$

∴ निरपेक्ष अभिनत त्रुटि = वास्तविक मान का योग-अनुमानित **मान[1] का** योग $= 563 - 550 = +13$

सापेक्ष अभिनत त्रुटि $\frac{-50}{500} = -0.1$ या सापेक्ष त्रुटि $= -1.0$

निरपेक्ष अनभिनत त्रुटि = वास्तविक मान का योग—अनुमानित मान (2) का योग

$= 563 - 562 = +1$

सापेक्ष अनभिनत त्रुटि $= \frac{1}{562} = 0.00178$

(ख) 'ख' पद से 'क' पद को घटाने पर–

'ख' और 'क; पदों के बीच का वास्तविक अन्तर $= 307 - 256 = 51$

'ख' और 'क' पदों के बीच अनुमानित (1) अन्तर $= 300 - 250 = 50$

'ख' और 'क' पदों के बीच अनुमानित (2) अन्तर $= 312 - 250 = 62$

∴ निरपेक्ष अभिनत त्रुटि = दो पदों का वास्तविक अन्तर − दो पदों का अनुमानित (1) अन्तर

$= 51 - 50 = 1$

सापेक्ष अभिनत त्रुटि $= \frac{1}{50} = 0.02$

निरपेक्ष अनभिनत त्रुटि = दो पदों का वास्तविक अन्तर − दो पदों का अनुमानित (2) अन्तर

$= 51 - 62 = -11$

सापेक्ष अनभिनत त्रुटि $= \frac{-11}{62} = -0.177$

(3) 'क' और 'ख' पदों में गुणा करने पर

'क' और 'ख' पदों के वास्तविक मान का गुणनफल = 250 × 307 = 78592

'क' और 'ख' पदों के अनुमानित मान (1) " " 250 × 300 = 75000

'क' और 'ख' पदों के अनुमानित मान (1) " " 250 × 312 = 78000

निरपेक्ष अभिनत त्रुटि = दो पदों के वास्तविक मान का गुणनफल – दो पदों के अनुमानित मान (1) का गुणनफल

= 78592 – 75000 = + 3592

सापेक्ष अभिनत त्रुटि $= \frac{3592}{75000} = 0.047$

निरपेक्ष अनभिनत त्रुटि = दो पदों के वास्तविक मानों का गुणनफल दो पदों के अनुमानित मान (2) का गुणनफल

= 78592 – 78000 = + 892

सापेक्ष अनभिनत त्रुटि $= \frac{592}{78000} = 0.0075$

(4) 'ख' पद को 'क' से विभाजित करने पर–

ख ÷ क ('क' और 'ख' पदों के वास्तविक मान का भागफल)

= 307 ÷ 256 = 1.2

ख ÷ क (क और ख पदों के अनुमानित मान (1) का भागफल)

= 300 ÷ 250 = 1.2

ख ÷ क (क' और ख पदों के अनुमानित मान (2) का भागफल)

= 312 ÷ 250 = 1.248

निरपेक्ष अभिनत त्रुटि= दो पदों के वास्तविक मान का भागफल दो पदों के अनुमानित मान (1) का भागफल 1.2

सापेक्ष अभिनत त्रुटि $= \frac{0}{1.2} = 0$

निरपेक्ष अनभिनत त्रुटि = दो पदों के वास्तविक मान का भजनफल-दो पदों के अनुमानित मान (2) का भजनफल

= 1.2 – 1.248 = – 0.048

सापेक्ष अनभिनत त्रुटि $\frac{0.048}{1.248} = 0.038$

संख्यिकीय त्रुटि का आंकलन करना

आंकड़ों का सन्निकटन कर लेने के बाद सांख्यिकीय अन्वेषण में यथार्थ

आंकड़ों से कोई लगाव नहीं रह जाता है। अतः प्रायः शोध ग्रन्थों में वर्णित आंकड़ों को आंकड़ा संकलन का आधार नहीं बनाया जाता है। अन्वेषण कार्य में केवल सन्निकटित आंकड़े ही प्रयोग में लाये जाते हैं जिसके कारण यथार्थ आंकड़ों का पता नहीं लगता है। अतः सांख्यिकीय त्रुटि का यथार्थ मापन सम्भव नहीं हो पाता। इसलिए उनका सिर्फ अनुमान की लगाया जा सकता है ध्यातव्य है कि त्रुटि वास्तविक त्रुटि से काफी मिलती जुलती है। इसका परिचय तालिका में प्रस्तुत वास्तविक त्रुटि से तुलना करके प्राप्त किया जा सकता है।

वास्तविक आंकड़ा और अनुमानित आंकड़ा में तुलना

(1) वास्तविक संख्या	(2) निकटतम पूर्णांक तक अनुमानित संख्या (सौ अंकों तक)	(3) अनभिनत त्रुटि	(4) बढ़ाकर अनुमानित संख्या (सौ अंकों तक)	(5) अभिनत त्रुटि	(6) घटाकर अनुमानित संख्या सौ अंकों तक)	(7) अभिनत त्रुटि
3735	3700	+35	3800	–65	3700	+35
6182	6200	–18	6200	–18	6100	+82
4651	4700	–49	4700	–9	4600	+51
9287	8300	–13	8300	–13	8200	+87
5115	5100	+15	5200	–85	5100	+15
32970	33000	–30	33200	–230	32700	+270

अभिनत त्रुटि का आंकलन करना

जब आंकड़ों को या तो बढ़ाकर सन्निकटित किया जाता है अथवा घटाकर सन्निकटित किया जाता है तो इन दोनों अवस्थाओं में अभिनत त्रुटि उत्पन्न होती है। संख्याओं में स्तम्भ 4 एवं 6 इसके स्पष्ट उदाहरण हैं। स्तम्भ 4 में 100 अंकों तक संख्याओं को बढ़ाकर तथा स्तम्भ 6में 100 अंकों तक संख्याओं को घटाकर सन्निकट किया जाता है। अतः दोनों अवस्थाओं में सन्निकटन की न्यूनतम तथा अधिकतम सीम 0-100 है। अभिनत त्रुटि का अनुमान लगाने के लिए औसत निरपेक्ष त्रुटि की जरूरत पड़ती हैं। इस प्रकार अनुमान किया जाता है कि न्यूनतम तथा अधिकतम सीमाओं का माध्य (एक उदाहरण के अनुसार 10 है) औसत निरपेक्ष त्रुटि है।

अभिनत त्रुटि का अनुमान निम्नलिखित सूत्र से ज्ञात किया जाता है–

अनुमानित अभिनत त्रुटि = औसत निरपेक्ष त्रुटि $\times$ N

$= 50 \times 10$

$= 500$

$$\text{अनुमानित सापेक्ष अभिनति त्रुटि} = \frac{\text{औसत निरपेक्ष त्रुटि} \times N}{e}$$

जहां N = पदों की संख्या

e = अनुमानित आंकड़ों

तालिका के स्तम्भ 4 के अनुसार

$$\frac{500 \times 10}{33200}$$

=0.153

उक्त तालिका के स्तम्भ 6 के अनुसार–

$$\frac{500 \times 10}{32700}$$

= .0110 या = 1.1%

अनभिनत त्रुटि का आकलन करना

निकटतम पूर्ण संख्या तक आंकड़ों का सन्निकटन करने के कारण अनभिनत त्रुटि उत्पन्न होती है। तालिका में सन्निकटित संख्याओं को निकटतम पूर्णांक तक दिखाया गया है। वास्तविक संख्याओं को 100 अंकों तक सन्निकटित किया गया हैं। सन्निकटन कार्य में 50 या इससे अधिक संख्या को 100 मान लिया गया है तथा 50 से कम को छोड़ दिया गया है। इस तरह त्रुटि की न्यूनतम तथा अधिकतम सीमाएं 0 – 50 हैं। अनभिनत त्रुटि का अनुमान लगाने के लिए औसत निरपेक्ष त्रुटि की जरूरत पड़ती है। कल्पना की जाती है कि त्रुटि की न्यूनतम और ज्यादा-से-ज्यादा सीमाओं का मध्य (उपर्युक्त उदाहरणों के अनुसार 25) औसत निरपेक्ष त्रुटि होगी।

निम्नलिखित सूत्र के अनभिनत त्रुटि का अंदाजा किया जाता है–

(क) अनुमानित अनभिनत त्रुटि = औसत निरपेक्ष त्रुटि $\times \sqrt{N}$

$= 25 \times \sqrt{10}$

$= 25 \times 3.16$

$= 79$

(ख) अनुमानित सापेक्ष अनभिनत त्रुटि = $\dfrac{\text{औसत निरपेक्ष त्रुटि} \times \sqrt{N}}{e}$

जहां N = पदों की संख्या

e = अनुमानित आंकड़ा

$$= \frac{25 \times \sqrt{10}}{33000}$$

= .0.059

(iii) आंकड़ों का शोधन–आंकड़ों की संपादन क्रिया में आंकड़ों का शोधन भी आता है। साधारणतया आंकड़े शोध-सहायक द्वारा स्वयं अन्वेषक द्वारा या नकल-नवीस द्वारा संकलित किये जाते हैं। संकलन प्रक्रिया में आंकड़े जैसे हैं वैसे उतार लिए जाते हैं। फिर जरूरत के अनुसार तथा उद्देश्य के अनुसार इनका शोधन होता है। उदाहरण के लिए संकलित आंकड़ों में अनेक सूचनाएं होती हैं उनमें से हम मात्र याचित सूचनायें लेकर शेष आंकड़ों को परित्यक्त कर देते हैं। इसी प्रकार आंकड़े विभिन्न आगणन इकाइयों में एक साथ संकलित हो सकते हैं जैसे–प्रांत, जिला, तहसील, विकास खण्ड आदि। यदि हमें सिर्फ जिला स्तर के आंकड़े चाहिए तो हम उससे निचले स्तर की आगणन इकाइयों के आंकड़े छोड़ देते हैं। कभी-कभी मूल आंकड़ों में प्रतिशत, धनात्मक या ऋणात्मक प्रवृत्ति भी प्रदर्शित की जाती है। अन्वेषक स्वयं की गणना को विश्वसनीय मानते हुए इन गणनाओं को छोड़ सकता है।

आँकड़ों का प्रबन्धन

इस प्रकार के संकलित आंकड़े अपने आधारभूत स्वरूप में अव्यवस्थित एवं जटिल होते हैं। उनसे सीधा निष्कर्ष निकालना मुश्किल होता है। आंकड़ों को सरल और बोधगम्य बनाने हेतु उन्हें व्यवस्थित करना होता है। आंकड़ा व्यवस्थापन के अन्तर्गत आंकड़ा विघटन, वर्गीकरण, सारणीयन आदि आते हैं।

निम्नलिखित प्रक्रियाएं आंकड़ा व्यवस्थापन में सम्मिलित हैं–

(अ) आंकड़ा वर्गीकरण (Classification of Data)

(ब) आंकड़ा विघटन (Break down of Data)

(स) आंकड़ा संग्रहण एवं अनुरक्षण (Storage and Maintenance of Data)

(द) आंकड़ा सारणीय (Tabulation of Data)

(इ) समय-सारणी एवं बजट निर्धारण (Scheduling and Budgeting)

(अ) आँकड़ा विघटन—संकलित आँकड़ों में अपरिमित सूचनाएं सम्मिलित होती हैं। उन सूचनाओं में से आवश्यक सूचनाओं को तालिकाबद्ध कर लेने की प्रक्रिया आँकड़ों का विघटन कहलाती है।

आंकड़ों का विघटीत रूप

याचित वर्ग	*विशिष्ट आवश्यकता*	*आंकड़े*
(क) पर्यावरण प्रदूषण	1. वन संरचना	(i) वन संरक्षण
		(ii) वन विनाश
		(iii) शेष वन क्षेत्र
	2. बाढ.	(i) वर्षा की मात्रा
		(ii) उच्चावचन
		(i) जल प्रवाह
	3. मिट्टी क्षरण	(i) मिट्टी का प्रकार
		(ii) ढाल का प्रकार
		(iii) प्राकृतिक वनस्पति
(ख) जनन क्षमता	1. स्त्री पुरुष अनुपात	(i) आयु वर्ग
		(ii) विवाह की आनु
		(iii) गर्भाधान या गर्भपात
	2. जन्म दर (लिंगानुसार)	आयु वर्ग
	3. मृत्यु दर (लिंगानुसार)	आयु वर्ग

उदाहरण जनसंख्या की तालिका से जनन क्षमता के आंकड़ों को निकालना या प्राकृतिक संकट के अध्ययन के लिए संबंधित आंकड़ों को मूल तालिका से प्राप्त करना इत्यादि।

(ब) आँकड़ा वर्गीकरण—आंकड़ों की जटिलता को वर्गीकरण के माध्यम से कम किया जा सकता है तथा आँकड़ों को ज्यादा ग्राह्य बनाया जा सकता है। वर्गीकरण प्रक्रिया से आंकड़ा सजातीय वर्गों में विभाजित हो जाता है। आंकड़े संख्यायुक्त होते हैं। जैसे उत्पादन, क्षेत्रफल, जनसंख्या, ऊंचाई, गहराई से सम्बन्धित आंकड़े गुणात्मक आंकड़े भी होते हैं— यथा गरीबी, बीमारी ईमानदारी से सम्बन्धित आंकड़े। इसी तरह बहुत से आंकड़े होते हैं जैसे विभिन्न देशों की जनसंख्या आदि। सांख्यिकीय आंकड़ों को निम्नलिखित दो वर्गों में बांटा जा सकता हैं—

(i) संख्यात्मक तथा

(ii) गुणात्मक।

वर्गीकरण का उद्देश्य–संख्यात्मक तथा गुणात्मक वर्गों के आंकड़ों स्थान (क्षेत्र) से भी संबंधित हो सकते हैं तथा समय से भी सम्बंधित हो सकते हैं। वर्गीकरण का उद्देश्य आंकड़ों को व्यवस्थित रूप देना होता है।

आनुभविक तथा आनुवंशिक वर्गीकरण–वर्गीकरण के दो उद्देश्य बतलाये गये हैं। एक तो अनुभाविक वर्गीकरण (Empirical Classification) है जिसमें तथ्यों को देखकर, समझ कर स्वयं अंकित किया जा सकता है। उदाहरण के लिये किसी भू-दश्य की विशेषताएँ देख कर उन्हें मानचित्र पर अंकित किया जा सकता है। किन्तु जब हम भू-दृश्य की उत्पति, उसके संघटक शैलों की विशेषताओं आदि को देखते हैं तो वह आनुवंशिक वर्गीकरण के तहत आता है। आनुभविक विधि प्रारम्भ से प्रयुक्त होती हैं तथा आनुवंशिक विधि अंत में प्रयुक्त होती है।

सामान्यीकरण–वर्गीकरण का आशय आंकड़ा युक्त एवं अनुपात को व्यवस्थित रूप देना है। इन आंकड़ों को मैट्रिक्स (Matrix) में प्रस्तुत करके इनकी समानताओं को पहचाना जाता है। समानताएं ही आगे चल कर वर्गीकरण का आधार बनती हैं। मैट्रिक्स में एक समान आंकड़े त्रिभुज के रूप में व्यवस्थित होते हैं।

वृक्ष सहलग्नता (Tree Linkage) रेखण से भी एक समान विशेषताओं वाले आंकड़ों को वर्गीकृत किया जा सकता है। उसके तीन प्रकार हैं–

(i) औसत सहलग्नता में वह बिंदु या इकाई गुच्छा में शामिल होती है जिसकी औसत दूरी गुच्छा के गुरुत्वाकर्षण केन्द्र और किसी अन्य दूरी से न्यूनतम होती है।

(ii) पूर्ण सहलग्नता में उस बिन्दु या इकाई की दूसरी जोड़े जाने वाले अन्य बिंदुओं या इकाइयों की दूरी से कम होती है।

(iii) सर्वप्रथम निकटतम दूरी वाले दो बिन्दुओं को मिला दिया जाता है। फिर अन्य बिन्दुओं या इकाइयों के क्रमशः उनकी दूरी के अनुपात में मिलाया जाता है।

भौगोलिक आँकड़े : विशिष्टता और वर्गीकरण

भौगोलिक विशेषताएँ अनूठी होती हैं। यदि हम हर भौगोलिक तथ्य को अनूठा (Unique) मानें तो हर एक तथ्य का पृथक वर्ग बनेगा। लेकिन ऐसे तथ्यों की संख्या काफी कम होती है जो अपने आप में अनूठे होते हैं तथा किसी से मेल नहीं खाते। जिन तथ्यों को विशेषताएं आपस में मिलती हैं वे उन एक समान तथ्यों के वर्ग में वर्गीकृत हो जाते हैं। उदाहरण के लिए दिल्ली एक देश की राजधानी है। अतः वह विश्व के अन्य देशों की राजधानियों के वर्ग में आती है।

अनूठे तथ्यों का वर्गीकरण मुश्किल होता है। उदाहरण के लिये हिमालय पर्वत अपने आप में अनूठा है। इसकी तुलना किसी अन्य पर्वत से नहीं की जा सकती है। हां, इसके संघटक तत्वों ऊंचाई, शैलों की विशेषताओं आदि के आधार पर इसकी तुलना की जा सकती है। यही आनुभविक वर्गीकरण (Empirical Classification) होगा। जब हम इसके भूगार्भिक इतिहास पर दृष्टि डालेंगे तो वह आनुवंशिक वर्गीकरण (Genetic Classification) होगा।

विपणन केन्द्रों का वर्गीकरण

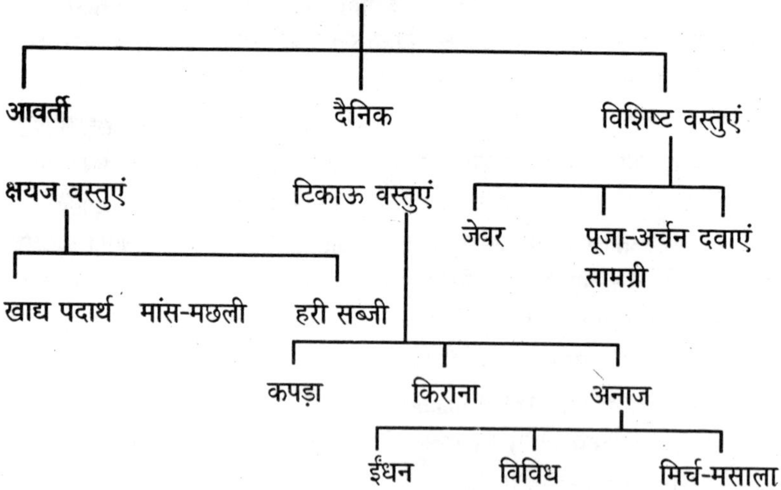

अतः यदि हम तथ्यों के अनूठेपन की विशेषताओं को समझ लें तो तथ्यों का सार्थक वर्गीकरण किया जा सकता है। अतः अनूठे तथ्यों के उन गुणों की उदाहरणार्थ पहचान होती है जिनके आधार पर उनकी अन्य अनूठे तथ्यों से तुलना की जा सकती है। एक समान गुणों की पहचान से वर्गीकरण का आधार बनता है उदाहरणार्थ सभी पर्वतों को उंचाई के अनुसार वर्गीकृत किया जा सकता है। यह आनुभविक वर्गीकरण होगा। यदि विशिष्ट पर्वतों की अनूठी विशेषताओं का गहन अध्ययन किया जाय तो उन्हें उत्पत्ति के आधार पर मोड़दार पर्वत, ज्वालामुखी पर्वत आदि में वर्गीकृत किया जा सकता हैं यह आनुवंशिक वर्गीकरण कहलाता है।

कोल एवं किंग की वर्गीकरण का आधार क्रमशः प्रस्तुत उपविभागों से बनता है। उप-विभाजन नई विशिष्टताओं का बोध कराता है तथा क्रमशः छोटे होते उपविभाग परस्पर गुँफित होते हैं। कहीं-कहीं पदानुक्रमीय उपविभाग भी वर्गीकरण का आधार प्रस्तुत करते हैं। उदाहरण के लिए भूगर्भिक कालखण्डों में एक निश्चित

पदानुक्रम मिलते हैं जिसे युग (Epoch), महाकल्प (Era) तथा अवस्था (Stage) के अनुसार वर्गीकृत करते हैं। दूसरे तरफ गुँफन का उदाहरण विपणन केन्द्रों के वर्गीकरण से दिया जा सकता है।

विपणन केन्द्रों के प्रकार

वर्गीकरण उतना सुस्पष्ट नहीं है जितना भूगर्भिक कालों का है। इनमें अतिव्यापन भी हो सकता है जैसे क्षयज वस्तुओं में खाद्य पदार्थों तथा टिकाऊ में अनाज इस प्रकार असंबंधित तथ्यों का क्रम निश्चित नहीं है तथा वर्गीकरण की तह तक पहुँचने पर ही अनूठे तथ्य मिलेंगे इसके बाद वर्गीकरण संभव नहीं होगा।

वर्गीकरण

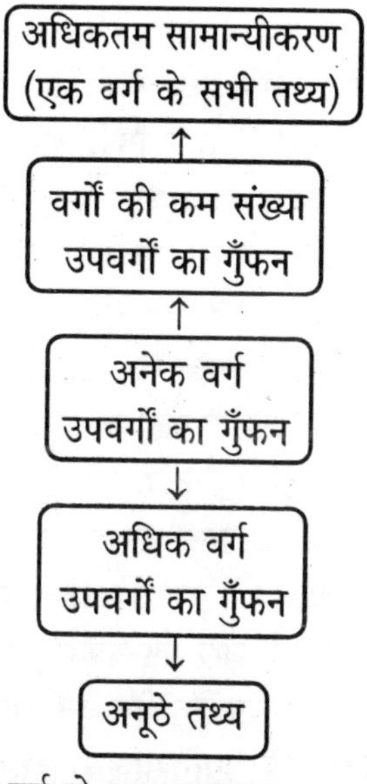

(प्रत्येक वर्ग के एक तथ्य का सूक्ष्म त्रेक्षण

इसमें अधिकतम सामान्यीकरण तब संभव है जब हम एक वर्ग के सभी तथ्यों (समष्टि) का अध्ययन करें। दूसरे छोर पर अनूठे तथ्यों का अध्ययन है जिसमें अधिकतम वैयक्तिक विशेषताओं का अध्ययन होगा लेकिन एक वर्ग के एक ही तथ्य के वर्गों की संख्या कम होती है तो हर वर्ग के अध्ययन गत तथ्यों की संख्या बढ़ जाती है तथा सामान्यीकरण होता है। जब वर्गों की संख्या बढ़ती है तो

अध्ययनगत तथ्यों की संख्या घटती है। तथा हर वर्ग से एक तथ्य लेकर उसका अध्ययन होता है।

भौगोलिक आंकड़ों मे गहन अध्ययन की सीमा होती है। उदाहरणास्वरूप भूगोलवेत्ता वनस्पति के समूहन तक अध्ययन करता है। उसका अध्ययन शाखाओं, पत्तियों, उनकी भौतिक विशेषताओं से सम्बन्धित नहीं होता। इस प्रकार भूगोलविदों को भौगोलिक अध्ययन की सीमाओं के प्रति सजग होना चाहिए।

उपविभाजन आधार

वर्गीकरण की उपयुक्तता समुचित उप-विभागों पर निर्भर करती है। भौगोलिक वर्गीकरण मे निम्नलिखित आधारों पर उप-विभाजन किया जा सकता है—

वर्गीकरण की उपयुक्तता समुचित उप-विभागों पर निर्भर करती है। भौगोलिक वर्गीकरण में निम्नलिखित आधारों पर उप-विभाजन किया जा सकता है—

(i) सतत् उपविभाजन--अधिकतर भौगोलिक आंकड़ों इसी वर्ग में आते हैं। उदाहरणस्वरूप मिट्टियों का विभाजन लाल मिट्टी, भूरी मिट्टी, सफेद मिट्टी आदि में। यहां रंगों की गहनता उपविभाजन का आधार बनती है।

(ii) व्यक्तिनिष्ठ उप-विभाजन—कुछ ऐसे तथ्य होते है जिनके उप-विभाजन का आधार व्यक्तिनिष्ठा होता है। उदाहरणार्थ जनसंख्या के घनत्व के आंकड़ों के आधार पर उन्हें, मध्यम एवं न्यून घनत्व के उप-विभागों में बांटना। उल्लिखित है कि चाहे मरुस्थलीय क्षेत्र का घनत्व हो जहाँ जनघनत्व स्वाभावतः अत्यल्प होता है या गंगा के डेल्टा का घन्त्व हो जहाँ जनघनत्व स्वभावतः अत्युच्च पाया जाता हैं उपवर्ग वही रहेंगे। उपवर्गों की पारस्परिक सीमा घनत्व की कोई भी संख्या हो सकती है।

(iii) विविक्त उपविभाजन—इस उप विभाजन में वे तथ्य आते हैं जो एक-दूसरे से बिल्कुल भिन्न होते हैं जैसे भेड़ बकरी, गाय, बैल, भैंस, गाधा-घोड़ा या कड़ी लकड़ी के वन, समशीतोषण कटिबंधीन बन आदि।

(iv) द्वि-तात्विक विविक्त उपविभाजन—इसमें दो विविक्त सामूहिक को उप-विभाजन का आधार माना जाता है यथा उत्पत्ति के आधार पर काली मिट्टियां, जलोढ़ मिट्टियां एक अक्ष पर तथा उनकी रासायनिक विशेषताएँ दूसरे अक्ष पर।

(v) द्वि-तात्विक सतत उपविभाजन—इस उपविभाजन में दो तत्वों की विशेषताओं को आधार बनाया जाता है यथा आर्द्र-उष्ण जलवायु में तापमान एवं वर्षा, स्टेपी एवं सवाना में वर्षा एवं वनस्पति आदि से सम्बन्धित उपविभाजन रेखाओं से प्रदर्शित किया जाता है।

(vi) कर्मोपलक्षी उप-विभाजन—विभाजन को इस विधि में आंकड़ों तथ्यों का पूर्व-मध्ययन आवश्यक होता हैं उदाहरणस्वरूप नगरों के कर्मोपलक्षी विभाजन हेतु नगरों से संबंधित आंकड़ों का अध्ययन करना पड़ता है साथ ही सम्बन्धित नगरों की विशेषताओं का ज्ञान भी जरूरी होता है।

(vii) विषम उप-विभाजन—वह विभाजन जिसमें अनेक तत्वों का सामूहिक रूप आधार माना जाता है विषम विभाजन कहलाता है। जैसे जलवायु का वर्गीकरण। जलवायु के वर्गीकरण में विभिन्न तत्वों-तापमान, वर्षा, बदलों की दशा, वायु की दिशा एवं वेग, आर्द्रता की मात्रा वाष्पीभवन आदि को एक साथ विभाजन का आधार माना जाता है।

कोपेन एवं थनिवेट जैसे विद्वानों द्वारा प्रस्तुत जलवायु का विभाजन इसका उदाहरण है।

(viii) आनुवंशिक वर्गीकरण—आनुवंशिक वर्गीकरण वस्तुतः भौगोलिक अध्ययन के निष्कर्ष स्वरूप प्रस्तुत होता है जैसे नदियों को अनुवर्ती (Consequent), परवर्ती (Subseauent) में विभाजन करने के पूर्व उनकी उत्पत्ति का ज्ञान जरूरी होता है।

(ix) आयु-आधारित वर्गीकरण—भौगोलिक आंकड़ों को आयु के आधार पर वर्गीकृत किया जा सकता हैं यहां भी सम्बन्धित तथ्यों की विशेषताओं का पूर्व-ज्ञान जरूरी हैं जैसे विपणन केन्द्रों को आयु के आधार पर वर्गीकृत करने के लिये विपणन से सूचना प्राप्त करनी पड़ती है।

इस तरह वर्गीकरण के आधार स्वरूप विभिन्न तरह से उप-विभाजन की क्रिया अपनाई जा सकती है। भौगोलिक आंकड़ों का वर्गीकरण भूवैन्यासिक, कालिक एवं अन्य रूपों में भी की जाती है।

(क) समय के आधार पर वर्गीकरण—यदि आंकड़ों का वर्गीकरण वर्ष, महा, दिन आदि के आधार पर किया जाता है तो उसे तालिका या समय पर आधारित वर्गीकरण कहते हैं।

(ख) अन्य दशाओं के आधार पर वर्गीकरण—अध्ययन की सुविधा के लिए स्थान एवं काल के अतिरिक्त अन्य आधारों पर भी आंकड़ों का वर्गीकरण किया जाता है। उदाहरणस्वरूप उत्तर प्रदेश में दलहन का क्षेत्रफल।

(ग) वर्गीकरण पर भूवैन्यासिक आधार—जब संकलित आंकड़ों को किसी भौगोलिक क्षेत्र या इकाई के आधार पर वर्गीकृत किया जाता है तो उसे स्थानिक या क्षेत्रीय वर्गीकरण कहते हैं।

इराकी कृषि में शासकीय निवेश 1976–1980

वर्ष	*निवेश (दस लाख अमेरिकी डालर)*
1976	887
1977	1287
1978	1650
1979	1650
1980	1666

स्रोत–Shafi & Aziz, (Eds.) Food System of the World, 1989, p 60

भारत में लोहा का उत्पादन–2005

क्षेत्र	*कारखाना की संख्या*	*उत्पादन (हजार टन)*
1. दक्षिणी क्षेत्र	22	6875
2. पूर्वी क्षेत्र	11	2639
3. पश्चिमी क्षेत्र	23	7222
4. उत्तरी क्षेत्र		6992

वर्गीकृत आंकड़ों की व्यवस्थापन पद्धति

आंकड़ों का वर्गीकरण करने के पश्चात् उन्हें श्रेणियों में व्यवस्थित किया जाता है। इन श्रेणियों को आंकड़ा श्रेणी कहते हैं। वर्गीकृत आंकड़ों को आंकड़ा श्रेणियों में किस तरह व्यवस्थित किया जाय यह जानना जरूरी है। समान्यतः वर्गीकृत आंकड़ों को आंकड़ा श्रेणियों में व्यवस्थित करने की तीन विधियाँ हैं–

(i) आवृति वितरण–आवृति वितरण व्यवस्था उक्त दोनों व्यवस्थाओं की अपेक्षा श्रेष्ठ है। इस व्यवस्था के तहत आवृत्तियों को वितरित करने के लिए आंकड़ों को कई वर्गान्तरों (वर्गों) में विभक्त कर दिया जाता है। तथा दुबारा यह देखा जाता है कि अमुक वर्ग में रखे गये आंकड़ों की कितनी आवृत्तियां हैं। स्पष्ट है कि यह विधि आवृत्ति व्यवस्था से थोड़ी भिन्न है।

(ii) आवृत्ति व्यवस्था–इस व्यवस्था के तहत आंकड़ों को उनकी आवृत्तियों के साथ क्रमवार लिखा जाता है। यह विधि उपरोक्त व्यवस्था से श्रेष्ठ है। इसका प्रयोग तभी उपयोगी है जब आंकड़ों की संख्या कम हो तथा आंकड़ों की पुनरावृत्ति बार-बार होती हो। यदि ऐसा नहीं है तो साधारण व्यवस्था तथा आवृति व्यवस्था में कोई अन्तर नहीं रह जायेगा।

(iii) साधारण व्यवस्था—इस विधि के प्रयोग से व्यक्तिगत श्रेणी बनायी जाती है। इसके तहत अव्यवस्थित आंकड़ों को बढ़ते हुए (आरोही) या घटते हुए (अवरोही) क्रम में व्यवस्थित कर दिया जाता है जिससे आंकड़ों को एक क्रम तथा विन्यास का रूप मिल जाता है। आंकड़ों को क्रमवार व्यवस्थित कर देने पर उनका स्वरूप काफी स्पष्ट तथा बोधगम्य हो जाता है।

उदाहरणस्वरूप सांख्यिकी भूगोल विषय में सम्बन्धित 20 छात्रों के प्राप्तांक अव्यवस्थित रूप में दिये गये हैं जिन्हें साधारण व्यवस्था के तहत आरोही या अवरोही क्रम में व्यवस्थित करना है। हम निम्नलिखित तरह से इन्हें व्यवस्थित कर सकते हैं—

सांख्यिकी भूगोल विषय के छात्रों के प्राप्तांक

अव्यवस्थित प्राप्तांक				*व्यवस्थित प्राप्तांक (आरोही क्रम)*				*व्यवस्थित प्राप्तांक (अवरोही क्रम)*			
15	35	50	14	9	14	15	15	66	54	45	45
35	54	45	15	15	15	15	25	45	35	35	35
27	35	35	9	27	35	35	35	35	35	35	35
35	15	35	25	35	35	35	45	25	25	25	15
45	66	25	15	45	50	55	66	15	15	14	9

उपर्युक्त उदाहरण से स्पष्ट है कि यह विधि सरल है लेकिन इसका प्रयोग अधिक आंकड़ों के लिए उपयुक्त नहीं है। इस प्रकार इस विधि का प्रयोग बहुत कम होता है।

आवृत्ति वितरण दो प्रकार का होता है—

(अ) एक-चरीय आवृति वितरण, तथा

(ब) द्विचरीय आवृति वितरण

(अ) **एक-चरीय आवृत्ति वितरण**—जब किसी एक चर के अवलोकित मानों का आवृत्ति वितरण प्रस्तुत किया जाता है। उसे एक-चरीय आवृत्ति वितरण कहते हैं। एक-चरीय आवृत्ति वितरण दो तरह का होता है।

(ब) **खण्डित आवृत्ति विकास**—इस असतत श्रेणी भी कहते हैं। इस वितरण के हर पद के चर मानों में निश्चित तरह होता है। हर एक पद स्थायी एवं स्वतन्त्र होता है। उनमें सातत्य का अभाव पाया जाता है। खण्डित आवृत्ति वितरण यथार्थ चर मान उपलब्ध होने पर बनाया जाता है। यथा प्रति परिवार सदस्यों की संख्या, प्रति गृह कमरों की संख्या, प्रति बच्चों की संख्या आदि। उक्त उदाहरणों के मान

इतने यथार्थ एवं स्पष्ट हैं कि इनका दशमलव आदि में विभाजन नहीं हो सकता है। अतः इनके द्वारा खण्डित आवृति वितरण प्रस्तुत किया जायेगा। एक अग्रलिखित अग्रलिखित है–

खण्डित आवृत्ति वितरण

प्रति गृह टेबलों की संख्या	*गृहों की संख्या*
1	3
2	7
3	6
4	9
5	1

अखण्डित आवृत्ति वितरण

आर्द्रता	*दिनों की संख्या*
20-30	19
10-20	60
0-10	40
–10-0	25
–20-10	17
–30-20	10

(ख) **अखण्डित आवृत्ति वितरण**–इसे सतत श्रेणी भी कहते हैं। अखण्डित आवृत्ति वितरण तालिका का गठन उस अवस्था में किया जाता है जब चर का यथार्थ माप सम्भव नहीं हो पाता है। यथा लम्बाई, वजन आदि की यथार्थ माप नहीं की जा सकती है। यदि किसी व्यक्ति की लम्बाई नापना हो तो यथार्थ माप सम्भव नहीं होगा और न तो एक निश्चित लम्बाई के व्यक्तियों को ही गिना जा सकता है। ऐसी स्थिति में उपलब्ध आंकड़ा को कुछ निश्चित वर्गान्तरों में विभक्त करके उनका आवृत्ति वितरण प्रस्तुत किया जाता है। इसमें वर्गान्तर शुरू से अन्त तक बिना खण्डित हुए जारी रहते हैं। एक उदाहरण तालिका में दिया गया है–

द्वि-चरीय आवृत्ति वितरण

ऊंचाई	*आयु (वर्ष)*					
इंच	***20-25***	***25-30***	***30-35***	***35-40***	***40-45***	***योग्य***
60-63	1	2	3	–	1	7

36-66	2	1	3	3	—	9
66-69	—	3	10	2	2	17
96-72	—	—	1	1	—	2

चर—एक परिणाम (मात्रा) जो संख्यात्मक मानों के एक विस्तार में हो सकता है, चर कहलाता है।

आवृत्ति वितरण के महत्वपूर्ण तथ्य

आवृत्ति वितरण के सन्दर्भ में सामान्य जानकारी प्राप्त कर लेने के पश्चात अब यह जानना आवश्यक है कि अव्यवस्थित आंकड़ों से किस तरह आवृत्ति वितरण तैयार किया जाता है तथा कौन-कौन से महत्वपूर्ण तथ्य इसके निर्माण में सहयोगी होते हैं। तालिका के आधार पर आवृत्ति वितरण तथा उससे सम्बन्धित महत्वपूर्ण तथ्यों को समझाने का प्रयास किया जाता है—

भूगोल विषय में 40 छात्रों के प्राप्तांक

40	54	64	35	21
56	45	41	43	76
27	46	39	38	50
19	82	53	55	26
54	52	62	45	66
53	49	59	58	72
65	64	50	66	46
43	41	40	32	50

1. **अंकों का प्रसार**—आवृत्ति वितरण तैयार करने हेतु सबसे पहले आंकड़ों का अंक प्रसार ज्ञात किया जाता है। अंक प्रसार का तात्पर्य यह जानने से है कि उपलब्ध आंकड़े कितने अंकों के बीच फैले हुये हैं। इस तरह उच्च अंक तथा निम्न अंक के बीच के अन्तर को अंक प्रसार कहते हैं। तालिका के अनुसार अंक-प्रसार 82—14 = 68 है।

2. **वर्गान्तर (वर्ग)**—अंक प्रसार ज्ञात कर लेने के पश्चात आंकड़ों को वर्गातर में व्यवस्थित किया जाता है। इसके लिए दो बातों पर ध्यान देना जरूरी होता है—(1) वर्गान्तरों की संख्या (2) वर्गान्तरों का आकार (विस्तार)।

समावेशी विधि

वर्गान्तर	*मध्य बिन्दु*
10.19	14.5
20-29	24.5
30-39	34.5
40-49	44.5
50-59	54.5
70-79	74.5
80-89	84.5

अपवर्जी विधि

वर्गान्तर	*मध्य बिन्दु*
10-20	14.5
20-30	24.5
30-40	34.5
40-50	44.5
50-60	54.5
70-80	74.5
80-90	84.5

शुद्ध विधि

वर्गान्तर	*मध्य बिन्दु*
9.5-19.5	14.5
19.5-29.5	24.5
29.5-39.5	34.5
39.5-49.5	44.5
49.559.5	54.5
69.5-79.5	74.5
79.589.5	84.5

सबसे पहले यह निश्चित किया जाता है कि उपलब्ध आंकड़ों को कितने वर्गों

में विभक्त किया जाय। इसके लिए कोई निश्चित नियम नहीं है। सामान्य रूप से वर्गान्तरों की संख्या 10 से 15 तक रखी जाती है क्योंकि वर्गान्तरों की संख्या कम होने पर आवृत्तियों का एकत्रीकरण होने लगता है। इसके विपरीत वर्गान्तरों की संख्या अधिक होने पर विश्लेषण एवं गणना कार्य में कठिनाई होने लगती है। वर्गान्तरों की संख्या निर्धारित करने के लिए निम्नलिखित सूत्र (H.A Sturges) प्रयोग में लाया जा सकता है चूँकि इस सूत्र के अनुसार वर्गान्तरों की संख्या ज्यादा नहीं होती है–

वर्गान्तरों की संख्या $1 + 3.222 \text{ Log N}$.

{N = आवीक्षित मानों की संख्या}

उक्त तालिका के अनुसार वर्गान्तरों की संख्या = $1 + 3.222 \text{ Log } 50$

$= 1 + 3.222 \times 1.699$

$= 6.47$ या 7 निकटतम

यहां यह ध्यान देना जरूरी है कि उक्त सूत्र से उपलब्ध मान को अगली संख्या पर सन्निकटित कर देना चाहिए। जैसे 6.47 को सन्निकटित करके 7 कर दिया गया हैं कुछ दशाओं में आंकड़ा के विस्तार के अनुसार एक अतिरिक्त वर्गान्तर का भी समावेश करना आवश्यक हो जाता हैं जैसे उक्त सूत्र के अनुसार यह ज्ञात हुआ है कि तालिका संख्या से सम्बन्धित आंकड़ों को 7 वर्गान्तरों में विभक्त किया जायेगा लेकिन आंकड़ों के विस्तार के अनुसार इसे 8 वर्गान्तरों में विभक्त किया गया है (तालिका)। अतः इस सूत्र का प्रयोग कठोरता से नहीं करना चाहिए मात्र इसे वर्गान्तरों की संख्या निश्चित करने में सहायक मानना चाहिए। वर्गान्तरों की संख्या (जैसे 7) निर्धारित कर लेने के पश्चात पुनः यह जानना भी आवश्यक है कि प्रत्येक वर्गान्तर का आकार (विस्तार) कितना हो सकता है। कुछ विशेष परिस्थितियों को छोड़कर ज्यादा देशों में सभी वर्गान्तरों का आकार एक समान बनाया जाता है। वर्गान्तर के आकार का निर्धारण अधिकतम तथा न्यूनतम आंकड़ों को ध्यान में रखकर किया जाता है। वर्गान्तर आकार निर्धारित करने का सूत्र निम्नलिखित है।

$$\text{वर्गान्तर-आकार} = \frac{L-8}{N}$$

L = अधिकतम मान

S = न्यूनतम मान

N = वर्गान्तरों की संख्या

$$= \frac{82-14}{1+3.222 \text{ Log } 50}$$

$$= \frac{82 - 14}{7}$$

$$= \frac{68}{7}$$

$= 9.7$ या 10

3. वर्गान्तर प्रारम्भ करने की संख्या का निर्धारण—वर्गान्तर संख्या तथा आकार निर्धारित कर लेने के बाद यह ज्ञात करना भी जरूरी है कि न्यूनतम वर्गान्तर का आरम्भ किस संख्या से करें। इसके लिए सामान्यतः तीन नियमों का प्रचलन है।

प्रथम नियम के अनुसार—उपलब्ध आंकड़ों के आये हुए सबसे छोटे अंक से वर्गान्तर प्रारम्भ किया जाता है जैस— तालिका में सबसे छोटा आंकड़ा 14 है अतः अतः पहला वर्गान्तर 14—24 होगा।

द्वितीय नियम के अनुसार—वर्गान्तर सबसे छोटे अंक के नीचे किसी भी अंक से प्रारम्भ किया जा सकता है लेकिन प्रथम वर्गान्तर में छोटे अंक का आ जाना आवश्यक है जैसे—तालिका में सबसे छोटा अंक 14 है। इस प्रकार वर्गान्तर विस्तार 10 होने के कारण वर्गान्तर का प्रारम्भ 4,5,6,7,8,9,10,11,12, या 13 में से किसी भी अंक से किया जा सकता है।

तृतीय नियम—न्यूनतम वर्गान्तर का आरंभ उस संख्या से किया जाता है जो या तो वर्गान्तर विस्तार को विभाजित करे या वर्गानतर विस्तार से विभाजित हो जाय तथा पहले वर्गान्तर में आंकड़ा का सबसे अंक अवश्य आ जाय। जैसे—तालिका में सबसे छोटा 14 है। वर्गान्तर विस्तार 10 है अतः 5 या 10 अंक से प्रथम वर्गान्तर को प्रारम्भ किया जा सकता है।

वर्गान्तर विस्तार की विविध पद्धतियां

वर्गान्तर-विस्तार तथा वर्गान्तर आरंभ की संख्या निर्धारण कर लेने के बाद वर्गान्तरों को निर्माण किया जाता है। वर्गान्तर निर्माण प्रक्रिया में वर्गान्तर विस्तार व्यक्त करने की तीन विधियाँ है।

(iii) समावेशी विधि—इस विधि में एक वर्गान्तर जिस अंक से समाप्त होता है दूसरे वर्गान्तर का प्रारम्भ ठीक उसके अगले अंक से किया जाता है, जैसे— 10-19, 20-29, आदि।

समावेशी विधि के किसी वर्गान्तर की वास्तविक सीमा जानने के लिये उस वर्गान्तर के न्यूनतम अंक की न्यूनतम सीमा और उसके उच्चतम अंक की उच्चतम सीमा ज्ञात की जाती है। यथा 10-19 वर्गान्तर की वास्तविक सीमा 9.5-19.5 हैं यह विधि शेष दोनों विधियों की तुलना में ज्यादा उचित है।

(i) परिवर्जी विधि या अपवर्जी विधि—इस विधि केएक वर्गान्तर जिस अंक से समाप्त होता है। दूसरा वर्गान्तर उसी अंक से शुरू होता हैं जैसे 10-20, 20-30 आदि। अपवर्जी विधि किसी वर्गान्तर की सीमा का निर्धारण उस वर्ग की ऊपरी सीमा वाले अंक को छोड़कर किया जाता है। जैसे 1.-20 और 20-30 वर्गान्तर को वास्तव में 10-19, 20-29 ही समझा जायेगा।

(ii) शुद्ध विधि—इस विधि के तहत समावेशी विधि वाले वर्गान्तरों की वास्तविक सीमाओं को प्रदर्शित किया जाता है। जैसे समावेशी विधि के 10-19, 20-29, 3.-39 को शुद्ध विधि द्वारा क्रमशः 9.5-19.5, 19.5-29.5 29.5-39.5 20-29, जायेगा। दशमलव का सबसे ज्यादा प्रयोग होने तथा अन्य विधियों के जैसे शुद्धता की मात्रा समान होने के कारण इस विधि का प्रयोग सबसे कम होता हैं

वर्गान्तरों का क्रमांकन

वर्गान्तरों को दो क्रमों में अंकित किया जाता है—(i) आरोही क्रम तथा (ii) अवरोही क्रम। जब वर्गान्तर बढ़ते हुये क्रम में प्रस्तुत किये जाते हैं तो उसे आरोही क्रम कहते हैं। जैसे 10-19, 20-29, 30-39, 40-49 आदि। इसके विपरीत जब वर्गान्तर घटते हुए क्रम में प्रस्तुत किये जाते हैं तो उसे अवरोही क्रम कहते हैं जैसे 40-49, 30-39, 20-29, 10-19 आदि।

वर्गान्तर का मध्य बिन्दु

किसी वर्गान्तर के ऊपरी और निचली सीमा के मध्य स्थान को वर्गान्तर का मध्य बिन्दु कहते हैं। इस तरह वर्गान्तर का मध्य बिन्दु ऊपरी और निचली सीमा के योग का आधा होता है। इसे निम्नलिखित सूत्र से व्यक्त किया जासकता है—

$$\text{वर्गान्तर का मध्य बिन्दु} = 1 \ \frac{L_1 + L_2}{2}$$

L_1 = वर्गान्तर की निम्नतम सीमा

L_2 = वर्गान्तर की उच्चतम सीमा

तालिका के अनुसार–

$$\text{वर्गान्तर का मध्य बिन्दु} = \frac{10+19}{2}$$

$= 14.5$

तालिका के आधार पर वर्गान्तर, विस्तार अभिव्यक्ति तथा वर्गान्तर के मध्य-बिन्दु की गणना-तालिका निरूपित है।

आवृत्तियों की गणना विधि

वर्गान्तरों का क्रमांकन कर लेने के पश्चात यह देखा जाता है कि अमुक वर्गान्तर में आने वाले आवीक्षित मानों की कितनी आवृत्तियां हैं। उन आवीक्षित मानों की जितनी आवृत्तियाँ उपलब्ध होती हैं। उन्हें सम्बन्धित वर्गान्तर के सामने लिख दिया जाता है। साधारणतया इसके लिए अनुरूपण चिह्न (Tallies) का प्रयोग किया जाता है। यदि किसी वर्गान्तर में आवृत्तियों की संख्या 4 से ज्यादा हो जाती है, जैसे अन्त में जब सभी वर्गान्तरों की आवृतियों को अनुरूपण चिह्न द्वारा प्रस्तुत कर दिया जाता है तो पुनः उन्हें गिन-गिन कर सम्बन्धित वर्गान्तर के सामने लिख दिया जाता है। उदाहरण के लिये तालिका संख्या के आंकड़ों का आवृत्ति वितरण तालिका में निरूपित है।

अनुरूपण पत्रक

वर्गान्तर	आवृत्तियां	अनुरूपण चिह्न
10-19	2	|
20-29	3	|||
30-39	7	~~||||~~ ||
40-49	13	~~||||~~ ~~||||~~ ||||
50-59	14	~~||||~~ ~~||||~~ ||||
60-69	8	~~||||~~ |||
70-79	2	||
80-90	1	|

आवृत्ति वितरण के फायदे

आवृत्ति वितरण के प्रमुख फायदे निम्नलिखित हैं–

1. आवृत्ति वितरण से आंकड़े सरल एवं बोधगम्य हो जाते हैं।

2. आंकड़ों के प्रसार का ज्ञान आसानी से होता है।

3. आवृत्ति वितरण से ज्यादा या कम आवृत्ति वाले आंकड़ों के वर्गान्तरों का ज्ञान हो जाता है।

4. आंकड़ों के केन्द्रीय प्रवृत्तियों के मापों की गणना में सरलता आ जाती है।

5. आवृत्ति वितरण से आंकड़ों के आरेखीय निरूपण में सरलता आ जाती हैं।

(स) **सारणीयन** : आंकड़ों के व्यवस्थापन में आंकड़ों को सारणी बद्ध करने की प्रक्रिया भी आती हैं सारणीयन वह विधि है जिसके माध्यम से वर्गीकृत या अवर्गीकृत आंकड़ों को वैज्ञानिक तरीके से प्रस्तुत किया जाता है। वस्तुतः वर्गीकरण एवं सारणीयन एक दूसरे के पूरक हैं। सारणी में क्षैतिज रेखाओं में अंकित आंकड़े पंक्ति (Row) कहे जाते हैं तथा ऊर्ध्वाधर रेखाओं में अंकित आंकड़े स्तंभ (Column) कहे जाते हैं। इस व्यवस्था से संख्यात्मक तथ्य संक्षिप्त एवं बोधगम्य हो जाते हैं।

सारणी का वर्गीकरण

सारणी के विभिन्न प्रकार होते हैं। आंकड़ों की प्रकृति, उद्देश्य एवं रचना विधि के अनुसार सारणी के अनेक प्रकार हो जाते हैं।

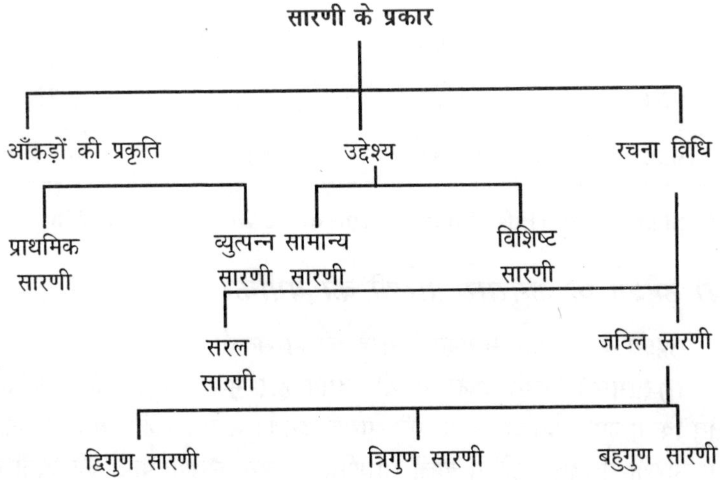

(क) आंकड़ों की प्रकृति के अनुसार सारणी के प्रकार

आंकड़ों की प्रकृति के अनुसार सारणी दो प्रकार की होती है–

(i) **प्राथमिक सारणी**–इस सारणली में आंकड़ों अपने मूल रूप (Raw Data) में प्रस्तुत किया जाता हैं इसमें दुकानों की संख्या एवं प्रकार अपने मूल रूप में प्रस्तुत हैं।

(ii) **व्युत्पन्न सारणी**–मूल आंकड़ों को जब इसी सांख्यिकीय विधि से विश्लेषित किया जाता है यथा–औसत, बहुलक, प्रतिशत, धनात्मक प्रवृति आदि और इन विश्लेषित मानों को भी जब सारणी में प्रस्तुत किया जाता है तो उसे व्युत्पन्न सारणी (तालिका) कहते हैं।

उदाहरणस्वरूप तालिका में स्तम्भ में प्रस्तुत घाटे एवं अधिशेष के आंकड़े व्युत्पन्न आंकड़ों के उदाहरण में या तालिका में प्रस्तुत प्रतिशत के आंकड़े व्युत्पन्न आंकड़ों के उदाहरण हैं।

अनाज उत्पादन की भारत में अनुमानित मात्रा

वर्ष	*याचित उत्पादन (दस लाख टन)*	*वास्तविक उत्पादन (दस लाख टन)*	*अधिशेष (+) घाटा (–)*
1951	58.06	40.02	–18.04
1952	59.05	40.06	–18.99
1953	60.08	45.37	–14.71
1954	61.17	53.44	–7.73
1955	62.34	51.60	–10.74

स्रोत–Shafi & Aziz (Eds.) Food Systems of the World] 1989, p. 278

(ख) उद्देश्य के अनुसार सारणी का वर्गीकरण

उद्देश्य के अनुसार सारणी दो तरह की हो सकती है–

(i) **सामान्य उद्देश्य वाली सारणी**–इसके द्वारा मूलभूत सूचनाओं को यथावत प्रस्तुत किया जाता है। जनसंख्या की सारणी इसका उदाहरण है। सामान्य उद्देश्य वाली सारणी से विषय उद्देश्य वाली सारणीया व्युत्पन्न सारणी प्राप्त की जाती है।

(ii) **विशेष उद्देश्य वाली सारणी**—इसका प्रयोग किसी विशेष तथ्य को या किसी विशेष को प्रभावशाली तरीके से प्रस्तुत करने में किया जाता हैं तालिता पश्चिम बंगाल में शाल के बुनकरों (Wa), चादर एवं मसहरी के बुनकरों (Wb) में तथा अन्य बुनकरों (Wc) के तीन समुदायों का जाति एवं धर्म के अनुसार वर्गीकरण प्रदर्शित किया जाता है।

बुनकर समुदायों का जाति/धर्म के अनुसार विन्यास

बुनकर समुदाय	*जाति/धर्म* *महसिया*	*ब्राह्मण*	*अन्य हिन्दू*	*मुसलमान*	*योग*
Wa	20.0	0.0	1.0	22.0	43.0
	–12.8	–0.7	0.3	13.2	
	4.98	0.70	0.12	19.74	
	16.4	0.0	0.8	18.0	35.3
Wb	39.0	1.0	1.0	3.0	44.0
	55	0.3	0.3	–6.0	
	0.89	0.11	0.11	4.01	
	32.0	0.8	0.8	2.5	36.1
Wc	34.0	1.0	0.0	0.0	35.0
	7.3	0.4	0.6	–7.2	
	2.01	0.32	0.57	7.17	
	27.9	0.8	0.0	0.0	28.7

$X^2 = 0.000$,

टिप्पणी—प्रत्येक समुदाय की प्रथम पंक्ति बुनकरों की आवृत्ति को, दूसरी पंक्ति अपेक्षित मान से विचलन को, तीसरी पंक्ति X^2 मान को तथा पंक्ति योग के % को प्रदर्शित करती है।

स्रोत—Y. Miyamachi in Ishihara, H. (Ed) Markets and Marketing in West Bengal, Nagoya University, 1989, p.87.

विशेष उद्देश्य वाली सारणी का एक और उदाहरण तालिका है जिसमें एशियाई खेलों में मुख्य देशों द्वारा विभिन्न वर्षों में जीते गये पदकों की संख्या प्रदर्शित है।

1987 बैंकाक

देश	*कांस्य*	*रजत*	*स्वर्ण*
चीन	51	54	46

जापान	70	59	49
द. कोरिया	18	20	31
भारत	11	11	6

1982 नई दिल्ली

देश	*कांस्म*	*रजत*	*स्वर्ण*
चीन	61	51	41
जापान	57	52	44
द. कोरिया	28	28	37
भारत	13	19	25

1986 सेओल

देश	*कांस्म*	*रजत*	*स्वर्ण*
चीन	94	82	86
जापान	58	76	77
द. कोरिया	93	55	76
भारत	5	9	23

(ग) रचना विधि के आधार पर सारणी के प्रकार

रचना के आधार पर सारणी दो प्रकार की होती है–

(अ) सरल सारणी–इस प्रकार की सारणी में आंकड़ों की केवल एक विशेषता प्रदर्शित की जाती है। यथा-तालिका में श्रमिकों की संख्या प्रदर्शित की गयी है–

श्रमिकों की संख्या प्रदर्शित करने वाली सरल सारणी

आयु वर्ग	*श्रमिकों की संख्या*
20-25	51
25-30	140
30-35	162
23-40	132
60-70	40
45-45	51
योग	574

(ब) **जटिल सारणी**—इस तरह की सारणी में आंकड़ों के एक से ज्यादा विशेषताओं को प्रदर्शित किया जाता है। जटिल सारणी मुख्य रूप से तीन प्रकार की होती है।

श्रमिकों की संख्या प्रदशित करने वाली जटिल सारणी

आयु वर्ग	*श्रमिकों की संख्या*		
	स्त्री	*पुरुष*	*योग*
20-30	21	40	61
30-40	39	91	130
40-50	41	11	152
50-60	35	105	1140
60-72	11	40	51
योग	387	147	534

श्रमिकों की संख्या

आयु वर्ग	*पुरुष*		*स्त्री*		*योग*	
	अकुशल	*कुशल*	*अकुशल*	*कुशल*	*अकुशल*	*कुशल*
20-30	8	32	2	19	10	51
30-50	12	79	12	27	24	103
40-50	30	81	17	24	47	105
50-60	25	80	9	26	34	106
60-70	5	35	1	10	6	45
योग	80	307	41	106	121	413

(ii) त्रिगुण सारणी—इस तरह की सारणी में आंकड़ों की तीन विशेषताओं को प्रदर्शित किया जाता है तथा तालिका में—

(क) श्रमिकों की संख्या, (ख) लिंगानुपात के अनुसार श्रमिकों की संख्या तथा (ग) दक्षता के अनुसार श्रमिकों की संख्या प्रदर्शित की गयी है।

(iii) बहुगुण सारणी—इस तरह की सारणी में आंकड़ों की विभिन्न विशेषताओं (तीन से अधिक) को एक साथ प्रदर्शित किया जाता है, जैसे तालिका में—

(क) श्रमिकों की संख्या

(ख) लिंगानुपात के अनुसार श्रमिकों को संख्या,

सारणी

	श्रमिकों की संख्या											
	पुरुष				स्त्री				योग			
आयु	कुशल		अकुशल		कुशल		अकुशल		कुशल		अकुशल	
वर्ग	शि.	अ.	शि.	अ.	शि.	अ.	शि.	अ.	शि.	अ.	शि.	अ.
20-30	29	3	4	4	17	2	—	2	46	5	4	6
30-40	72	7	5	7	25	2	3	9	97	9	8	16
40-50	63	18	10	20	19	5	7	10	82	23	17	30
50-60	61	19	7	18	20	6	4	5	81	25	11	23
60-70	26	9	3	2	9	1	—	1	35	10	3	3
योग	251	56	29	51	90	16	14	27	341	72	43	78

(ग) दक्षता के अनुसार श्रमिकों की संख्या, तथा

(घ) साक्षरता के अनुसार श्रमिकों की संख्या प्रदर्शित की गयी है।

सारणी बनाते समय स्मरण योग्य बातें

सारणी का निर्माण इस तरह से किया जाना चाहिए कि वह आसानी से समझ में आ जाय। सारणी का आकार न तो बड़ा होना चाहिए और न तो बहुत छोटा होना चाहिए। सारणी को अनुसंधान-उद्देश्य के अनुसार बनाना चाहिए। जहां तक सम्भव हो सारणी में बहुत ज्यादा तथ्यों को प्रस्तुत करने की कोशिश नहीं करनी चाहिये। सारणी का निर्माण ऐसा होना चाहिए कि तथ्यों की तुलना या सांख्यिकीय विश्लेषण आसानी से किया जा सके।

आंकड़ा संग्रहण एवं अनुरक्षण

आंकड़ा संग्रहण एवं अनुरक्षण सांख्यिकी का एक प्रमुख पक्ष है। आंकड़ों को बोधगम्य रूप में सारणीबद्ध करके उनका संग्रहण करना अत्यंत आसान होता है। संग्रहीत आंकड़े जरूरत पड़ने पर शीघ्र काम में लाये जा सकते हैं। साथ ही भिन्न-भिन्न काल खण्डों के संग्रहित आंकड़े तुलनीय भी होते हैं। आँकड़ों के संग्रहण हेतु तीन तरह के मेट्रिक्स (Matrix) तैयार किये जाते हैं।

(i) शाखा से शाख मेट्रिक्स—इस मेट्रिक्स में भिन्न-भिन्न तथ्यों के आपसी लेन-देन की व्यवस्था को प्रदर्शित किया जाता है। इसे निवेश-निर्गम (Input-output) मेट्रिक्स की कहते हैं। मात्र तथ्यात्मक आंकड़े होने से इसका भौगोलिक महत्व कम होता है। तालिका में सोवियत संघ के 8 अलग-अलग खनिजों के आयात-निर्यात का मूल्य दस लाख रूबल में प्रदर्शित है। इस तरह यह 8 × 8 है।

शाखा-शाखा मेट्रिक्स

From/to	Metals	Coal	Oil	Energy	Timber	Furniture	Sugar	Other
1. Metals	3122	32	1	5	8	2	5	8
2. Coal	584	884	–	797	10	–	47	3
3. Oil	3	–	2	31	–	–	–	–
4. Energy	332	139	46	5	33	–	1	3
5. Timber	19	49	1	1	607	248	2	2
6. Furniture	–	2	1	–	–	–	–	–
7. Sugar	–	–	–	–	–	–	329	–
8. Other	117	–	–	–	–	–	53	–

Source—From Cole & King. p. 593.

प्रदेश शाखा मेट्रिक्स

देश-उत्पादन	*लोहा*	*मैंगनीज*	*पेट्रोलियम*	*मछली*	*कोयला*
संयुक्त राज्य अमेरिका	48881	—	413000	2799	568158
चीन	32500	—	ऋ6680	—	470000
सोवियत संघ	159483	2951	9876	491000	484668
मेक्सिको	3369	154	—	36456	5128
भारत	26002	575	2328	8700	95890
ब्राजील	46621	820	—	8459	2717
इंडोनेशिया	—	—	1390	64116	206
नाइजीरिया	—	—	—	88440	237
कोलंबिया	—	—	—	8108	3200

स्रोत : MichaelSenior, TropicalLand % A human Geography, 1979.

(ii) **प्रदेश-शाखा मेट्रिक्स** —इस मेट्रिक्स द्वारा प्रदेशों या देशों के शाखावार आंकड़े प्रस्तुत किये जाते हैं। प्रस्तुत तालिका में देशों में अलग-अलग उत्पादनों की मात्रा प्रदर्शित की गई है। इस तरह 8 × 8 मेट्रिक्स तैयार हो जाता है।

(iii) **प्रदेश-प्रदेश मेट्रिक्स** –इस मेट्रिक्स के द्वारा विभिन्न प्रदेशों के बीच किसी तथ्य विशेष का प्रवाह अन्तर्संबंध प्रदर्शित किया जाता है। तालिका में

प्रदेश-प्रदेश मेट्रिक्स

From/To	North West	Central	Volga Vyatka	For-east	Donets Dnepr	Kaza-khstan	Belo Russia	Mold-avia
	1	2	3	10	11	17	18	19
Dnepr								
Kazakh-stan	0	1	1	0	0	1	0	0
Beloru-Russia	0	0	0	0	0	0	0	0
Moldavia	0	0	0	0	0	0	0	0
North West	1	1	1	0	0	0	1	0
Central	0	1	0	0	0	0	0	0
Volga-Vyatka	0	0	0	0	0	0	0	0
Far-East	0	0	0	1	0	0	0	0
Doncts	1	1	1	0	1	0	1	1

Source—Kole & King, 1968, 8. 595

सोवियत संघ के अलग-अलग प्रदेशों के बीच कोयले का आदान-प्रदान प्रदर्शित किया गया है। जहाँ संख्या 1 अंकित है वहां कोयले का आदान-प्रदान संबंधित प्रदेशों के बीच होता है। शून्य की स्थिति आदान-प्रदान का अभाव प्रदर्शित करती है। इस तालिका में प्रदेशों की संख्या लगातार नहीं है। वस्तुतः यह तालिका 19 × 19 मेट्रिक्स का संक्षिप्त रूप से जिसमे 19 प्रदेशों का आपसी सम्बन्ध प्रदर्शित किया गया।

मानचित्र

कई सूचनाओं का प्रदर्शन सम्भव होता है। इसलिए इसमें आंकड़ों का भंडारण किया जा सकता है। उदाहरणस्वरूप भारतीय सर्वेक्षण विभाग द्वारा अंकित धरातल पत्रक (Survey of India Topographical) बीसवीं सदी के प्रारम्भ में तैयार किये गये थे। इनमें विभिन्न क्षेत्रों के तत्कालीन तथ्य प्रस्तुत हैं जिनमें उच्चावच, जलप्रवाह, वनस्पति, मानव अधिवास, सड़कें, विपणन केन्द्र (विपणन दिन सहित) सहित मंदिर, मस्जिद, चर्च, पुलिस स्टेशन डाक तार घर जैसे विभिन्न सांस्कृतिक तथ्यों से संबंधित सूचनाएं अंकित हैं। इसके अलावा ढाल की प्रवृत्ति, नदी अपरदन, कंकड़ बालू के

जमाव, नदी प्रवाह, मार्ग, वनों का विस्तार आदि भी अंकित मिलते हैं। सन् 1980 के दशक में मैट्रिक मापक पर बने धरातल पत्रकों की सहायता से विभिन्न तथ्यों की तुलना की जा सकती है। इस प्रकार मानचित्र आंकड़ों के न मात्र भण्डारण के स्रोत हैं वरन् अनुरक्षण के साधन भी हैं।

कम्प्यूटर और आंकड़ों का भण्डारण-अनुरक्षण

वर्तमान समय में आंकड़ों के भण्डारण के लिए कंप्यूटर की याददाश्त (Memory) का सहारा लिया जाता है। भण्डारण क्षणिक या निश्चित कार्यावधि के लिये होता है। इसके अलावा मेग्नेटिक टेप, डिस्क आदि में आंकड़े लंबे समय तक सुरक्षित रहते हैं तथा आवश्यकता पड़ने पर उन्हें पुनः प्राप्त किया जा सकता है। यदि आंकड़े प्रोग्राम के अनुसार अंकित हैं तो सिर्फ उन्हीं आंकड़ों को प्राप्त करना संभव होता है जिनकी जरूरत है।

आंकड़ा कोश

आंकड़ों के संग्रहण एवं उचित रखरखाव के लिये एक आंकड़ा कोश का गठन जरूरी होता है। आंकड़ा कोश याचित आंकड़ा की पहचान तथा उनकी मूल विशेषताओं की संक्षिप्त टिप्पणी प्रस्तुत करने में मददगार होता हैं ताकि आंकड़ों की स्थिति का पता लग सके।

तालिका में आंकड़ा कोश का प्रारूप किया गया है। आंकड़ों को क्षेत्र/प्रदेश के अनुसार तथा वस्तु आदि के अनुसार सांकेतिक रूप से लिखने के प्रारूप अवलोकनीय हैं।

आंकड़ा कोश प्रारूप

प्रदेश संदर्भिक

प्रदेश	*स्रोत*	*विवरण*	*मापक*	*टिप्पणी*

वस्तु संदर्भिका

प्रदेश	*स्रोत*	*विवरण*	*मापक*	*टिप्पणी*

संकेत विवरण

वस्तु	*कोड*	*विवरण*	*टिप्पणी*

आंकड़ा कोश में संग्रहित आंकड़ों को यदि कोड में दिया गया है तो उसका उल्लेख भी हो सकता है कोड की भाषा का प्रयोग संगणक से विश्लेषण करने में किया जाता है।

समय-सारणी और बजट निर्धारण

	जनवरी	फरवरी	मार्च	अप्रैल	मई	जून	जुलाई	अगस्त	सितम्बर	अक्टूबर	नवम्बर	दिसम्बर
प्रश्नावली निर्माण	•											
आँकड़ा संकलन		•	•	•								
आँकड़ा संकलन					•	•	•					
विश्लेषण								•	•	•	•	•

यों तो समय सारणी एवं बजट निधारण आंकड़ा संपादन एवं व्यवस्थापन का प्रत्यक्ष अंग नहीं है किन्तु आंकड़ों के सोद्देश्यपूर्ण सफल संकलन एवं संपादन के पहले इन दोनों तथ्यों का आकलन जरूरी है। किसी उद्देश्य विशेष से किये गये कार्य के लिए एक समय-सारणी की आवश्यकता होती है। जो आंकड़ा प्राप्ति की तैयारी से लेकर आंकड़ों के विश्लेषण के लिए प्रस्तुत करने तक कब-कब कौन-कौन सी प्रक्रियाएं प्रारम्भ होंगी को स्पष्ट करता है। आगे तालिका में एक काल्पनिक समय सरणी को प्रस्तुत किया गया है। तालिका से स्पष्ट होता है कि कार्य प्रारम्भ करने की तिथि से प्रथम माह में प्रश्नावली निर्माण कार्य होगा। लगभग तीन माह तक आंकड़ा की तिथि से प्रथम माह में प्रश्नावली निर्माण कार्य होगा। लगभग तीन कहने तक आंकड़ा संकलन होगा, फिर इतना ही समय संपादन एवं व्यवस्थापन में व्यतीत होगा। आंकड़ों का विश्लेषण लगभग पाँच माह चलेगा। समय-सारणी की व्यवस्था जरूरत के अनुरूप बदली जा सकती है।

समय-सारणी

समय सारणी के जैसा ही आंकड़ा संपादन एवं व्यवस्थापन में बजट निर्धारण भी एक जरूरी कार्य होता है। आंकड़ा संकलन, संपादन त्यवस्थापन किस स्तर का तथा किस मापन पर किया जायेगा यह समय के साथ प्राप्त होता है। उदाहरणस्वरूप किसी क्षेत्र विशेष की औद्योगिक इकाइयों की गणना में असंख्य कर्मचारी कार्य करते हैं जिनका वेतन, भत्ता, स्टेशनरी एवं अन्य व्यय का आकलन जरूरी होता है। किसी शोध परियोजना में कितने जिले/तहसील/ग्राम/परिवारों/ का सर्वेक्षण होगा, कहां होगा, कितनी सूचनाएं एकत्रित होंगी, कितना मानवीय श्रम यह सब बजट पर आधारित होता है। बजट का निर्माण योजनाबद्ध तरीके से प्रति सप्ताह या माह या प्रोजेक्ट के अलग-अलग चरणों के अनुसार किया जा सकता है।

4

भौगोलिक सम्बन्ध

सह सम्बन्ध चरों के युग्मों के मध्य पाये जाने वाले सम्बन्ध का प्रतीक है। कहने का आशय यह है कि यह दो या दो से अधिक चरों के बीच साहचर्यात्मक सम्बन्ध का माप है। उदहरण के तौर पर किसी क्षेत्र विशेष में कृषि उत्पादों की मात्रा अधिक बढ़ने के क्या कारण हैं, यह ज्ञात करने हेतु कृषि उत्पादन को प्रभावित करने वाले कारकों यथा—वृष्टि की मात्रा, भूमि की उर्वरता, खाद की मात्रा, कीटनाशक दवाओं का उपयोग आदि के प्रभावों को जानना होगा। भूगोल-विद् जिन परिस्थितियों का विश्लेषण करता है वे प्राकृतिक व मानवकृत दोनों हो सकते हैं। वे मनुष्य के हस्तक्षेप या संयोगवश भी होते हैं और कालिक भी होते हैं। ऐसी अवस्था में विविध चरों के बीच सम्बन्ध जानना और भी जरूरी हो जाता है सम्बन्ध जानने की सांख्यिकीविधि को सह-सम्बन्ध कहते हैं।

भौगोलिक सह-सम्बन्ध धनात्मक और ऋणात्मक हो सकते हैं। किन्ही चरों के मध्य सह-सम्बन्ध है या नहीं यह तथ्य आँकड़ों के अवलोकन से या ग्राफ विधि द्वारा सम्बन्धित चरों की मात्राओं के अंकन से मालूम किया जाता है। उदाहरणार्थ किसी क्षेत्र में रासायनिक खाद की खपत तथा कृषि उत्पादन की मात्रा यदि ग्राफ पर अंकित की जाय तो दोनों के बीच सम्बन्ध है या नहीं इसका अवलोकन बिना किसी गुणांक की सहायता से किया जा सकता है। जब संख्यात्मक रूप से

सह-सम्बन्ध की मात्रा ज्ञात की जाती है तो उसे सह-सम्बन्ध गुणांक कहते हैं। यह सह-सम्बन्ध +1 से –1 के बीच किसी मान का हो सकता है। यदि सह-सम्बन्ध महत्वपूर्ण माना जाता है। भले ही इसके पीछे संयोग चरों का सह-सम्बन्ध प्रमुख माना जाता है। भले ही इसके पीछे संयोग एक वजह रही हो। उदाहरण के लिए कृषि उत्पादन बढ़ने के पीछे रासानिक खाद की मात्रा के अतिरिक्त मानवीय या सांस्कृतिक कारक भी हो सकते है। किन्तु अगर सह-सम्बन्ध का मान खाद की मात्रा और उत्पादन के बीच ज्यादा रहा है तो सांख्यिकीय दृष्टि से उसे प्रमुख माना जायेगा। सह-सम्बन्ध धनात्मक और ऋणात्मक दोनों तरह का हो सकता है। जब सह-सम्बन्ध गुणांक शून्य होता है तो चरों के बीच अन्य सम्बन्ध नहीं होता है।

सह-सम्बन्ध गुणांक का वर्ग करके उसे 100 से गुणा कर दिया जाय तो जो मान प्राप्त होता है वह 'निर्धारण गुणांक' कहलाता है। 'निर्धारण गुणांक' (Coefficient of determination) यह स्पष्ट करता है कि सम्बन्धित दो चरों के बीच सम्बन्ध का फीसदी कितना है।

सह-सम्बन्ध पाये जाने का कारण

प्रो.स्पेट ने सह सम्बन्ध के कारणों के सम्बन्ध में कहा है कि कारणों का पता तर्क एवं व्यावहारिक ज्ञान के आधार पर ही लगाया जा सकता है। इसलिए सह-सम्बन्ध के कारणों को काफी सलाह-मशविरा के बाद अभिव्यक्त करना चाहिए। साधारणतः दो चरों के बीच सह-सम्बन्ध पाये जाने की निम्नलिखित वजह हो सकती है।

(क) दो चरों के बीच परस्पर प्रतिक्रिया हो सकती है अर्थात् एक चर दूसरे को प्रभावित कर सकता है यथा आय और व्यय सम्बन्धी चर, मांग और पूर्ति सम्बन्धी चर।

(ख) दो चरों के बीच कार्यात्मक सम्बन्ध हो सकता है यथा वर्षा तथा कृषि उत्पादन, तापमान तथा वायुभार आदि। वर्षा तथा कृषि उत्पादन सम्बन्धी चरों में वर्षा स्वतन्त्र चर है तथा कृषि उत्पादन आश्रित चर है। इसी तरह तापमान तथा वायुभार में तापमान स्वतन्त्र चर है और वायुभार आश्रित चर है। स्वतन्त्र चर के बदलाव से आश्रित चर प्रभावित होता है।

(ग) दोनों चरों पर बाह्य कारकों का प्रभाव हो सकता है यथा कृषि उत्पादन एवं खाद के मध्य सह-सम्बन्ध बाह्य कारकों यथा उत्तम बीच, सिचाई की सुविधा, प्रकाश, कृषि सुरक्षा, उपजाऊ मिट्टी इत्यादि के प्रभाव की वजह से हो सकता है।

(घ) दोनों चरों के मध्य संयोगवश सह-सम्बन्ध स्थापित हो सकता है। ऐसा उस वक्त होता है जब उपरोक्त कोई भी कारण मालूम किये गये सह-सम्बन्ध के लिए जिम्मेवार नहीं होते हैं। ऐसा सह-सम्बन्ध अर्थहीन भी हो सकता है। कार्य-कारण सम्बन्ध के बिना ऐसा सह-सम्बन्ध केवल सह-विचरण ही व्यक्त करता है जैसे शिक्षित जनसंख्या तथा वर्षा के मध्य सह-सम्बन्ध।

सह-सम्बन्ध का वर्गीकरण

निम्नलिखित प्रकार के सह-सम्बन्ध पाये जाते हैं–

1. चरों की संख्या के आधार पर–

(अ) सरल सह-सम्बन्ध, (ब) आंशिक सह-सम्बन्ध, (स) बहुचरीय सह-सम्बन्ध।

(अ) सरल सह-सम्बन्ध–मात्र दो चरों के बीच पाये जाने वाले सह-सम्बन्ध को सरल सह-सम्बन्ध कहते हैं यथा औद्योगिक इकाई तथा औद्योगिक उत्पादन।

(ब) आंशिक सह-सम्बन्ध–जब वाह्य कारकों से प्रभावित दो चरों के मध्य सह-सम्बन्ध को ज्ञात करने हेतु उन पर पड़ने वाले किसी तीसरे कारक के प्रभाव को निकाल दिया जाता है तो शेष को आंशिक सह-सम्बन्ध कहते हैं। ज्ञातव्य है कि तीसरा कारक या चर दोनों चरों से सम्बन्धित होता है किन्तु उसके प्रभाव को सीमित कर दिया जाता है।

(स) बहुचरीय सह-सम्बन्ध–जब दो अथवा दो से ज्यादा स्वतन्त्र चरों एवं एक परतन्त्र चर के मध्य सह-सम्बन्ध ज्ञात किया जाता है तो उसे बहुचरीय सह-सम्बन्ध कहते हैं।

भूगोल में धरती की सतह पर मौजूद कथ्यों के बीच पाये जाने वाले संबंध का आकलन करना आवश्यक होता है। किन्हीं दो या अधिक तथ्यों के मध्य संबंध महत्व संयोग हो सकता है अथवा इसके निहित कारण भी हो सकते हैं।

2. चरों के मध्य परिवर्तन की दिशा (सह वितरण की प्रवृत्ति) के आधार पर–

(अ) धनात्मक सह-सम्बन्ध, (ब) ऋणात्मक सह-सम्बन्ध।

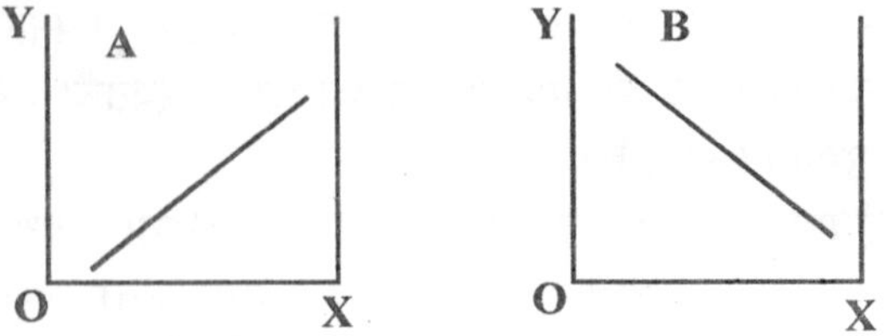

रेखीय सह-सम्बन्ध–A धनात्मक B ऋणात्मक

(अ) धनात्मक सह-सम्बन्ध –जब दो सम्बन्धित चरों के मध्य एक साथ बढ़ने की प्रवृत्ति पाई जाती है तो उसे धनात्मक सह-सम्बन्ध कहेंगे।

(ब) ऋणात्मक सह-सम्बन्ध –जब दो संबंधित चरों में से एक बढ़ता है और दूसरे में घटने की प्रवृत्ति पाई जाती है तो उसे ऋणात्मक सह-सम्बन्ध कहते हैं।

3. चरों के मध्य परिवर्तन के अनुपात के आधार पर–(अ) सरल रेखीय सह-सम्बन्ध, (ब) वक्र रेखीय सह-सम्बन्ध।

(अ) सरल रेखीय सह-सम्बन्ध–जब दोनों चरों में बदलाव का अनुपात एक समान होता है तो उसे सरल रेखीय सह-सम्बन्ध कहते हैं। ऐसी स्थिति में निर्देशांक एक सरल रेखा बनाते हैं। रेखीय सह-सम्बन्ध धनात्मक भी हो सकता है और ऋणात्मक भी।

(ब) वक्र रेखीय सह-सम्बन्ध–जब दो चरों के मध्य बदलाव का अनुपात एक सा नहीं होता तो इसे वक्र रेखीय सह-सम्बन्ध कहते हैं। यह भी धनात्मक एवं ऋणात्मक होता है।

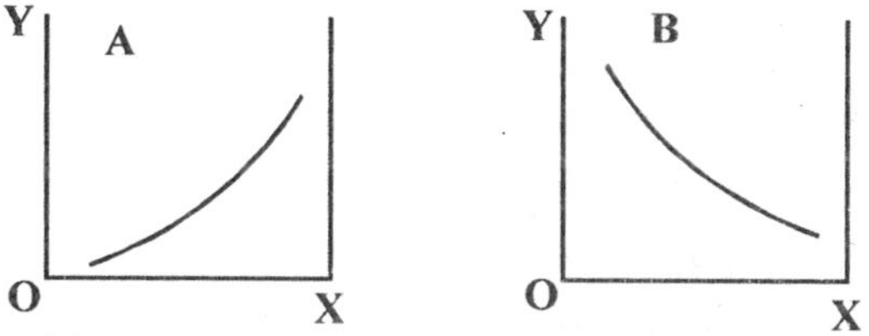

रेखिय सह-सम्बन्ध–A धनात्मक B ऋणात्मक

सह-सम्बन्ध गुणांक

सह-सम्बन्ध की मात्रा अभिव्यक्त करने वाले अंक को सह-सम्बन्ध गुणांक कहते हैं। यह एक ऐसा निर्देशांक होता है जो दोनों चरों के बीच के सम्बन्ध के गुण तथा मात्रा का द्योतक होता है। सह-सम्बन्ध गुणांक हमेशा +1 तथा –1 के बीच का कोई अंक होता है। यदि मान शून्य आता है तो दोनों चरों के मध्य सह-सम्बन्ध नहीं पाया जाता है। इसके विपरीत अगर सह-सम्बन्ध गुणांक +1 या –1 आता है तो सह-सम्बन्ध क्रमशः पूर्णतः धनात्मक या पूर्णतः ऋणात्मक होता है। राह-सम्बन्ध गुणांक के आधार पर साहचर्यात्मक सम्बन्ध की गहराई का अंदाजा भी लगाया जाता है। धनात्मक तथा ऋणात्मक चिह्न सह-सम्बन्ध के प्रकार व गुण को अभिव्यक्त करते हैं जैसे धनात्मक चिह्न से दो चरों के बीच एक ही दिशा में उतार या चढ़ाव का बोध

होता है, जबकि ऋणात्मक चिह्न से यह ज्ञात होता है कि दोनों चर परस्पर प्रतिकूल दिशा में स्थित हैं। अतः इसके बीच निषेधात्मक सह-सम्बन्ध हैं। नीचे गिल्फर्ड महोदय के अनुसार सह-सम्बन्ध गुणांक के आधार पर सह-सम्बन्ध की गहराई को स्पष्ट किया गया है—

सह-सम्बन्ध गुणांक	सह-सम्बन्ध की गहराई
$\pm$ 1.00	पूर्ण सह-सम्बन्ध
$\pm$ .90 से $\pm$ 1.00	अध्यधिक सह-सम्बन्ध
$\pm$ .70 से .90	अधिक सह-सम्बन्ध
$\pm$ .40 से .70	साधारण सह-सम्बन्ध
$\pm$ .20 से .40	कम सह-सम्बन्ध
$\pm$ .20 से कम	अल्प सह-सम्बन्ध
0 (शून्य)	पूर्ण अभाव सह-सम्बन्ध

सह-सम्बन्ध ज्ञात करने की मुख्य विधियाँ

सह-सम्बन्ध ज्ञात करने हेतु कई पद्धतियाँ विकसित की गयी हैं। उनमें से कुछ विधियों द्वारा केवल यह जानकारी मिलती है कि किस तरह का सह-सम्बन्ध है। सह-सम्बन्ध की मात्रा के विषय में कोई जानकारी नहीं मिलती है। कुछ पद्धतियों द्वारा दोनों तरह की विशेषताओं का ज्ञान होता है। सह-सम्बन्ध मालूम करने हेतु प्रमुख विधियों तथा उनकी विशेषताओं का उल्लेख अग्रलिखित है—

(अ) सरल सह-सम्बन्ध की गणना विधि

साहचर्य सम्बन्ध ग्राफ —इस ग्राफ को सह-विचरण ग्राफ भी कहते हैं। इसके माध्यम से केवल दो चरों के मध्य सह-सम्बन्ध कैसा है इसका अंदाजा लगाया जाता है। ज्ञातव्य है कि इससे सह-सम्बन्ध की मात्रा का ज्ञान नहीं होता है। सह-सम्बन्ध का अंदाजा लगाने के लिये दोनों चरों ग्राफ पेपर पर प्रदर्शित किया जाता है। अगर दोनों चरों के वक्र एक दूसरे के करीब समानान्तर हो तथा एक दिशा से दूसरी दिशा की तरफ उठते हुये क्रम में हो तो दोनों के बीच धनात्मक सह-सम्बन्ध होता है। दोनों वक्र जितना ही ज्यादा समानान्तर होंगे धनात्मक सह-सम्बन्ध उतना ही ज्यादा होगा। यदि दोनों चरों के वक्र एक दूसरे के प्रतिकूल दिशा में स्थित हो तब उनमें ऋणात्मक सह-सम्बन्ध होता है।

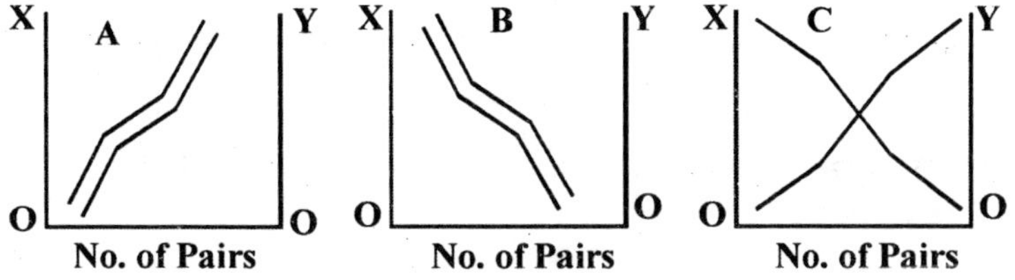

साहचर्यात्मक सम्बन्ध ग्राफ A, B, धनात्मक, C ऋणात्मक

प्रकीर्णन आरेख—सह-सम्बन्ध मालूम करने हेतु यह काफी प्रमुख आरेख है। इस आरेख द्वारा यद्यपि सह-सम्बन्ध की मात्रा का ज्ञान नहीं हो पाता है, फिर भी दोनों चरों के बीच कितना घनिष्ठ सम्बन्ध है, इसका अंदाजा लगाया जा सकता है। इस आरेख पर कुछ विशिष्ट विधियों द्वारा (यथा न्यूनतम वर्ग विधि) दोनों चरों के बीच आनुपातिक सम्बन्ध मालूम करके सर्वोचित रेखा या प्रति गम रेखा प्रदर्शित की जा सकती है।

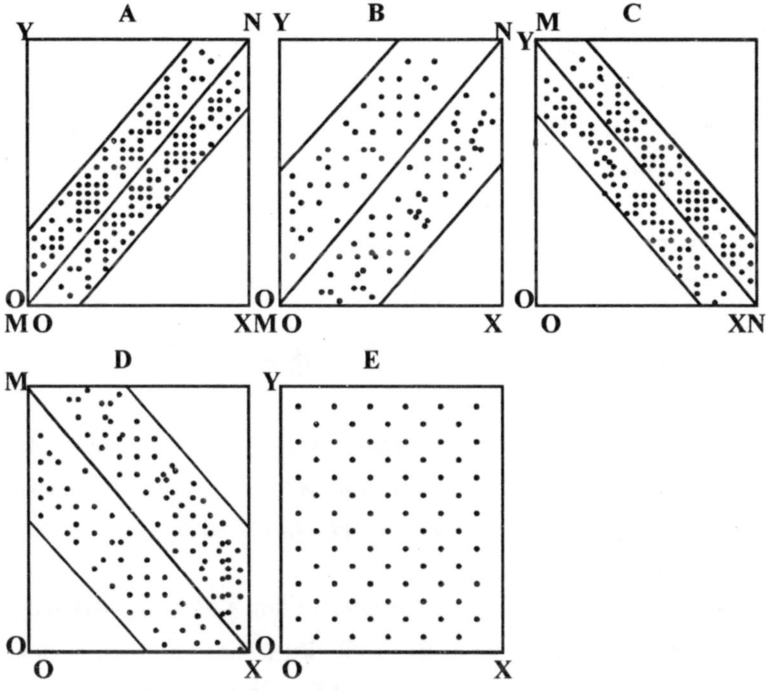

प्रकीर्ण आरेख, A, B, C, D, E

(1) चित्र E में बिन्दुओं का वितरण आरेख के बीच में काफी फैला हुआ है। अतः सह-सम्बन्ध का अभाव है।

(2) बिन्दुओं का वितरण MN रेखा से जितना ही अधिक दूर फैला होता है, सह सम्बन्ध उतना ही कम होता है जैसे-चित्र B में बिन्दुओं का वितरण एक पतली पट्टी में है, अतः C धनात्मक सह-सम्बन्ध अधिक है। जबकि चित्र में बिन्दुओं का वितरण चौड़ी पट्टी में ऋणात्मक सह-सम्बन्ध अधिक है तथा चित्र D में ऋणात्मक सह-सम्बन्ध कम है।

(3) अगर सभी बिन्दु MN रेखा पर स्थित होते तो चित्र A, B, में पूर्ण धनात्मक तथा C D में पूर्ण ऋणात्मक सह-सम्बन्ध होता।

प्रकीर्ण आरेख बनाने हेतु X अक्ष पर स्वतन्त्र चर तथा Y अक्ष पर आश्रित चर के लिये मापक निर्मित किया जाता है। पुनः X तथा Y अक्ष पर अंकित मापकों के आधार पर दोनों चरों को प्रदर्शित करने हेतु क्रमशः एक-एक पद युग्म को लेकर एक-एक बिन्दु अंकित किया जाता है। इस तरह श्रेणी में जितने पद युग्म होते हैं उतने ही बिन्दु अंकित होते है। आरेख में प्रदर्शित किये गये बिन्दुओं की प्रवृत्ति के आधार पर सह-सम्बन्ध का अंदाजा लगाया जा सकता है। अगर बिन्दुओं की प्रवृत्ति के आधार पर सह-सम्बन्ध का अंदाजा लगाया जा सकता है। यदि बिन्दुओं की वितरण प्रवृत्ति एक निर्धारित दिशा में होती है तब सह-सम्बन्ध जरूर होता है। अगर बिन्दुओं का वितरण बायें कोनें से दायें कोनें की तरफ क्रमशः ऊपर की तरफ उठता हुआ होता है तब धनात्मक सह-सम्बन्ध पाया जाता है। यदि सभी बिन्दु एक सीधी रेखा में स्थित होकर बायें कोने से क्रमशः दायें कोने की तरफ ऊपर उठे रहे हों तो पूर्ण धनात्मक सह-सम्बन्ध पाया जाता है। इसके प्रतिकूल अगर बिन्दुओं की वितरण प्रवृत्ति दायें से बायें कोने की तरफ क्रमशः ऊपर की तरफ उठती हुई हों तो ऋणात्मक सह-सम्बन्ध होता है। अगर समस्त बिन्दु एक सीधी रेखा में स्थित होकर दायें कोने से बायें कोने की तरफ क्रमशः ऊपर की तरफ उठ रहे हो तो पूर्ण ऋणात्मक सह-सम्बन्ध पाया जाता है। प्रकीर्णन आरेख पर बिन्दुओं की वितरण प्रवृत्ति आधार रेखा के सहारे 45° पर उठती हुई सरल रेखा पर न होकर उससे जितनी ही अधिक दूर फैली हुयी होती है, धनात्मक या ऋणात्मक सह-सम्बन्ध का उतना ही ज्यादा अभाव होता है।

2. गणितीय विधि –पूर्व में वर्णन किया जा चुका है कि सह-सम्बन्ध आँकड़ों का अवलोकन ग्राफ पद्धति के माध्यम से भी मालूम किया जा सकता है लेकिन सह-सम्बन्ध की मात्रा संख्यात्मक रूप से भी +1 से –1 के बीच व्यक्त की जा सकती है। संख्यात्मक रूप से सह-सम्बन्ध व्यक्त करना अपने आप में साध्य नहीं है। कहा

गया है कि 'सांख्यिकीय संबंध प्रश्न है उत्तर नहीं (Statistical relationship is question rather than an answer)। अर्थात् सह-सम्बन्ध सांख्यिकीय आँकड़ों के विश्लेषण का एक महत्वपूर्ण उपकरण है एवं सह-सम्बन्ध की मात्रा का सही ज्ञान कराता है। इस अर्थ में सह-सम्बन्ध ही गणितीय विधियाँ महत्वपूर्ण हो जाती हैं जिनका विवरण निम्नवत् है–

कार्ल पियर्सन का सह-सम्बन्ध गुणांक–सह-संबंध गुणांक ज्ञात करने हेतु भिन्न-भिन्न विधियों का विकास किया गया है। कार्ल पियर्सन की पद्धति सम्बन्धित चरों के सह-विचरण के माप पर आधारित है। इसे 'गुणनफल आघूर्ण पद्धति' Product Moment Method कहते हैं। यहाँ 'Product' का आशय X और Y चरों के माध्य विचलन के गुणनफल से है। जब कि 'Moment' शब्द का आशय X और Y चरों के माध्य विचलन से है। अर्थात् इस विधि में और चरों का माध्य मालूम करके माध्य से दोनों चरों की संख्याओं का विचलन मालूम किया जाता है। विचलन का गुणनफल ज्ञात करके गुणनफल का योग कर लिया जाता है। और इस योग का औसत 'सह -विचलन' (Covariance) कहलाता है। जब सह-विचरण में सम्बन्धित चरों का मानक विचलन (ox × **oy**) से भाग दे दिया जाता है तो उपलब्ध अंक सह-सम्बन्ध गुणांक कहलाता **हैं इसका** सूत्र निम्नवत है–

$$\text{सह-सम्बन्ध गुणांक } r = = \frac{\text{Covariance of X and Y}}{\sigma X \sigma Y}$$

$$\text{or } = \frac{\Sigma dx\, dy / N}{\sigma X \sigma Y}$$

$$\text{or } = \frac{\Sigma dx\, dy}{N \sigma X \sigma x}$$

r = सह-सम्बन्ध गुणांक

Σdx = X चर का उसके माध्य से विचलन

dy = Y चर का उसके माध्य विचलन

Σ dx dy = dx तथा dy के गुणनफल का योग

N = पदों की संख्या

σX = X चर का प्रमाण विचलन

σY = Y चर का प्रमाण विचलन

कार्ल पियर्सन का सह-सम्बन्ध गुणांक अन्तराल युक्त आँकड़ों अथवा आनुपातिक

आँकड़ों के सह-सम्बन्ध को मालूम करने हेतु प्रयुक्त किया जाता है। ऊपर स्पष्ट किया गया है कि इसकी गणना में माध्य विचलन का महत्व होता है। अतएव इसकी गणना विधि भी माध्य विचलन के प्रकारों पर आधारित होती है।

वास्तविक माध्य से विचलन मालूम करके सह-सम्बन्ध की गणना –वास्तविक माध्य से विचलन मालूम करके सह-सम्बन्ध ज्ञात करने की पद्धति काफी लम्बी तथा जटिल होती है। जब वास्तविक माध्य का मान दशमलव में होता है तब जटिलता और भी ज्यादा बढ़ जाती है। इस पद्धति से सह-सम्बन्ध मालूम करने का सूत्र निम्नलिखित है–

सह-सम्बन्ध गुणांक, $$r = \frac{\Sigma dx\, dy}{\sqrt{\left(\Sigma dx^2 \times \Sigma dy^2\right)}}$$

यहां–

r = सह-सम्बन्ध गुणांक

dx = X चर का उसके वास्तविक माध्य से विचलन

dy = Y चर का अपने वास्तविक उसके माध्य विचलन

Σ dx dy = dx तथा dy के गुणनफल का योग

$\Sigma dx^2 dy$ = X चर के विचलन के वर्गों का योग

Σdx^2 = Y चर के विचलन के वर्गों का योग

तालिका में निर्दिष्ट आँकड़ों का सह-सम्बन्ध कार्ल पियर्सन की पद्धति से वास्तविक माध्य के आधार पर मालूम करने की प्रक्रिया निम्नांकित है–

सारणी

क्र. सं.	*x*	*y*	*x श्रेणी का माध्य = 154.4 माध्य से विचलन ($X-\overline{X}$) या dx*	*y श्रेणी का माध्य = 178.7 माध्य से विचलन ($Y-\overline{Y}$) या dy*	*x श्रेणी के विचलन का वर्ग dx^2*	*y श्रेणी के विचलन का वर्ग dy^2*	*विचलन का गुणनफल dx dy*
1	*2*	*3*	*4*	*5*	*6*	*7*	*8*
1	188	150	–4.4	+9.3	19.36	86.49	–40.92
2	158	122	–32.4	–20.7	1049.76	428.49	**670.68**

3	200	180	+25.6	+21.3	655.36	453.69	545.28
4	250	205	+50.6	+71.3	2560.36	5083.69	3607.78
5	175	180	+25.6	–3.7	655.36	13.69	–94.72
6	158	175	+54.4	–18.7	2959.36	428.49	–1017.28
7	158	175	+20.6	–20.7	424.36	428.49	–426.42
8	200	162	+7.6	+21.3	57.76	453.69	161.88
9	128	130	–24.4	–50.7	595.36	2570.49	1237.08
10	170	140	–14.4	–8.7	207.36	75.69	125.28
	1544.	1787	—	—	9184.40	9944.40	6803.20
	ΣX	ΣY			Σdx^2	Σdy^2	Σdxdy

सूत्र–

सह-सम्बन्ध गुणांक $r = \frac{\Sigma dx\,dy}{\sqrt{\left(\Sigma dx^2\ \Sigma dy^2\right)}}$

$$= \frac{6803.20}{\sqrt{(9184.4 \times 9944.1)}}$$

$$= \frac{608.20}{\sqrt{(9133059204)}}$$

$$\text{or } \frac{6803.2}{9556.7}$$

$$= +0.71$$

स्पष्टीकरण–उपर्युक्त विधि से सह-सम्बन्ध की गणना करने हेतु निम्नांकित प्रक्रियाओं का अनुसरण किया जाता है–

(i) सबसे पहले X और Y (दोनों) चरों का वास्तविक माध्य मालूम किया जाता है। X तथा Y चरों के विभिन्न पद मानों से सम्बन्धित माध्य घटाकर विचलन भी ज्ञात कर लिया जाता है।

(ii) पुनः दोनों चरों से सम्बन्धित विचलनों (dx तथा dy) का वर्ग (dx^2 तथा dy^2) कर दिया जाता है। वर्गित विचलन पदों का योग (Σdx^2 एवं Σdy^2) भी कर दिया जाता है।

(iii) दोनों चरों से सम्बन्धित विलचनों (dx तथा dy) का परस्पर गुणा (dx dy) किया जाता है तथा गुणनफल का योग (Σdx dy) भी मालूम कर लिया जाता है।

अन्त में उपरोक्त सूत्र के आधार पर पियर्सन का यह सम्बन्ध गुणांक (+0.71) मालूम कर लिया जाता है।

कल्पित माध्य से विचलन ज्ञात करके सह-सम्बन्ध की गणना –यह विधि उपरोक्त पद्धि की तुलना में कुछ आसान है। इस पद्धति में वास्तविक माध्य की गणना नहीं करनी पड़ती है, लेकिन कल्पित माध्य मान लिया जाता है। ऐसा करने से चरों का विचलन दशमलव में नहीं आता है। जिसके कारण गणना क्रिया में कुछ आसानी आ जाती है। कल्पित माध्य से विचलन मालूम करके सह-सम्बन्ध की गणना निम्नांकित सूत्र से की जाती है–

$$\text{सह-सम्बन्ध गुणांक } r = \frac{2 \qquad 3}{4 \qquad 5}$$

यहां–

r = सह-सम्बन्ध गुणांक

dx = X चर का कल्पित माध्य से विचलन

dy = Y चर का कल्पित माध्य से विलचन

$\Sigma dxdy$ = X और Y चर के विचलनों के गुणनफल का योग

Σdx^2 = X चर के विचलन के वर्गों का योग

Σdy^2 = Y चर के विलचन के वर्गों का योग

N = पदों की संख्या

तालिका के आधार पर औद्योगिक उत्पादन तथा पंजीकृत (Regd.) बेरोजगारी श्रमिकों के बीच सह-सम्बन्ध मालूम करने हेतु निम्नांकित प्रक्रिया अपनाई गयी है–

$$\text{सह-सम्बन्ध गुणांक } r = \frac{N\Sigma dx\,dy - (\Sigma dx)(\Sigma dy)}{\sqrt{\left[\left(N\Sigma dx^2 - (\Sigma dx)^2\right)\left(\Sigma dy^2 - (\Sigma dy)^2\right)\right]}}$$

$$= \frac{10\times -128 - (-18)(19)}{\sqrt{\left[(10\times 168 - 324)\times(10\times 127 - 361)\right]}}$$

$$= \frac{-938}{1110.23}$$

$$= .845$$

(i) सबसे पहले X और Y दोनों चरों हेतु एक-एक कल्पित माध्य लिया जाता है। पुनः संबंधित कल्पित माध्य से X और Y चरों के अलग-अलग पदों का विचलन (dx तथा dy) मालूम कर लिया जाता है। पुनः दोनों चरों के विचलनों का योग (Σdy तथा Σdy) मालूम करके उनको वर्गित $(\Sigma dx)^2$ तथा $(\Sigma dy)^2$ भी कर दिया जाता है।

(ii) दोनों चरों से सम्बन्धित विचलनों (dx तथा dy) का वर्ग (dx^2 तथा dy^2) मालूम करके उनका योग (Σdx^2 तथा dy^2) भी मालूम कर लिया जाता है।

(iii) दोनों चरों के विचलनों का गुणनफल (dxdy) मालूम करके उनका योग ($\Sigma dxdy$) भी मालूम कर लिया जाता है।

तालिका

क्र. सं.	*औद्योगिक उत्पादन सूचकांक* X	*रजि. बेरोजगार श्रमिक लाख में* Y	X *चर का कल्पित माध्य* A = *104 माध्य से विचलन* (X - A) *या* dx	Y *चर का कल्पित माध्य* A = *12 माध्य से विचलन* (Y – A) *या* dy	X *श्रेणी के विचलन* dx^2	Y *श्रेणी के विचलन* dy^2	*विचलन का गुणनफल* dx dy
1	100	12	–4	0	16	0	0
2	101	13	–3	1	9	1	–3
3	103	16	–1	4	1	16	–4
4	105	11	1	–1	1	1	–1
5	104	13	0	1	0	1	0
6	106	12	2	0	4	0	0
7	108	10	4	–2	16	4	–8
8	102	14	–2	2	4	4	–4
9	98	18	–6	6	36	36	–36
10	95	20	–9	8	81	64	–72
			$\Sigma dx = -18$ $(\Sigma dx)^2 = 324$	$\Sigma dy = +19$ $(\Sigma dy)^2 = 361$	$\Sigma dx^2 = 168$	$\Sigma dy^2 = 127$	$\Sigma dx\,dy = -128$

पुनः ऊपर बतलाये गये सूत्र के माध्यम से सह-सम्बन्ध गुणांक –0.845 मालूम कर लिया जाता है।

2 क (iii) मूल प्राप्ताकों के माध्यम से सह-सम्बन्ध की गणना—ध्यातव्य है कि मूल प्राप्तांकों से सीधे सह-सम्बन्ध गुणांक की गणना की जा सकती है। यह पद्धति उपर्युक्त पद्धतियों की अपेक्षा ज्यादा आसान है। इस पद्धति से सह-सम्बन्ध मालूम करने में मुश्किलें उस वक्त उपस्थित होती है जब प्राप्तांक बहुत बड़े होते हैं। सह-सम्बन्ध मालूम करने का सूत्र निम्नवत् है—

$$\text{सह-सम्बन्ध गुणांक } r = \left[\frac{\Sigma X'^2 + \Sigma Y'^2 - \Sigma d^2}{2\sqrt{(\Sigma X'^2 \; \Sigma Y'^2)}} \right]$$

यहां—

r = सह-सम्बन्ध गुणांक

N = पदों की संख्या

ΣX = X चर का योग

ΣY = Y चर का योग

ΣXy = X और Y चरों के गुणनफल का योग

ΣX^2 = X चर के वर्ग का योग

ΣY^2 = Y चर के वर्ग का योग

सारणी

X	Y	X^2	Y^2	XY
10	8	100	64	80
15	20	225	400	300
20	25	400	625	500
12	10	144	100	120
8	10	64	100	80
6	8	36	64	48
5	8	25	64	40
7	10	49	100	70
22	25	484	625	550
25	30	625	900	750

ΣX	ΣY	ΣX^2	ΣY^2	ΣXY
= 130	= 154	= 2151	= 3042	= 2538
$(\Sigma X)^2$ = 16900	$(\Sigma Y)^2$ = 23716			

सूत्र–

$$\text{सह-सम्बन्ध गुणांक } r = -\left[\frac{\Sigma X'^2 + \Sigma Y'^2 - \Sigma d^2}{2\sqrt{\left(\Sigma X'^2\ \Sigma Y'^2\right)}}\right] = \frac{-4331}{\sqrt{37986.85}}$$

$$= \frac{25380 - 20020}{\sqrt{[\{(21520 - 16900) \times (30420 - 23716)\}]}}$$

$$= \frac{5360}{\sqrt{[\{4620 \times 6704\}]}}$$

$$\text{या} = \frac{5360}{5565.29}$$

$= .96$

स्पष्टीकरण–

(i) मूल प्राप्तांक से सह-सम्बन्ध प्राप्त करने के लिए (X और Y) का योग (ΣX तथा ΣY) मालूम कर लिया जाता है। पुनः X चर के योग (ΣX) और y चर के योग (ΣY) को वर्गित [$(\Sigma X)^2$ तथा (ΣY^2)] कर दिया जाता है।

(i) X और Y चरों का भी वर्गित (X^2 तथा Y^2) किया जाता है तथा उनका योग (ΣX^2 तथा SY^2) मालूम किया जाता है।

(i) X और Y चरों के पद युग्मों का आपस में गुणा (XY) किया जाता है तथा गुणनफल का योग (ΣXY) मालूम किया जाता है।

इसके पश्चात् उपर्युक्त सूत्र के आधार पर सह-संबंध गुणांक ज्ञात कर लिया जाता है।

उल्लेखनीय है कि भौगोलिक आँकड़े विविधतापूर्ण होते हैं। कहीं-कहीं पर गणनायें काफी बड़ी होती हैं यथा जनसंख्या के आँकड़े या उत्पादन सम्बन्धी आँकड़े। कहीं-कहीं पर सम्बन्धित पदों की संख्या ज्यादा होती है। ऐसी अवस्था में सह-सम्बन्ध निकालने की विधियों का विवरण अग्रांकित है–

2 क (iv) बड़े चर मानों का छोटा करके सह-सम्बन्ध की गणना—ऊपर यह स्पष्ट किया गया है कि बड़े चर मानों के द्वारा सह-सम्बन्ध मालूम करना काफी असुविधाजनक होता है। इस मुश्किल से बचने हेतु चर मानों को छोटा करके सह-सम्बन्ध मालूम करने की पद्धति विकसित की गयी है। बड़े चर मानों को छोटा करने हेतु X और Y चर मानों में से किसी भी स्थिरांक (Constant) को घटाया जा सकता है। साधारणतः स्थिरांक का चयन करते वक्त यह ध्यान में रखना चाहिए कि X के लिये जो स्थिरांक चुना जाये वह X चर के माध्य के आस-पास हो। ऐसा करने से बड़े चरों का आकार ज्यादा से ज्यादा छोटा हो जायेगा।

जब X और Y चर के प्राप्तांक छोटे हो जाते हैं तो उनके आधार पर सह-सम्बन्ध गुणांक मालूम करने हेतु शेष गणनायें उसी तरह की जाती है यथा मूल प्राप्तांकों के आधार पर की जाती है।

अवलोकनार्थ निम्नलिखित उदाहरण प्रस्तुत है—

हल—

X	Y	X *चर के लिये स्थिरांक* a = 375 (X - a) *या* x'	Y *चर के लिये स्थिरांक* a = 250 (Y - a) *या* y'	x'^2	y'^2	x'y'
360	255	–15	+5	225	25	–75
365	252	–10	+2	100	4	–20
355	220	–20	–30	400	900	600
370	225	–5	–30	25	625	125
380	350	+5	+100	25	10000	500
375	262	0	+12	0	144	0
362	300	–13	+50	169	2500	–650
378	275	+3	+25	9	625	75
352	260	–23	+10	529	100	–230
350	228	–25	–22	625	484	550
		$\Sigma x' = -103$ $(\Sigma x')^2 = 10609$	$\Sigma y' = 127$ $(\Sigma x')^2 = 16129$	$\Sigma x'^2 = 2107$	$\Sigma Y'^2 = 15407$	$\Sigma x'y' = 875$

सूत्र–

सह सम्बन्ध गुणांक r = $\dfrac{(N\Sigma x^1 y^2 - (\Sigma x^1)(\Sigma y^1)}{\sqrt{(N\Sigma x^{12} - \Sigma x^{12}) \times (N\Sigma y^{12} \Sigma y^{12}}}$

यहां–

r = सह-सम्बन्ध गुणांक

N = पदों की संख्या

x' = X चर में से स्थिरांक निकालने के बाद अवशेष मान

y' = Y' चर में से स्थिरांक निकालने के बाद अवशेष मान

Σx' = x' चर का योग

Σx' = y' चर का योग

$(\Sigma x')^2$ = Σx' का वर्ग

$(\Sigma x')^2$ = Σy' का वर्ग

$\Sigma x'^2$ = x' चर के वर्ग का योग

$\Sigma y'^2$ = y' चर के वर्ग का योग

x' y' = x' और y' चरों का गुणनफल

Σx' y' = x' तथा y' चरों के गुणनफल का योग।

$$= \frac{10 \times 875 - (-103)(127)}{\sqrt{(10 \times 2107 - 10609) \times (10 \times 15407 - 16129)}}$$

$$\frac{8750 - 13081}{\sqrt{[\{(21070 - 10609) \times (154070 - 16129)\}]}}$$

$$\frac{-4331}{\sqrt{[(10461 \times 137941)]}}$$

$$\frac{-4331}{\sqrt{1443000801}}$$

$$\frac{-4331}{\sqrt{37986.85}}$$

$= -.11$

2 क (v) चरों के माध्य विचलनों में अन्तर मालूम कर सह-सम्बन्ध की गणना—कुछ आँकड़े संख्याओं में बड़े हो सकते हैं तथा पूर्वोल्लिखित प्रत्यक्ष पद्धति से सह-सम्बन्ध की गणना मुश्किल हो सकती है। ऐसी अवस्था में संबंधित चरों का वास्तविक माध्य तथा वास्तविक माध्य से विचलन (x', y') मालूम किया जाता है। तदुपरान्त विचलनों का वर्ग (x'^2, y'^2) कर दिया जाता है तथा उनका योग मालूम किया जाता है। इस क्रम में X एवं Y चरों के विलचनों का अन्तर (x' – y' = d) मालूम किया जाता है। तथा उसका वर्ग कर दिया जाता है। $(x', y')^2$ या d^2। साथ ही Σd^2 भी प्राप्त किया जाता है। तदुपरान्त कार्ल पियर्सन के सह-सम्बन्ध गुणांक का निम्नांकित सूत्र उपयोग में आता है।

$$\text{सह-सम्बन्ध गुणांक } (r) = \frac{\Sigma x'^2 + \Sigma y'^2 - \Sigma d^2}{\sqrt[2]{\left(\Sigma x'^2 + \Sigma y'^2\right)}}$$

यहां—

r = सह-सम्बन्ध गुणांक

x = वास्तविक माध्य से X चर का विचलन

$\Sigma x'^2$ = x चर के विचलन के वर्गों का योग

सारणी

X	Y	*माध्य,* $\overline{X}$ *= 637.1 माध्य से विचलन* $(X - \overline{X})$ *या* x'	*माध्य,* $\overline{Y}$ *= 859.4 माध्य से विचलन* $(Y - \overline{Y})$ *या* y'	X *और* Y *श्रेणी के विचलनों का अन्तर* (x' - y') *या* d	x'^2	y'^2	$(x' - y')^2$ *या* d^2
625	875	–121	+15.6	–27.7	146.41	243.36	767.29
630	865	–7.1	+5.6	–12.7	50.41	31.36	161.29
640	850	+2.9	–9.4	+12.3	8.41	88.36	151.29
645	855	+7.9	–4.4	+12.3	62.41	19.36	151.29
642	840	+4.9	–19.4	+24.3	24.01	376.36	590.49
635	860	–21	+.6	–2.7	4.41	.36	7.29
632	862	–5.1	+2.6	–7.7	26.01	6.76	59.27
636	870	–1.1	+10.3	–11.7	1.21	112.36	136.89
648	845	+10.9	–14.4	+25.3	118.81	207.36	640.09

638	872	+.9	+12.6	+11.7	.81	158.76	136.89
ΣX= 6371	ΣY= 8594	—	—	—	ΣX^2= 442.90	ΣY^2= 1244.40	$\Sigma' d^2$= 2802.08

y' = वास्तविक माध्य से Y चर का विचलन

$\Sigma y'^2$ = Y चर के विचलन के वर्गों का योग

d = X और Y चर के विचलनों का अन्तर

Σd^2 = विचलनों के अन्तर के वर्गों का योग

उपर्युक्त पद्धति को तालिका में दिये गये आँकड़ों के आधार पर सह-सम्बन्ध गुणांक की गणना करके स्पष्ट किया गया है।

$$\text{सह-सम्बन्ध गुणांक } (r) = \frac{\Sigma X'^2 + \Sigma Y'^2 - \Sigma d^2}{\sqrt[2]{\left(\Sigma X'^2 \, \Sigma Y'^2\right)}}$$

$$= \frac{(442.9 + 1244.4) - 2802.1}{\sqrt[2]{(442.9 \times 1244.4)}}$$

$$= \frac{1687.3 - 2802.1}{\sqrt[2]{(551144.76)}}$$

$$= \frac{-1114.8}{2 \times 742.39}$$

$$= \frac{-1114.8}{1484.78}$$

$= -.75$

द्विचरीय आवृत्ति वितरण तालिका के माध्यम से सह-सम्बन्ध गुणांक की गणना—ऊपर जिन पद्धतियों का उल्लेख किया गया है उनके द्वारा सह-सम्बन्ध गुणांक की गणना उस समय सरल होती है, जब पदों की संख्या कम होती है। पदों की संख्या (N) ज्यादा होने पर सह-सम्बन्ध की गणना अनुबन्ध तालिका द्वारा करना ज्यादा सरल होता है। इस पद्धति द्वारा सह-सम्बन्ध की गणना करने हेतु दोनों चरों के मानों को द्विचरीय आवृत्ति वितरण में व्यवस्थित कर लिया जाता है। इसके बाद अनुबन्ध तालिका पद्धति का उपयोग किया जाता है तथा निम्नलिखित सूत्र की मदद से सह-गुणांक पता कर लिया जाता है—

$$\frac{\Sigma xy - \{(\Sigma x \; \Sigma y)/N\}}{\sqrt{\left[\left\{\Sigma x^2 - (\Sigma)^2/N\right\} \times \left\{\left(\Sigma fdy^2/N\right) - \left(\Sigma fdy/N^2\right)\right\}\right]}}$$

X और Y श्रेणियों के वर्गान्तर के बीच बिन्दुओं को ज्ञात करके कल्पित माध्य से विचलन मालूम किये जाते हैं। जो क्रमशः dx तथा dy होते हैं।

(ii) X श्रेणी की आवृत्तियों को dx से तथा Y श्रेणी की आवृत्तियों को dy से गुणा करके क्रमशः fdx तथा fdy मालूम किया जाता है।

(iii) dx तथा dy के वर्ग में संबंधित आवृत्तियों का गुणा करके क्रमशः fdx^2 तथा fdy^2 मालूम किया जाता है। गुणनफलों का योग Σfdx^2 तथा Σfdy^2 कहलाता है।

(iv) fdxdy की गणना सबसे अंत में की जाती है। जिस वर्ग (खाना) की fdxdy की गणना करनी होती है वह खाना X और Y दोनों चरों के माध्य विचलन वाले वर्गान्तर से कितना दूर है, यह मालूम कर लिया जाता है। इसका ज्ञान dx तथा dy वाले स्तम्भ से होता है। पुनः दोनों विचलनों को आपस में गुणा करके (dxdy) संबंधित खाना के बायें कोने में लिख दिया जाता है। तथा पुनः उस खाना में अंकित आवृत्तियों से गुणा किया जाता है। प्राप्त गुणनफल (fdxdy) को उसी खाना के दाहिने कोने में लिख दिया जाता है। गुणा करते समय धनात्मक तथा ऋणात्मक चिन्हों पर ध्यान दिया जाता है। इसके बाद X तथा Y चरों के वर्गान्तरों के सामने स्थित समस्त खानों के दायें कोने पर अंकित कर दिया जाता है। X या Y के सभी वर्गान्त fdxdy के योग को Σrdxdy कहते हैं।

सूत्र–

$$\text{सह-सम्बन्ध गुणांक } r = \frac{6745 \times 1 - (.72)^2}{\sqrt{(40)}}$$

$$= \frac{70 - 40\left[(-3/40)(-29/40)\right]}{40\sqrt{\left[\left\{(85/40) - \left(-3/40^2\right)\right\} \times \left\{(125/40) - (-29/40)^2\right\}\right]}}$$

$$= \frac{70 - 40(-0.75)(-.725)}{40\sqrt{\left[\left\{2.125 - \left(-.075^2\right)\right\} \times \left\{3.125 - (-.725)^2\right\}\right]}}$$

$$= \frac{70 - 2.175}{40\sqrt{[\{2.125 - .005625\} \times \{3.125 - .535625\}]}}$$

$$= \frac{67.825}{40\sqrt{[\{2.119375\} \times \{2.599375\}]}}$$

$$= \frac{67.825}{40\sqrt{[5.509]}}$$

$$= \frac{67.825}{40 \times 2.347}$$

$$= \frac{67.825}{93.88}$$

$$= +.72$$

कार्ल पियर्सन के सह-सम्बन्ध गुणांक में सम्भाव्य त्रुटि—जब आँकड़ों का संकलन प्रतिचयन विधि से किया जाता है तब उसमें त्रुटि का पाया जाना स्वाभाविक है। ऐसी दशा में सम्भाव्य त्रुटि मालूम की जाती है। सम्भाव्य त्रुटि को सह-सम्बन्ध गुणांक में से घटा देने पर एवं जोड़ देने पर दो ऐसी मात्रायें मालूम होती हैं जिसके सह-सम्बन्ध गुणांक के होने की 50% सम्भावना होती है।

संभाव्य त्रुटि को निम्नलिखित सूत्र के माध्यम से ज्ञात किया जाता है—

सम्भाव्य त्रुटि (P.E) $= \frac{6745 \times 1 - r^2}{\sqrt{40}}$

यहां—

6745 = स्थिर संख्या (Constant)

Z = सह-सम्बन्ध गुणांक

N = पदों की संख्या

यथा ऊपर के उदाहरण में सह-सम्बन्ध गुणांक

= .72 तथा पदों की संख्या = 40 है।

अतः

सम्भाव्य त्रुटि P. E $= \frac{6745 \times .4816}{6.324}$

$$=\frac{6745\times 1-.5184}{\sqrt{(40)}}$$

$$=\frac{6745\times .4816}{6.324}$$

$=.6745 \times 0.76$

$= .051$

सम्भाव्य त्रुटि के आधार पर सह-सम्बन्ध गुणांक की सीमा -72 ± 0-51 अर्थात .72–0.51 = .669 तथा .72 + .051 = .771 होगी।

सम्भाव्य त्रुटि की मदद से एक ओर जहाँ सह-सम्बन्ध गुणांक की सीमा का निर्धारण किया जाता है। वहीं दूसरी ओर सह-सम्बन्ध के महत्व का भी पता लगता है। जैसे यदि सम्भाव्य त्रुटि से सह-सम्बन्ध गुणांक कम है। तब सह-सम्बन्ध की उपस्थिति प्रमाणित नहीं होगी। इसी प्रकार यदि सम्भाव्य त्रुटि से सह-सम्बन्ध गुणांक छह गुने से भी अधिक है तब सह-सम्बन्ध गुणांक महत्वपूर्ण होगा अर्थात् दोनों चरों के बीच सह-सम्बन्ध अवश्य होगा। इसी प्रकार यदि सह-सम्बन्ध गुणांक .3 से कम है तथा सम्भाव्य त्रुटि भी तुलनात्मक दृष्टि से अल्प है तब भी सह-सम्बन्ध महत्वपूर्ण नहीं होगा। अगर सह-सम्बन्ध गुणांक .5 से ज्यादा है तथा सम्भाव्य त्रुटि अत्यल्प है तब भी सह-सम्बन्ध महत्वपूर्ण होगा। (सार्थकता विश्वसनीयता आदि का परीक्षण आगे अध्याय 10 में विस्तार से दिया गया है।)

उदाहरण : कार्ल पियर्सन की विधि से सह-सम्बन्ध गुणांक मालूम करने हेतु भौगोलिक आँकड़ों का उदाहरण भी लिया गया है। मध्य प्रदेश के विभिन्न संभागों में वर्षा की मात्रा तथा धान के शुद्ध बोये गये क्षेत्रफल के बीच सह-सम्बन्ध मूल आँकड़ों के आधार पर मालूम किया गया है जो निम्नवत् है–

$$=\frac{\Sigma xy-\{(\Sigma x.\Sigma y)/N\}}{N\sqrt{\left[\{(\Sigma x^2-(\Sigma x)^2/N)\}\times\{(\Sigma y^2-(\Sigma y)^2/N)\}\right]}}$$

$$\frac{38441.162-\{(1424.45\times 295.88)/12\}}{N\sqrt{\left[\{(176073.760-(1424.45)^2/12)\}\times\{(16615.496-(295.88)^2/12)\}\right]}}$$

$$= \frac{38441.162 - 35122.188}{N\sqrt{[\{(176073.760 - 169088.15)\} \times \{(16615.496 - 7295.4145)\}]}}$$

$$= \frac{3318.974}{N\sqrt{[\{6985.61\}\{9320.082\}]}}$$

$$= \frac{3318.974}{\sqrt{[65106458.02]}}$$

$$= \frac{3318.974}{8068.857}$$

$r = .4113$

न्यूनतम वर्ग विधि द्वारा सह-सम्बन्ध की गणना—ऊपर यह बताया जा चुका है कि जब x और y चर के मध्य पूर्ण सह-सम्बन्ध होता है तब सह-सम्बन्ध गुणांक +1 होता है। अगर इस प्रकार के x और y चरों के आधार पर प्रकीर्णन आरेख बनाया जाता है तो वे एक सरल रेखा प्रस्तुत करेंगे। यह रेखा x और y चर के मध्य के सम्बन्ध को व्यक्त करती है। इस रेखा का समीकरण y रेखा x और y चरों के मध्य पूर्ण सह-सम्बन्ध नहीं होता = a + bx होता है। लेकिन जब x और y चरों के मध्य पूर्ण सह-सम्बन्ध नहीं होता है तब प्रकीर्ण आरेख पर वे एक सरल रेखा नहीं बनाते हैं। ऐसी दशा में सह-सम्बन्ध कितना है यह मालूम करने हेतु एक ऐसी रेखा (सर्वोचित रेखा Line of best fit) की जरूरत होती है जो x और y चर के सम्बन्ध को व्यक्त कर सके। ऐसा करने हेतु एक समीकरण ज्ञात करना पड़ता है जिसके आधार पर दिये गये x चर के पद मानों के लिए y चर के सर्वश्रेष्ठ पद मान निकाले जाते हैं। समीकरण के आधार पर निकाले गये सर्वश्रेष्ठ पद मान पुराने (वास्तविक) पद मानों से अलग होते हैं क्योंकि y = a +bx में यदि x मालूम है तो y का मान वास्तविक मान से अलग होगा। सर्वोचित रेखा (से सम्बन्धित समीकरण y = a bx) से मालूम किये गये पद मान तथा वास्तविक पद मान के विचलन के वर्ग का योग किसी भी विधि से मालूम किये गये विचलनों के वर्गों के योग से अल्प होता है। इसी को न्यूनतम वर्ग विधि (Least Square Method) कहते हैं। न्यूनतम वर्ग विधि से ज्ञात किया गया सह-सम्बन्ध गुणांक कार्ल पियर्सन विधि से ज्ञात किये गये सह-सम्बन्ध गुणांक के समतुल्य होता है।

न्यूनतम वर्ग विधि द्वारा यह संबंध मालूम करने का सूत्र निम्नलिखित है–

सह-सम्बन्ध गुणांक $r = \sqrt{[sy^2 \sigma y^2)]}$

यहां–

r = सह-सम्बन्ध गुणांक

sy^2 = अनुमान के मानक त्रुटि का वर्ग

σy^2 = y चर के प्रमाण विचलन का वर्ग

उपर्युक्त सूत्र के माध्यम से सह-संबंध मालूम करने हेतु क्रमशः निम्नलिखित विधियां अपनाते हैं–

(i) सर्वप्रथम सर्वोचित रेखा का समीकरण $y = a + bx$ के अचर a तथा b का मान मालूम किया जाता है।

$\Sigma y = Na + b\Sigma x$

$\Sigma xy = a\Sigma x\ b\Sigma x^2$

(ii) समीकरण $y = a + bx$ में a तथा b का मान स्थापित करके x चर के पद मानों से सम्बन्धित y चर के पद के मान ज्ञात किये जाते हैं।

(iii) चर के वास्तविक पद मान संगणित (ज्ञात किये गये) पद मानों के विचलन $(y - \hat{y})$ ज्ञात किये जाते हैं।

(iv) विचलन $(y - \hat{y})$ का वर्ग करके उनका योग $\left[1(sy - s\hat{y})^2\right]$ मालूम किया जाता है।

(v) विचलन के वर्गों के योग $\left[\Sigma(y - \hat{y})^2\right]$ में पदों की संख्या (N) से भाग देने पर जो अंक प्राप्त होता है उसका वर्ग मूल अनुमान की मानक त्रुटि कहलाती है। इसे सर्वोचित रेखा से ज्ञात मानक विचलन भी कहते हैं। इसको ज्ञात करने के सूत्र निम्नवत् है–

$$Sy = \sqrt{[\Sigma(y - \overset{A}{y})^{2}/N]}$$

संकेत

Sy = अनुमान की मानक त्रुटि

$\Sigma(y - \overset{A}{y})^2$ = y के संगणित पद मान तथा वास्तविक पद मान के विचलनों के वर्गों का योग

N = पदों की संख्या

(vi) y चर के वास्तविक पद मान के आधार पर निम्नांकित सूत्र के द्वारा प्रमाण विचलन ज्ञात किया जाता है।

$$\sigma y = \sqrt{\left[\Sigma(y-\bar{y})^{2}/N\right]}$$

उदाहरण हेतु निम्नांकित आँकड़ों के आधार पर न्यूनतम वर्ग विधि द्वारा सह-सम्बन्ध गुणांक मालूम करना है–

x	10	8	5	4	7	12	6	8	5	3
y	12	6	3	2	9	10	8	10	4	2

x तथा y चर के मध्य सह-सम्बंन्ध ज्ञात करने हेतु सबसे पहले सर्वोचित j$kkdslekdj.ky = a + bx के a और b का मान ज्ञात किया जाता है। इसको ज्ञात करने के लिये समीकरण का उपयोग किया जाता है।

$\Sigma y = Na + b\Sigma x$

$\Sigma xy = a\Sigma x\ b\Sigma x^2$

इस समीकरण को तालिका के अनुसार हल किया जायेगा।

तालिका

x	y	x^2	xy
10	12	100	120
8	6	64	48
5	3	25	15
4	2	16	8
7	9	49	63
12	10	144	120
6	8	36	48
8	10	64	80
5	4	25	20
3	2	9	6
$\Sigma x = 68$	$\Sigma y = 66$	$\Sigma x^2 = 532$	$\Sigma xy = 528$

अतः $\Sigma y = Na + b\Sigma x =$

या, $66 = 10a + 68b$ (i)

$\Sigma xy = a\Sigma x = b\Sigma x^2$

या, $528 = 68a + 532b$ (ii)

समीकरण (i) में 34 से तथा समीकरण (ii) में 5 से गुणा करने पर

$2244 = 340\,a + 2312\,b$ (iii)

$2640 = 340a + 2660b$ (iv)

– – –

$-396 \quad -348\,b$

(समीकरण (iii) में से समीकरण (iv) घटाने पर)

या $348\,b = 396$

$b = 396/348$

$b = 1.138$

b का मान समीकरण (i) में रखने पर

$66 = 10a + 68 \times 1.138$

$66 = 10a + 77.384$

$a = -\,11.384/10$

या, $1 = -1.1384$

अब $y = a + bx$ में a तथा b का मान रखकर x चर के विभिन्न पदों से सम्बन्धित y चर के पदों के मान ज्ञात किये जायेंगे। जैसे–

X चर $\overset{A}{y}$ (Y चर का सम्बन्धित मान)

10 से सम्बन्धित x के संगणित मान $= \hat{y} = -1.1384 + 1.138 \times 10$
$= 10.2416$

8 से सम्बन्धित y के संगणित मान $= \hat{y} = -1.1384 \div 1.138 \times 8$
$= 7.9656$

5 से सम्बन्धित y के संगणित मान $= \hat{y} = -1.1384 + 1.138 \times 5$
$= 4.5516$

4 से सम्बन्धित y के संगणित मान $= \hat{y} = -1.1384 + 1.138 \times 4$
$= 3.4136$

7 से सम्बन्धित x के संगणित मान $= \hat{y} = -1.1384 + 1.138 \times 7$
$= 6.8276$

12 से सम्बन्धित x के संगणित मान $= \hat{y} = -1.1384 + 1.138 \times 12$
$= 12.5176$

6 से सम्बन्धित x के संगणित मान $= \hat{y} = -1.1384 + 1.138 \times 6$
$= 5.6896$

8 से सम्बन्धित x के संगणित मान $= \hat{y} = -1.1384 + 1.138 \times 8$
$= 7.9656$

5 से सम्बन्धित x के संगणित मान $= \hat{y} = -1.1384 + 1.138 \times 5$
$= 4.5516$

3 से सम्बन्धित x के संगणित मान $= \hat{y} = -1.1384 + 1.138 \times 3$
$= 2.22756$

x चर के विविध पदों से सम्बन्धित y चर के पदों के संगणित मान मालूम कर लेने पर सह-सम्बन्ध गुणांक $r = \sqrt{\left[1-\left(sy^2-\sigma\bar{y}\right)^{2/N}\right]}$ मालूम करने हेतु सबसे पहले $Sy = \sqrt{\left[\Sigma(y-\bar{y})^{2/N}\right]}$ तथा $\sigma y = \sqrt{\left[\Sigma(y-\bar{y})^{2/N}\right]}$ मालूम करना पड़ता है। इसे तालिका के अनुरूप हल किया जायेगा।

कोटि क्रम पद्धति द्वारा सह-सम्बन्ध की गणना—पूर्व में उल्लिखित विधियों के माध्यम से संख्यात्मक आंकड़ों के मध्य सह-संबंध मालूम किया जा सकता है। अध्याय 1 में भौगोलिक आँकड़ों की प्रकृति के अन्तर्गत यह स्पष्ट किया गया है कि भौगोलिक आँकड़े संख्यात्मक भी होते हैं और गुणात्मक भी होते हैं। गुणात्मक आँकड़ों का सह-सम्बन्ध 'कार्ल पियर्सन विधि' से प्राप्त नहीं किया जा सकता है। कतिपय भौगोलिक आँकड़े ऐसे भी होते हैं जिनमें आँकड़ों के वास्तविक मानों के स्थान पर उनका सापेक्ष महत्व दिया जाता है जैसे—परिवार नियोजन कार्यक्रम में उत्तर प्रदेश के विविध जिलों का क्रमानुसार स्थान क्या है? ऐसी स्थिति में प्रत्येक जिले प्रथम, द्वितीय तृतीय कोटियों में रख दिये जाते हैं तथा उनकी वास्तविक उपलब्धि (परिवार नियोजन अपनाने वालों की संख्या) गौण हो जाती है। ऐसे गुणात्मक आँकड़ों के मध्य सह-सम्बन्ध मालूम करने हेतु स्पीयर मैन महोदय की कोटि क्रम पद्धति का प्रयोग किया जाता है। इस विधि में सह-सम्बन्ध X एवं Y चरों की कोटियों (Ranks) से प्राप्त किया जाता है, इनके वास्तविक मानों से नहीं। स्पियर मैन के अलावा कैन्डाल एवं गेन्स महोदयों ने भी कोटि-क्रम के आधार पर सह-सम्बन्ध की गणना की है।

कोटि-क्रम पद्धति की प्रमुख विशेषतायें

(1) चूँकि इस पद्धति का उपयोग छोटे आकार के चरों के लिये ही उपयोगी है। अतः इस पर आधारित सह-सम्बन्ध वितरण के सामान्य होने की मान्यता पर आधारित नहीं है। यही कारण है कि सांख्यिकीय वेत्ता कोटि-क्रम विधि से निकाले गये सह-सम्बन्ध गुणांक के अप्राचलिक (Non-Parametric) मानते हैं। चूँकि 'r' की गणना बड़े प्रतिदर्शों से तथा प्रसामान्य रूप से विरित आँकड़ों के आधार पर की जाती हे। अतः 'r' के आधार पर समष्टि का अंदाजा लगाया जा सकता है। जबकि कोटि-क्रम विधि पर आधारित गुणांक के आधार पर नहीं क्योंकि यह छोटे प्रतिदर्शो पर आधारित होता है।

(2) कोटि क्रम विधि द्वारा ऐसे चरों के मध्य सह-संबंध मालूम किया जा सकता है जिनके पदों को एक निश्चित अनुक्रम में व्यवस्थित किया जा सके। यह पद्धति मुख्य रूप से गुणात्मक चरों के मध्य सह-सम्बन्ध मालूम करने हेतु ज्यादा उपयोगी होती है। किन्तु संख्यात्मक चरों के आधार पर प्राप्त कोटियों का सह-सम्बन्ध भी मालूम किया जा सकता है। कोटि-क्रम विधि द्वारा निकाले गये सह-सम्बन्ध की मात्रा अशुद्ध हो सकती है। वृहद् आकार के चरों में यह संभावना ज्यादा पायी जाती है। अतः इस पद्धति का प्रयोग केवल लघु आकार के चरों (प्रतिदर्श) हेतु ही किया जाता है। चरों का आकार (N = पदों की संख्या) 25 या 30 से ज्यादा नहीं होना चाहिए। ज्ञातव्य है कि सांख्यिकी में 40 तक के चरों को लघु माना जाता है।

(3) कोटि-क्रम पद्धति से सह-सम्बन्ध गुणांक की गणना उस स्थिति में ज्यादा उपयुक्त रहती है जब दो चरों के मध्य ज्यादा शुद्धता के साथ सह-सम्बन्ध मालूम करने की जरूरत नहीं रहती है। वास्तव में संख्यात्मक चरों के बीच सह-सम्बन्ध गुणांक मालूम करने की सबसे उत्तम विधि कार्ल पियर्सन की गुणनफल आघूर्ण पद्धति (Product Moment Method), स्पियर मैन तथा केण्डाल की गुणांक (P तथा T) क्रमशः उससे कम शुद्ध होता है। गेन्स पद्धति द्वारा मालूम गुणांक R सबसे कम शुद्ध रहता है। परन्तु यहाँ यह भी स्पष्ट कर देना अनुचित न होगा कि पियर्सन की तुलना में स्पियर मैन की पद्धति ज्यादा सरल कम श्रम साध्य तथा रुचिकर है। कैण्डाल पद्धति स्पियर मैन की तुलना में मुश्किल है। परन्तु गेन्स की पद्धति सबसे आसान है।

कोटि-क्रम निर्धारित करने की पद्धति

किसी चर के कोटि-क्रम का निर्धारण सर्वाधिक मान वाले पद से शुरू किया जाता है तथा अन्त में सबसे कम मान वाले पद को निर्धारित किया जाता है। सबसे वृहद् आकार वाले पद मान को 1, उसके बाद वाले पद मान को 2 तथा इसी तरह अन्य क्रमों का निर्धारण किया जाता है। कोटि-क्रम निर्धारण में मुश्किल उस वक्त उत्पन्न होती है जब श्रेणी में एक ही मान वाले कई पद मौजूद होते हैं। ऐसी दशा में मुश्किल का निराकरण निम्नांकित पद्धतियों के माध्यम से किया जाता है—

औसत कोटि-क्रम निर्धारण पद्धति—इस पद्धति द्वारा श्रेणी के सभी समान पद मानों हेतु औसत क्रम प्रदान किये जाते हैं। इसके लिये प्रत्येक समान मान वाले पदों को क्रमशः कोटि-क्रम देकर औसत निकाल लिया जाता है। औसत निकालने हेतु समान मान वाले प्रत्येक क्रम कोटि का योग किया जाता है तथा पुनः बराबर पदों की संख्या से भाग दिया जाता है। यही औसत सभी बराबर मान वाले पदों हेतु कोटि क्रम होता है। अगले पद मान का निर्णयन ऊपर बतायी हुई पद्धति के अनुसार किया जाता है। निम्नांकित उदाहरण द्रष्टव्य हैं। जहाँ 'y' चर में '10' का मान दो बार आया है। इन मानों का कोटि-क्रम 8.5 एवं 8.5 किया गया है तथा '9' की कोटि छोड़कर आगामी मान '7' की कोटि 10 की गई है।

चर x	30	20	40	70	20	50	60	20	10	5
कोटि-क्रम	5	7	4	1	7	3	2	7	9	10

चर y	7	10	20	10	40	60	50	55	35	45
कोटि-क्रम	10	8.5	7	8.5	5	1	3	2	6	4

समान मान समान निर्धारण पद्धति—इस पद्धति द्वारा श्रेणी के सभी समान मान वाले पदों को एक समान क्रम द्वारा तय करते हैं। अगले पद मान निर्धारण उस क्रम से करते हैं जिस क्रम पर निर्धारित पदों के पश्चात् वह पद स्थित होता है। जैसे—निम्नांकित उदाहरण में 3 पद क्रम ऐसे है जिनका पद मान 40 है। उनकी कोटि क्रम एक समान अर्थात् 7 निर्धारित किया गया है। 40 पद मान के पश्चात् अगला पद मान 35 है उसका कोटि क्रम 10 निर्धारित किया गया है। क्योंकि उसके पहले नौ पद निर्धारित हो चुके हैं। वह दसवें स्थान पर है।

चर x	40	70	60	50	40	80	90	65	35	40
कोटि-क्रम	7	3	5	6	7	2	1	4	10	7

स्पियरमैन की कोटि अन्तर पद्धति द्वारा सह-संबंध की गणना

स्पियरमैन के सह-सम्बन्ध गुणांक का सांकेतिक चिह्न P है जिसका उच्चारण Rho होता है। स्पियरमैन द्वारा प्रतिपादित पद्धति से सह-सम्बन्ध गुणांक का मान कार्ल पियर्सन के सह-सम्बन्ध गुणांक की भाँति ± के बीच आता है। पूर्ण धनात्मक सह-सम्बन्ध होने पर सह-सम्बन्ध गुणांक + 1 तथा पूर्ण ऋणात्मक सह-सम्बन्ध होने पर गुणांक –1 होता है। कोटि अन्तर पद्धति द्वारा सह-सम्बन्ध की गणना करने के लिये सबसे पहले x और y दोनों चरों का कोटिक्रम मालूम किया जाता है। कोटि क्रम किस तरह तय किया जाता है, यह ऊपर बताया जा चुका है। x और y दोनों चरों का कोटि क्रम निर्धारित हो जाने के उपरांत प्रथम कोटि क्रम में से कोटि 1 या x चर का कोटि दूसरे कोटि क्रम (कोटि 2 या y चर के कोटि) को घटा दिया जाता है। ऐसे अन्तर को 'D' या $(R_1–R_2)$ कहा जाता है। इसके उपरांत सभी पद से संबंधित 'D' के मान का वर्ग कर दिया जाता है। तथा उनका योग ΣD^2 भी ज्ञात कर लिया जाता है। फिर निम्नलिखित सूत्र के माध्यम से गुणांक P या r का मान मालूम कर लिया जाता है।

सह-सम्बन्ध गुणांक P या r

$$= 1 - \frac{6\left[\Sigma D^2 + \left\{\frac{1}{12}\left(m^3 - m\right)\right\}\right]}{N\left(N^2 - 1\right)}$$

यहां–

p या r = सह-सम्बन्ध गुणांक

D = (xR – yR) अर्थात् x तथा y पदों के चर युग्मों का कोटि अन्तर

N = पदों की संख्या

यहां यह बात प्रकट कर देना उचित है कि वर्णित सूत्र ऐसे चरों के मध्य सह-संबंध ज्ञात करने हेतु अधिक लाभकारी है जिनके हर पद मान असमान होते

हैं। इसके विपरीत जब श्रेणी में दो या दो से ज्यादा पदों के मन एक समान होते हैं। संशोधित सूत्र तथा उपरोक्त सूत्र द्वारा ज्ञात मान में कोई विशिष्ट भेद नहीं होता है। सह-सम्बन्ध का ज्ञात उपर्युक्त सूत्र से भी हो जाता है–

$$P \text{ or } r = 1 - \frac{6\left[\Sigma D^2 + \left\{\frac{1}{12}\left(m^3 - m\right)\right\}\right]}{N\left(N^2 - 1\right)}$$

जहां–

p या r = सह-सम्बन्ध गुणांक

D = (xR – yR) अर्थात् x तथा y पदों के चर युग्मों का कोटि अन्तर

N = पदों की संख्या

m = उन पद युग्मों की संख्या जिनके क्रम समान हैं।

नोट– d^2 के मान में 1/12 (m^3–m) का मान जोड़ा जाता है। x तथा y दोनों श्रेणियों में समान कोटि क्रम वाले पद समूह अगर एक से ज्यादा होते है तो उस मान 1/12 (m^3–m) को भी उतनी बार जोड़ना पड़ता है। निम्नलिखित उदाहरणों के माध्यम से उपर्युक्त प्रकार के सूत्रों के प्रयोग की विधि को प्रकट कर दिया गया है–

उदाहरण–

x चर	90	35	80	44	92	20	55	70	60	37
y चर	90	35	80	37	92	30	35	20	80	15

तालिका

x	y	R_1	R_2	D	D^2
90	90	2	2	0	0
35	60	9	5	4	16
80	65	3	4	–1	1
44	92	1	1	0	0
20	30	10	8	2	4
55	35	6	7	–1	1
70	20	4	9	–5	25
60	80	5	3	2	4
37	15	8	10	–2	4
				0-0ΣD^2 = 56	

चूँकि उपरोक्त x या y चर के किसी भी दो या दो से ज्यादा पदों के मान समान नहीं हैं अतः सह-सम्बन्ध गुणांक की गणना हेतु निम्नांकित सूत्र उपयोग में लाया जायेगा।

$$\text{सह-सम्बन्ध गुणांक } P \text{ या } r = 1 - \frac{6\Sigma D^2}{N\left(N^2 - 1\right)}$$

$$= 1 - \frac{6 \times 56}{10(100-1)}$$

$$= 1 - \frac{336}{990}$$

$$= .661$$

जहां–

p या r = सह-सम्बन्ध गुणांक

D = (xR – yR)[2] अर्थात् x तथा y पदों के चर युग्मों का कोटि अन्तर

N = पदों की संख्या

संशोधित सूत्र के आधार पर गणना का उदाहरण–

x चर	15	12	88	12	65	70	12	80	25	75
y चर	30	12	55	20	50	55	20	55	45	80

सारिणी

x	y	R_1	R_2	D	D^2
15	30	7	7	0	0
12	12	9	10	–1	1
18	55	1	3	–2	4
12	20	9	8.5	.5	.25
65	50	5	5	0	0
70	55	4	3	1	1
12	20	9	8.5	.5	.25
80	55	2	3	–1	1
25	45	6	6	0	0
75	80	3	1	2	4
					$\Sigma D^2 = 11.5$

उपर्युक्त उदाहरण ऐसे चरों से जुड़ा है जिनकी श्रेणी में दो अथवा दो से अधिक पदों के मान समतुल्य है। जैसे x चर से संबंधित श्रेणी में 12 मान 3 पदों में आया हुआ है। इसी तरह y चर से संबंधित श्रेणी में 55 मान 3 पदों में तथा 20 मान 2 पदों में आया हुआ है। अतः ऐसे चरों के मध्य सह-सम्बन्ध की गणना निम्नांकित संशोधित सूत्र से की जायेगी।

सह-सम्बंन्ध गुणांक

$$P \text{ or } r = 1 - \frac{6\left[\sum D^2 + \left\{1/12(m^3 - m)\right\}\right]}{N(N^2 - 1)}$$

यहां—

p या r = सह-सम्बन्ध गुणांक

ΣD = x तथा y चरों के पद युग्मों का कोटि अन्तर

N = पदों की संख्या

m = उन पद युग्मों की संख्या जिनके क्रम बराबर हैं।

$$\text{अनुमान की मानक त्रुटि } Sy = \sqrt{\frac{\Sigma(y - y)^2}{N}}$$

$$= \sqrt{\frac{31.9759}{10}}$$

$$= \sqrt{[3.19759]}$$

$$= 1.78818$$

$$y \text{ का प्रमाण विचलन } \sigma y = \sqrt{\frac{\Sigma(y - \bar{y})^2}{N}}$$

$$= \sqrt{[122.4/10]}$$

$$= \sqrt{[12.24]}$$

$$= 3.499$$

$$\text{सह-सम्बन्ध गुणांक} = \sqrt{\frac{1 - (s\gamma^2 - \sigma\bar{\gamma})^2}{N}}$$

$$\sqrt{\left[1-(178818)^2/(3.499)^2\right]}$$

$$\sqrt{[1-(3.197559/12.24)]}$$

$$\sqrt{[1-.26]}$$

$$= 0.86$$

कोटि-क्रम पद्धति के माध्यम से सह-सम्बन्ध की गणना करना

पूर्व में वर्णित पद्धतियों के माध्यम से संख्यात्मक आंकड़ों के मध्य सह-संबंध ज्ञात किया जा सकता है। भौगोलिक आँकड़े संख्यात्मक भी होते है और गुणात्मक भी होते हैं। गुणात्मक आँकड़ों का सह-सम्बन्ध 'कार्ल पियर्सन विधि' एवं 'न्यूनतम वर्ग विधि' से मालूम नहीं किया जा सकता है। कुछ भौगोलिक आँकड़े ऐसे भी होते हैं जिनमें आँकड़ों के वास्तविक मानों के स्थान पर उनका सापेक्ष महत्व दिया जाता है। जैसे परिवार नियोजन कार्यक्रम में उत्तर प्रदेश के विविध जिलों का क्रमानुसार स्थान क्या है? जैसे स्थिति में सभी जिले प्रथम, द्वितीय तृतीय कोटियों में रखे दिये जाते हैं तथा उनकी वास्तविक उपलब्धि (परिवार नियोजन अपनाने वालों की संख्या) गौण हो जाती है। ऐसे गुणात्मक आँकड़ों के बीच सह-सम्बन्ध ज्ञात करने हेतु स्पीयर मैन महोदय की कोटि क्रम विधि का उपयोग किया जाता है। इस विधि में सह-सम्बन्ध x एवं y चरों की कोटियों (Ranks) से मालूम किया जाता है, इनके वास्तविक मानों से नहीं। स्पियर मैन के अलावा कैन्डाल एवं गेन्स महोदयों ने भी कोटि-क्रम के आधार पर सह-सम्बन्ध की गणना की है।

ΣD^2 के मान में $1/12\,(m^3-m)$ का मान जोड़ा जाता है। x तथा y दोनों चरों से संबंधित श्रेणियों में (जिसमें भी समान कोटि क्रम वाले पद समूहों) बराबर कोटि क्रम वाले पद समूह अगर एक से ज्यादा होते है तो उस मान $1/12\,(m^3-m)$ को भी उतनी बार जोड़ना पड़ता है।

$$= \frac{6\left[11.5+\left\{\frac{1}{12}\left(3^3-3\right)\frac{1}{12}\left(3^3-3\right)\frac{1}{12}\left(2^3-2\right)\right\}\right]}{10\left(10^2-1\right)}$$

$$= \frac{6[11.5+2+2+.5]}{10\times 99}$$

$$\frac{6\times16}{990}$$

$$\frac{96}{990}$$

$=1-.097$

$=.903$

कोटि अन्तर विधि से ज्ञात सह-सम्बन्ध गुणांक में सम्भावित त्रुटि—हम जानते हैं कि कोटि अन्तर विधि में चरों के पदों को विभिन्न कोटि क्रम में बदला जाता है। जिसकी वजह से अलग-अलग पदों में लगभग समान रूप से अन्तर आ जाता है। जबकि पदों के मूल प्राप्तांकों का अन्तर एक बराबर नहीं होता है। अतः इस विधि द्वारा ज्ञात सह-सम्बन्ध गुणांक में प्रायः शुद्धता की कमी पायी जाती है। अतएव सह-सम्बन्ध गुणांक की सम्भावित त्रुटियों का पता लगाना जरूर होता है। इसके लिए सर्वप्रथम कोटि अन्तर पद्धति से निकाले गये सह-सम्बन्ध P गुणांक को कार्ल पियर्सन के सह-सम्बन्ध गुणांक r में बदलाव करना पड़ता है। P को r में परिवर्तित करने की विधि निम्नलिखित तालिका में दी गई है

P को r में परिवर्तित करने के बाद निम्नांकित सूत्र की सहायता से P के सम्भाव्य त्रुटि का पता लगाते हैं।

कोटि अन्तर विधि से ज्ञात सह-सम्बन्ध गुणांक P की सम्भाव्य त्रुटि

$$(P.\ E.) = \frac{.7061\left(1-r^2\right)}{\sqrt{N}}$$

यहां–

r = सह-सम्बन्ध गुणांक (P द्वारा प्राप्त r)

N = पदों की संख्या

उदाहरण– x और y दो चरों के 9 पदों के मध्य कोटि अन्तर पद्धति द्वारा ज्ञात सह-सम्बन्ध गुणांक P = .82 है। इसकी सम्भाव्य त्रुटि का मान ज्ञात करने के लिए निम्नलिखित विधि का इस्तेमाल किया जाता है।

तालिका

P	r	p	r	p	r	P	r
0.1	0.105	.26	.2714	.51	.5277	.76	.7750
.02	.0209	.28	.2922	.53	.5479	.78	.7943

.04	.0419	.29	.3025	.54	.5580	.79	.8039
0.5	0.524	.30	.3129	.55	.5680	.79	.8039
0.6	.0628	.31	.3232	.56	.5781	.81	.8135
0.7	.0733	0.32	.3335	.57	.5881	.82	.8325
0.8	.0838	.33	.3439	.58	.5981	.83	.8421
0.9	.0942	.34	.3542	.59	.6081	.84	.8516
.10	.1047	.35	.3645	.60	.6180	.85	.8610
.11	.1151	.36	.3748	.61	.6280	.86	.8705
.12	.1256	.37	.3850	.62	.6379	.87	.8799
.13	.1360	.38	.3935	.63	.6478	.88	.8893
.14	.1465	.39	.4056	.64	.6577	.89	.8986
.15	.1569	.40	.4158	.65	.6676	.90	.9080
.16	.1674	.41	.4261	.66	.6775	.91	.9173
.17	.1778	.42	.4363	.67	.6873	.92	.9269
.18	.1882	.43	.4465.	.68	.6971	.93	.9359
.19	.1986	.44	.4567	.69	.7069	94	.9451
.20	.2091	.45	.4669	.70	.7167	.95	.9543
.21	.2195	.46	.4771	.71	.7265	.96	.9635
.22	.2299	.47	.4872	.72	.7363	.97	.9727
.23	.2403	.48	.4973	.72	.7460	98	.9818
.24	.2507	.49	.5075	.74	.7557	.99	.9909
.25	.2611	.50	.5176	.75	.7654	1.00	1.0000

कोटि अन्तर पद्धति से मालूम सह-सम्बन्ध P = .82

तालिका के आधार पर P.82 = r.8325

अंतः सम्भाव्य त्रुटि (P.E.) $= \frac{.7061\left(1-r^2\right)}{\sqrt{N}}$

$$= \frac{.7061\left(1-(.8325)^2\right)}{\sqrt{9}}$$

$$= \frac{.217}{3} = .072$$

इसका अभिप्राय यह है कि .82 सह-सम्बन्ध गुणांक P में त्रुटि की संभाव्यता ±. 072 है दूसरे शब्दों में सह-सम्बन्ध गुणांक P.82 ± .072 के मध्य अर्थात् .748 तथा .892 के मध्य कहीं भी हो सकता है।

संभावित संयोग का पता करना

दो चरों के पदों की संख्या के सभी सम्भावित संयोग को 1/2N (N–1) सूत्र द्वारा काफी आसान तरीके से जाना जा सकता है। जैसे ऊपर जो उदाहरण दिये गये है उसमें पदों की संख्या (N = 10) है। अतः प्रस्तुत सूत्र के आधार पर अधिकतम संभांवित संयोंग की संख्या = 10 (10–1) 1/2 = 45 होगी।

अतः सह-सम्बन्ध गुणांक $T = \frac{S}{0.5N(N-1)}$

जहां

T = सह-सम्बन्ध गुणांक

S = प्रकार्यो का सम्पूर्ण योग

N = पदों की संख्या

$$= \frac{23}{0.5 \times 10(10-1)} = \frac{23}{45} = 0.5$$

संगामी विचलन पद्धति द्वारा सह-सम्बन्ध की गणना

यह संबंध ज्ञात करने की पद्धति अत्यधिक आसान है। इससे केवल मालूम होता है कि सह-सम्बन्ध किस तरह का है—धनात्मक या त्रणात्मक।

संगामी विचलन गुणांक मालूम करने के लिए सर्वप्रथम दोनों चरों की मात्राओं की उपेक्षा करके केवल विचलनों की दिशा पर ही ध्यान दिया जाता है। विचलन की दिशा किसी पद के पहले वाले (पूर्ववर्ती) पद से निकाली जाती है। अगर पूर्ववर्ती पद से सम्बन्धित पद कम मान की है तब विचलन चिह्न ऋणात्मक एवं यदि मान ज्यादा है तब विचलन चिह्न धनात्मक होता है। अगर पर्ववर्ती पद का मान और संबंधित पद का मान समतुल्य है तब विचलन शून्य होता है। इसके पश्चात् X और Y दोनों चरों के विचलन चिन्हों को पदानुसार गुणा करके संगामी विचलन मालूम कर लिया जाता है। संगामी विचलन के धनात्मक चिह्नों का योग (ΣC) क के

निम्नांकित सूत्र की मदद से सह-सम्बन्ध गुणांक मालूम कर लिया जाता है :

संगामी विचलन गुणांक,

$$rc = \pm\sqrt{\frac{[\pm 2C - N]}{N}}$$

यहां–

rc = संगामी विचलन गुणांक

C = संगामी विचलनों की संख्या

N = विचलन युग्मों की संख्या

lakeh fopyu xq.kkad ± 1 के मध्य स्थित होता है। सह-सम्बन्ध गुणांक धनात्मक या ऋणात्मक चिन्ह (2C – N/N) के चिन्ह के अनुरूप लगाया जाता है।

उदाहरणार्थ–

X	चर	500	322	460	710	622	500	467	412	462	300
Y	चर	210	625	418	555	618	700	312	518	412	418

सारणी

X	*Y*	*पूर्ववर्ती पद से विचलन dx*	*पूर्ववर्ती पद से विचलन dy*	*संगामी विचलन dx dy या c*
500	210			
322	625	–	+	–
460	418	+	–	–
710	555	+	+	+
622	618	–	+	–
500	700	–	+	–
467	312	–	–	+
412	518	–	+	–
462	412	+	–	–
300	418	–	+	–
N = 10				Σc=2

संगामी विचलन गुणांक

$$rc = \pm \sqrt{\frac{[\pm 2C - N]}{N}}$$

$$= \pm \sqrt{\frac{[\pm 2 \times 2 - 10]}{10}}$$

$$= \pm \sqrt{\frac{[\pm(-6)]}{10}}$$

$$= -\sqrt{[-(-6)]}$$

$$= -.775$$

ब–आंशिक सह-सम्बन्ध की गणना

सरल सह-सम्बन्ध मालूम करने की विधियों के विवरण के पश्चात् अब आंशिक सह-सम्बन्ध की गणना पद्धति समझाई जा रही है।

जब आपस में संयुक्त प्रभाव डालने वाले दो से अधिक चरों के मध्य सह-सम्बन्ध ज्ञात किया जाता है। तब उस दशा में किन्ही दो चरों के सह-सम्बन्ध गुणांक में अन्य चरों का प्रभाव भी सम्मिलित रहता है। जब उस प्रभाव को दोनों चरों के सह-सम्बन्ध गुणांक में से निकाल दिया जाता है या नियंत्रित किया जाता है तब जो गुणांक शेष रहता है उसे आंशिक सह-सम्बन्ध गुणांक कहते हैं। आंशिक सह-सम्बन्ध सह-सम्बन्ध गुणांक को प्रदर्शित करने का प्रारूप (सांकेतिक चिह्न) r 12,3, r12,34 आदि है। r12,3 का आशय यह है कि चर 1 तथा चर 2 के सह-सम्बन्ध गुणांक में से चर 3 के प्रभाव को निकाल लिया गया है। इसी तरह r12,34 का आशय यह है कि चर 1 एवं 2 के सह-सम्बन्ध गुणांक में से चर 3 एवं 4 के प्रभाव को निकाल दिया गया है। तीन चरों के मध्य आंशिक सह-सम्बन्ध की गणना का उदाहरण निम्नलिखित है–

उदाहरण–यदि x, y एवं z चरों के मध्य परस्पर सह-सम्बन्ध गुणांक क्रमशः निम्नांकित हैं तो उस दशा में x तथा z के मध्य आंशिक सह-सम्बन्ध गुणांक की गणना कीजिए।

x तथा y के बीच सह-सम्बन्ध गुणांक, r12 = .58

y तथा z „ „ r23 = .32

x तथा z „ „ r13 = .88

हल

आंशिक सह-सम्बन्ध गुणांक–

$$r12,3 = \frac{r12 - r13r23}{\sqrt{(1-r13)^2} \times \sqrt{(1-r23)^2}}$$

$$= \frac{.58 – .88 \times .32}{\sqrt{(1–.88)^2} \times \sqrt{(1–.32)^2}}$$

$$= \frac{.58–.2816}{\sqrt{(1–.7744)^2} \times \sqrt{(1–.1024)}}$$

$$= \frac{.2984}{.44998}$$

$$= .66.$$

आंशिक सह-सम्बन्ध गुणांक–

$$r23,1 = \frac{r23 - r12r13}{\sqrt{(1-r12)^2} \times \sqrt{(1-r13)^2}}$$

$$= \frac{.23 - .58 \times .188}{\sqrt{(1–.3364)} \times \sqrt{(1–.7744)}}$$

$$= \frac{.23 - .5104}{\sqrt{(1–.3364)} \times \sqrt{(1–.7744)}}$$

या $= \frac{-1904}{.8146 \times .47497}$

या $= \frac{-1904}{.38691}$

$= .4921$

आंशिक सह-सम्बन्ध गुणांक–

$$r13,2 = \frac{r13 - r12r23}{\sqrt{(1-r12)^2} \times \sqrt{(1 \times r23)^2}}$$

$$= \frac{.88 \times .58 \text{ Ú } .32}{\sqrt{(1–.58)^2} \times \sqrt{(1–.32)^2}}$$

$$= \frac{.88 - .1856}{\sqrt{(1-.3364)} \times \sqrt{(1-.1024)}}$$

$$\text{अथवा} = \frac{.6944}{.1846 \times .9474}$$

$$= \frac{.6944}{.77175}$$

$$= 89977$$

स्पष्टीकरण—x एवं y के मध्य सह-सम्बन्ध गुणांक .58 है। इस गुणांक में z चर का भी प्रभाव है। इस प्रभाव को निकाल देने पर गुणांक .66 हो जाता है। इसका आशय यह है कि x तथा y चर के संबंध पर z चर का विपरीत प्रभाव पड़ रहा है। इसी तरह y चर तथा z चर के मध्य x चर की प्रभाव होने पर सह-सम्बन्ध गुणांक धनात्मक r.32 है। लेकिन x चर के प्रमाण को निकाल देने पर y चर एवं z चर के बीच सह-सम्बन्ध ऋणात्मक (–.4921) हो जाता है। अन्त में जब हम x तथा z चरों के सम्बन्ध में विचार करते हैं तो पाते हैं कि दोनों चरों के बीच y चर के प्रभाव को निकाल देने पर सह-सम्बन्ध गुणांक .88 से बढ़कर .9 हो जाता है। इसका आशय यह है कि y चर का इन दोनों चरों (x तथा z) सह-सम्बन्ध पर प्रतिकूल प्रभाव पढ़ रहा है।

बहु—चरीय सह-सम्बन्ध गुणांक की गणना—बहु-चरीय सह-सम्बन्ध गुणांक की गणना दो से ज्यादा चरों के आधार पर की जाती है। इस तरह सह-सम्बन्ध की गणना में यह देखा जाता है कि आश्रित चरों पर स्वतन्त्र चरों का क्या संयुक्त प्रभाव पड़ता है। इस तरह संयुक्त प्रभाव जानने हेतु एक-एक चर को ले-लेकर अन्य या ज्यादा चरों के साथ उसका सह-सम्बन्ध गुणांक कहते हैं। बहु-चरीय सह-सम्बन्ध गुणांक की गणना का सूत्र निम्नांकित है :

$$Rx.yz = \frac{c}{\sqrt{(ab)}}$$

x तथा y चर के मध्य सह-सम्बन्ध गुणांक = .80
x " z " " " " = .65
y " z " " " " = .55

संचय वर्ग पद्धति के अनुरूप उपर्युक्त आंकड़ों को निम्नलिखित तरीके से तालिकाबद्ध किया जायेगा।

सारणी—संचय वर्ग

चर	x	y	z
x	1	80	.65
y	.80	1	.55
z	.65	.55	1

y एवं z चरों के प्रभावों को संयोजित करने के लिए y एवं z वाले स्तम्भों को दोहरी रेखा द्वारा x वाले स्तम्भ से अलग कर दिया जाता है। इस प्रकार तालिका चार भागों में बंट जाती है। इसके उपरांत निम्नांकित तौर पर सह-सम्बन्ध मैट्रिक्स की रचना की जाती है।

$a = rxx = 1$

$c = rcy + rxz$

$= .8 + .65 = 1.45$

$b = ryy + rzz + ryz\, n + ryz$

$= 1 + 1 + .55 + .55 = 3.10$

बहु-चरीय सह-सम्बन्ध का सूत्र

$$Rx.\,yz = \frac{c}{\sqrt{(ab)}}$$

$$= \frac{1.45}{\sqrt{(1 \times 3.1)}}$$

$$= \frac{1.45}{\sqrt{(3.1)}}$$

$$= \frac{1.45}{1.761}$$

$$= 82$$

उपर्युक्त उदाहरण से यह प्रकट है कि xy तथा xz के मध्य सह-सम्बन्ध गुणांक क्रमशः 80 तथा .65 है जबकि y एवं z दोनों को मिलाकर z चर से सह-सम्बन्ध स्थापित करने पर बहु-चरीय सह-सम्बन्ध गुणांक .82 है। इनका निष्कर्ष यह है कि जब x चर के साथ मात्र y अथवा z चर के साथ सह-सम्बन्ध स्थापित किया गया था तो x चर पर मात्र एक ही चर का प्रभाव पड़ता था लेकिन जब x चर के साथ y एवं z दोनों चरों को शामिल करके सह-सम्बन्ध ज्ञात किया गया तब x चर पर दोनों

चरों का संयुक्त प्रभाव पड़ा जिसके कारण सह-सम्बन्ध गुणांक में थोड़ी बढ़ोतरी हो गयी है।

पूर्वानुमान के सम्बन्ध में सह-सम्बन्ध गुणांक (r) की उपयोगिता—पूर्वानुमान के सम्बन्ध में सह-सम्बन्ध गुणांक (r) क महत्व काफी ज्यादा है। इसके आधार पर निम्नांकित पद्धतियों से पूर्वानुमान किया जाता है।

1. सह-सम्बन्ध की मात्रा (गुणांक r) के आधार पर पूर्वानुमान—सम्बन्धित चरों के मध्य सह-सम्बन्ध किस तरह का है, यह सह-सम्बन्ध गुणांक के आधार पर व्यक्त किया जा सकता है। यथा यदि सह-सम्बन्ध गुणांक ± 1 होता है तब सम्बन्धित चरों के मध्य पूर्ण सह-सम्बन्ध होने का पूर्वानुमान होता है ऐसी दशा में आकलन की मानक त्रुटि शून्य होती है एवं भविष्य कथन 100% शुद्ध होता है। ज्यों-ज्यों दो चरों के बीच सह-सम्बन्ध गुणांक (r) कमता जाता है त्यों-त्यों आकलन की मानक त्रुटि बढ़ती जाती है एवं भविष्य कथन की शुद्धता में कमी आती जाती है।

2. सम्बन्ध रहित गुणांक (k) के आधार पर पूर्वानुमान—ऊपर यह बताया गया है कि जब सह-सम्बन्ध गुणांक ज्यादा होता है तब आकलन की मान त्रुटि शून्य होती है। परन्तु इसके प्रतिकूल जब r = शून्य होता है तब आकलन की मानक त्रुटि 1 हो जाती है। दूसरे शब्दों में आकलन मानक त्रुटि सह-सम्बन्ध के कमी को अभिव्यक्त करती है। अतः प्रकट है कि अनुमान की आकलन की मानक त्रुटि की अधिकतम सीमा को ही सह-सम्बन्ध रहित गुणांक (k) कहते हैं। इसका सांकेतिक चिन्ह K होता है। इसका सूत्र निम्नवत है।

सह-सम्बन्ध रहित गुणांक, $k = (1 - r^2)$

तालिका में विविध सह-सम्बन्ध गुणांक से सम्बन्धित k का मान प्रस्तुत किया जा रहा है।

r का मान	$K = \sqrt{(1-r^2)}$ का मान	r का मान	$K = \sqrt{(1-r^2)}$ का मान
0.0	1.0000	0.70	0.7141
0.1	.9950	0.80	0.6000
0.2	.97987	0.90	0.4359
0.3	.9539	0.95	0.3122
0.4	.9165	0.98	0.1990
0.5	.8660	0.99	0.1411
0.6	.8000	1.00	0.0000

3. निर्धारण गुणांक के आधार पर पूर्वानुमान—जब दो चरों के मध्य सह-सम्बन्ध होता है तो उससे यह मालूम हो जाता है कि एक चर के तत्व दूसरे चर के तत्व को प्रभावित कर रहे हैं या अर्थात् एक चर की विचलनशीलता दूसरे चर की विचलनशीलता को प्रभावित कर रही है। लेकिन यह नहीं मालूम हो पाता है कि एक चर की विचलनशीलता का दूसरे चर की विचलनशीलता से कितना सम्बन्ध है तथा कितने तत्व एक दूसरे से स्वतन्त्र हैं। इस तथ्य को मालूम करने हेतु निर्धारित गुणांक मालूम करना पड़ता है। इस हेतु सह-सम्बन्ध गुणांक (r) का वर्ग $(r)^2$ मालूम किया जाता है। इसकी मदद से यह मालूम हो जाता है कि एक चर की विचलनशीलता में दूसरे चर का कितना प्रभाव है जैसे—मान लीजिये x और y का सह-सम्बन्ध गुणांक r = .8 तब निर्धारक गुणांक = $(.8)^2$ या .64 (64%) होगा। इससे यह पता चलता है कि 64% एक चर की विचलनशीलता का दूसरे चर की विचलनशीलता से सम्बन्ध हैं शेष 66% तत्व एक दूसरे से स्वतंत्र है।

इसी क्रम में बंगलादेश के चार थाना क्षेत्रों में 10 चरों के भौगोलिक सम्बन्ध के आधार पर प्रस्तुत तालिका भी अवलोकनीय है। इस तालिका में पियर्सन विधि के आधार पर जनसंख्या घनत्व, विपणन केन्द्रों का घनत्व, परिवहन सघनता, आय-जैसे महत्वपूर्ण चरों के सह-सम्बन्ध प्रदर्शित किया गया है।

स्वतंत्र एवं परतंत्र चरों के बीच सह-सम्बन्ध निर्धारण गुणांक

परतंत्र चर	स्वतंत्र चर	r	R^2	सार्थकता स्तर
MDEN	PDEN	0.88	0.77	0.0001
MDEN	TINT	0.37	0.14	0.01
MAREA	PDEN	0.38	0.14	0.001
MAREA	INCOM	0.5	0.25	0.0003
MAREA	TINT	0.61	0.37	0.0001
DIST	PDEN	0.17	0.03	0.25
DIST	RANGE	0.14	0.02	0.32
DIST	TINT	0.01	0	0.98
FREQ	PDEN	0.72	0.5	0.0001
FREQ	INCOM	0.14	0.02	0.35
FREQ	TINT	0.19	0.04	0.21
TEMS	SPAS	0.4	0.16	0.001

संकेत : MDEN विपणन केन्द्रों का घनत्व, PDEN जनसंख्या घनत्व, TINT यातायात सघनता, INCOM उपभोक्ता की आय, DIST अन्तर केन्द्रीय दूरी, MAREA विपणन क्षेत्र, RANGE वस्तु परास, FREQ विपणन बारम्बारता, TENS विपणन केन्द्रों की तालिका दूरी, SPAS विपणन केन्द्रों की भौगोलिक दूरी।

पुनः तालिका के द्वारा इन्हीं स्वतन्त्र एवं परतन्त्र चरों के मध्य सह-सम्बन्ध का निर्धारण गुणांक ज्ञात किया गया है जो R^2 के स्तम्भ में द्रष्टव्य हैं। इससे यह स्पष्ट होता है कि विपणन केन्द्रों का घनत्व आबादी के घनत्व पर आधारित है। अन्य चरों के मध्य सह-सम्बन्ध कमजोर है।

सह-सम्बन्ध गुणांक की मात्रा में पूर्वानुमान की क्षमता कितनी है, इसकी जानकारी निम्नांकित सूत्र की मदद से सरलतापूर्वक की जा सकती है–

पूर्वानुमान की क्षमता, $E = 1 - K$

जहां–

K = सह-सम्बन्ध रहित गुणांक

सह-सम्बन्ध गुणांक की विविध मात्राओं के आधार पर पूर्वानुमान की क्षमता को प्रतिशत में सारिणी द्वारा प्रस्तुत किया गया है।

सारिणी

सह-सम्बन्ध गुणांक r	*पूर्वानुमान की की क्षमता % में*
0.0	0.0
0.1	0.5%
0.2	2%
0.3	4.6%
0.4	8.3%
0.5	13.4%
सह-सम्बन्ध गुणांक r	*पूर्वानुमान की क्षमता % में*
0.6	20.%
0.7	286%
0.8	40%
0.9	56.4%
0.999	95.5%
∴	

निष्कर्ष रूप में यह का जा सकता है कि उपरोक्त तरिकों से भूगोल में पृथ्वी की सतह पर वितरित तथ्यों के मध्य पाये जाने वाले सम्बन्धों का विश्लेषण किया जा सकता है। भौगोलिक आंकड़ों के दो चरों के बीच के कार्यात्मक सम्बन्ध हो या प्रतिक्रियात्मक सम्बन्ध कया फिर उन पर पड़ने वाले बाहय कारों का प्रभाव हो सभी तथ्यों का आकलन किया जासकता है।

5

भौगोलिक तथ्यों का मापन व प्रतिचयन

किसी निश्चित अथवा निर्दिष्ट प्रदेश में जिसस्थान पर कि विविध तथ्य प्रदेश के आधार पर विभक्त हों, भूगोल विदों का प्रथम काम तथ्यान्वेषण के उपरान्त मापन एवं क्षेत्रीय विशिष्टताओं का अंकन करना होता है। कथ्यों का चुनपव और परिभाषा की विधि परिकल्पना के स्वरूप एवं सम्बद्ध सिद्धान्त पर निर्भर रहता है। मापन-प्रक्रिया संख्याओं के उपयोग से सम्बद्ध होती है जिससे गणितीय विविध का प्रयोग करना सम्भव होता है। अतः मापन के निर्धारित मापकों के बीच का अन्तर कर लेना महत्त्वपूर्ण होता है क्योंकि एक निर्धारित सांख्यिकीय तकनीक, एक निश्चित मापक पर रखे गए आंकड़ों हेतु प्रयुक्त हो सकती है। भूगोल में आँकड़ों का अंकन भी विशिष्ट समस्याओं से युक्त होता है जिसमें मापक (scale) एवं समूहन का स्तर (level of aggregation) महत्वूपर्ण हैं।

मापक

किसी एक तथ्य का मात्रात्मक उल्लेख करना मापन कहलाता है। (Measurement is the quantitative description of single object) मूलरूप से मापन के तीन स्तर अथवा मापक होते हैं–

(i) नियम मापन स्तर

(ii) अन्तराल एवं आनुपातिक मापक

(iii) क्रमांक मापक

लगभग प्रत्येक गुणात्मक वर्णन नियत और क्रमसूचक वर्ग में ही रखे जा सकते हैं।

(i) निश्चित मापन स्तर

नियत मापक में तथ्यों का उनकी मात्रा के स्थान पर केवल उनके भेदों का ही अंकन होता है। (Nominal scales indicate differences in kind rather than degree)। अर्थात्, प्रति एक तथ्य को, वर्ग में एक अंक प्रदान कर रखा जाता है : यथा स्त्री-पुरुष, उपस्थित-अनुपस्थित, अच्छा-बुरा इत्यादि ऐसे गुणात्मक कथनों को गणितीय रूप में संख्याओं जैसे, उपस्थित के लिए 1 और अनुपस्थित के लिए 0 (शून्य) से प्रदर्शित किया जा सकता है। इसे सामान्यतः से अल्पस्तरीय मापक कहा जा सकता है जिसमें **संख्या** किसी समूह विशेष के प्रतीक (lables) की सूचक होती है न कि उसके वास्तविक मान (absolute value) की। इसमें एक उपसमूह के प्रत्येक सदस्य समान होते हैं। उदारणास्वरूप एक देश के नगरों में सभी को उन (नगरों) में रेडियो स्टेशन की स्थिति होने पर 1 संख्या प्रदान की जाए एवं रेडियो स्टेशन न होने पर (शून्य) संख्या प्रदान किया जाए, तो यह **नियत या नामित मापक** कहलाएगा। ऐसे मापन के अन्य उदाहरण भू-उपयोग वर्ग, औद्योगिक प्रकार एवं जनसंख्या आकार के आधार पर नगरों का विभक्तिकरण आदि है।

(ii) अन्तराल मापक

प्रत्येक असतत मापन (descrete) के बीच बराबर अन्तराल युक्त मापन को अन्तराल मापक कहते हैं। (Measurement on an interval scale consists of allocating a number to an individual to indicte its precise position along a continuous scale. That is, with an exact difference between phenomena measured on that scale). अर्थात् अन्तराल मापक पर किसी तथ्य को एक ऐसी संख्या प्रदान की जाए जो एक सतत मापक पर निर्दिष्ट स्थान को दर्शाती हो। इस तरह दो पदों में अन्तर करना तथा मापन के रूप में प्रस्तुत करना सम्भव होता है। अन्तराल मापक पर रखे गए चरों को जोड़ा या घटाया जा सकता है तथा इनके लिए गणना किए गए प्राचलों (माध्य, मानक विचलन) का, अगर आँकड़ा प्रयुक्त प्राचलन

के सैद्धान्तिक वितरण के अनुरूप हो, तो विशेष अर्थ होगा। उदाहरणार्थ तापमान को डिग्री सेण्टीग्रेड में दशमलव की किसी इच्छित संख्या तक मापा जा सकता है जो केवला थर्मामीटर की मापन-क्षमता पर निर्भर होगा। इस प्रकार अन्तराल मापक, क्रमसूचक मापक की अपेक्षा में ज्यादा श्रेयस्कर होता है। इस मापक पर शून्य की स्थिति परिवर्तनशील होती है एवं इस मापन-मापक की संख्याओं में जोड़, घटाना, गुणा, भाग आदि करना; माध्य, मानक विचलन, सहसम्बन्ध गुणाँक, आदि साँख्यिकी नियमों का उपयोग किया जा सकता है। अर्थात् यह एक मापनीय मापक है तथा इसमें समान अन्तराल-पक्ष एवं यौगिक पक्ष (equal interval and additivity aspect) की विशेषता सन्निहित है।

पुनः इसमें एकघातीय मापक रूपान्तरण (linear scale transformation) किया जा सकता है। वस्तुतः यह मापन-मापक के पदानुक्रम पर, एक अगला पग होता है जिसकी सहायता से "एक मापक पर एक तत्त्व या अवलोकन दूसरे से कितना आगे है" की माप करना सम्भव होता है। यथा, वर्षा की मात्रा के आँकड़े यह बताते हैं कि एक नगर दूसरे नगर की तुलना में कितना आर्द्र है। किन्तु यदि यही वर्षा के आँकड़े कोटिकृत कर दिए जाएँ तो उनसे मात्र 'एक नगर दूसरे की तुलना में आर्द्र हैं, का ही बोध होगा! न कि 'कितना आर्द्र है?' का।

आनुपातिक मापक (Ratio Scale) : आनुपातिक मापक पर किया गया मापन, अन्तराल मापक की सभी विशेषआओं से युक्त होता है, तथापि इसमें किन्हीं दो मानों का अनुपात, मापन इकाई से स्वतन्त्र होता है। (The ratio of any two values on a ratio scale is independent of the unit of measurement). उदाहरणस्वरूप, यदि एक भूगोल की पुस्तक का वजन 1 पौण्ड तथा दूसरे का 2 पौण्ड हो तो उनके वजन का अनुपात 1/2 = 0.5 होगा। यदि हम मीटरी प्रणाली का उपयोग करें तो यह क्रमशः 453 ग्राम एवं 906 ग्राम कहा जाएगा, फिर भी अनुपात 453/906 = 0.5 ही होगा। किन्तु अननुपातिक मापक (non-ratio scale) पर, जैसे तापमान, यह एकरूप नहीं होगा।

मान लिया जाए कहीं दोपहर में दो दिनों का तापमान फारेनहाइट में क्रमशः 40°F और 68°F है तो इन दोनों का अनुपात 40/68 = 0.59 होगा। सेल्सियस में यही तापमान क्रमशः 10°C तथा 20°C होगा, किन्तु इनका अनुपात 10/20 = 0.5 ही होगा। भूगोलवेत्ताओं द्वारा प्रयुक्त या संग्रहित अधिकांश आँकड़ें—दूरी, आय, उत्पादन, उपभोग की मात्रा, आदि आनुपातिक मापक पर ही

पाए जाते हैं। साथ ही, साँख्यिकी में प्रयुक्त सभी विधियाँ इस मापक पर उपयोग में लाई जाती हैं।

(iii) क्रमांक मापक

यह मापक प्रणाली गुणात्मक प्रदर्शन की श्रेणियों के कोटिक्रम को प्रकट करता है। (Measurement on an ordinal scale involves puting individuals to an order, ranking them according to some criterion) उदाहरण स्वरूप अच्छा, साधारण, बुरा। इस उदाहरण में गुणात्मक अभिव्यक्ति 'अच्छा' के लिए 1, साधारण के लिए 2, तथा बुरा हेतु 3 गणितीय क्रम का उपयोग किया जा सकता है। क्रमसूचक मापक उसी वय में प्रयोज्य है जब एक गुणात्मक-वर्णनात्मक क्रम (Qualitative descriptive sequence) विकसित किया जा सके। अर्थात्, जिसमें एक कथन को दूसरे के बाद रखना उचित हो। उदाहरणार्थ यदि किसी क्षेत्र के गृहों के निवास की दशा (रिहाइशी दशा) का गुणात्मक मापन करना हो तो : उपयुक्त आरामदायक, खराब, विलासी आदि विशेषणों का उपयोग किया जा सकता है। इस कथन के लिए कोटिक्रम प्रयुक्त नहीं हो सकता क्योंकि इसमें कोई तार्किक क्रम नहीं है।

यदि उपर्युक्त दशाओं को विलासी, आरामदायक, उपयुक्त एवं खराब क्रम में प्रकट किया गया होता तो यह निवास-दशा का **अत्युत्तम से निकृष्टतम क्रम में प्रदर्शन** होता; जिसे 1, 2, 3, तथा 4 आदि संख्यात्मक कोटिक्रम में रखा जा सकता है और उनका गणितीय विवेचन भी भलीभाँति किया जा सकता है। क्रमसूचक मापकों का मानव भूगोल में ज्यादा प्रयोग होता है : जैसे जनसंख्या का उच्च, मध्यम एवं निम्न वर्ग में वर्णन, **अथवा** विकसित तथा विकासशील के रूप में देशों का वर्गीकरण, **या** नगरों को उनके आकार के आधार पर प्रथम, द्वितीय, तृतीय क्रम आदि नाम दिया जाए। भौगोलिक शोध में यद्यपि कोटि-क्रम के चरों का विशेष महत्त्व है तथापि दो दिक्कतें देखी जाती हैं : **प्रथम,** कोटि-अन्तराल असमान होने के कारण माध्य अथवा मानक विचलन सरीखे प्राचलों (parameters) का कोई अर्थ नहीं होता, **द्वितीय,** इसीलिए इन आँकड़ों का उपयोग सिद्धान्ततः अप्राचल साँख्यिकी (non-parametric statistics) तक ही सीमित होता है।

मापन-स्तर की तुलनीय संभावना

नियत, क्रमसूचक एवं अन्तराल मापकों में महत्त्वपूर्ण अन्तर है। साँख्यिकीय

रूप में आनुपातिक आँकड़ा अन्तराल आँकड़े की भाँति ही विश्लेषित हो सकता है। एक आनुपातिक चर, एक अन्तराल चर भी होता है, परन्तु एक अन्तराल चर का आनुपातिक होना जरूरी नहीं है।

इन तीनों की प्रकार के आँकड़ों के बीच विभेद एक दूसरे में बदलाव किए जा सकने की सम्भावना से भी निर्धारित किया जा सकता है। 50 नगरों के वार्षिक वर्षा सम्बन्धी आँकड़े को अन्तराल मापक पर दर्शाया जा सकता है। इसकी मदद से 'एक नगर दूसरे नगर से कितना ज्यादा या कम वर्षा प्राप्त करता है' बतलाया जा सकता है। जबकि यही आँकड़ा, उच्च से निम्न क्रम में 1 से 50 तक कोटिकृत कर दिया जाए तो यह क्रम सूचक मापन कहलाएगा; परन्तु ऐसे आँकड़े की मदद से 'एक नगर दूसरे की तुलना में कम या ज्यादा वर्षा की मात्रा प्राप्त करता है, सम्बन्धी सूचना ही दी जा सकती है। नियत मापक पर आँकड़े को परिवर्तन करने से सूचना का और भी ह्रास होगा—जैसे, औसत वर्षा की मात्रा से कम, या अधिक मान रखने वाले नगरों को मात्र दो वर्गों 'सूखे' तथा 'आर्द्र' में विभाजित किया जा सकता है। निम्नलिखित सारणी में पाँच नगरों से सम्बन्धित चार दशाओं के आँकड़ों के आधार पर विविध मापकों को प्रदर्शित किया गया है। प्रथम मापन नगर में रेडियो स्टेशन की उपस्थिति को लेकर है, जबकि द्वितीय में नगर की आकर्षणशीलता कोटि (attractiveness ranking) को दिया गया है। तृतीय में राजनीतिक मान या स्कोर तथा चतुर्थ, नगरों में उद्योग में संलग्न जनसंख्या को आधार मानकर कार्यशील मापन प्रस्तुत किया गया है।

पाँच प्रमुख नगरों की दशाओं का विविध मापकों के सन्दर्भ में प्रदर्शन

नगर	रेडियो स्टेशन (1= है; 0 = नहीं है)	आकर्षणशीलता (श्रेणीक्रम)	राजनीतिक (स्कोर)	उद्योग (कार्यशील जनसंख्या)
अ	0	3	7.0	300
ब	1	2	5.3	900
स	1	1	2.8	600
द	0	5	4.6	100
य	1	4	8.4	800
मापक :	नियत	क्रमसूचक	अन्तराल	आनुपातिक

तथ्यों का वर्गीकरण

भूगोल में आँकड़ों के अभिलेखन (अंकन) की दो नियमावलियां हैं : मानचित्र और सारणी। कथ्यों की भूविन्यासगत प्रकृति को बनाए रखने के कारण मानचित्रों का सबसे अधिक प्रयोग होता है। चूँकि मानचित्र यथार्थ का मापकीय प्रदर्शन होता है आँकड़े को सम्मिलित या किसी दूसरे तरीके से बदलाव करना होता है : यथा, किसी नगर में जनसँख्या वितरण का प्रदर्शन करना हो तो मानचित्र पर एक बिन्दु अपेक्षाकृत एक बड़ी जनसंख्या, सम्भवतः, 1000 तक—को प्रकट करेगा। एवं अगर हर व्यक्ति के वास्तविक स्थिति को भी प्रदर्शित करना हो तो नगर के आकार के मानचित्र की जरूरत होगी। इस प्रकार पदों (items) को एक सामान्य इकाई में समूहित करना पड़ता है, जो न सिर्फ स्थिति, बल्कि क्षेत्र एवं आकार भी धारण करते हैं। भूगोलविदों की उपलब्ध आंकड़े वर्गीकृत नहीं होते हैं। इन्हें गांव, प्रखण्ड, राज्य अथवा राष्ट्रीय स्तर पर श्रेणीकृत करने की जरूरत होती है।

समूहन

भूगोल में समूहन की कठिनाई काफी प्रमुख होती है। आदर्श रूप में समूहन स्तर अध्ययन के मापक पर आश्रित होता है। यथा, विश्व स्तर पर आय के वितरण विश्लेषण में तुलना के लिए प्रति व्यक्ति आय के आँकड़े राष्ट्रीय स्तर पर ही उपलब्ध हों तो समूहन-स्तर अत्योच्च होगा। भारत या एक देश में आय वितरण में अधिकतम समूहन स्तर, प्रदेश स्तर तक ही मान्य होगा।

भूगोलविदों को प्राप्त अधिकांश सूचनाएँ किसी निश्चित संगणना इकाई, जैसे ग्राम, में समूहित होती हैं तथा ये इकाइयाँ विभिन्न आकार की भी होती हैं। परिणामस्वरूप सूचनाओं (तथ्यों या आँकड़े) को इन्हीं के आधार पर घनत्व अथवा फीसदी में बदलाव करना पड़ता है। अनेक अवलोकनों में, ऐसे परिवर्तन के पश्चात् भी आकड़ें अर्थपूर्ण नहीं हो सकते हैं। पुनः, यदि संगणना इकाईयाँ बराबर आकार एवं आकृति की हों तो आँकड़े बगैर किसी परिवर्तन के तुलना के योग्य हो सकते हैं और क्षेत्रीय अध्ययन के अनुसार सरलतापूर्वक समूहित भी किए जा सकते हैं।

तालिका

अभिलेखन इकाइयों तथा उनकी विशेषताओं को क्रमशः पंक्ति तथा स्तम्भों के रूप में सारणीबद्ध किया जा सकता है। भूगोलविद मात्र कथ्यों में ही नहीं अपितु

उनके क्षेत्रिक वितरण में रुचि रखता है अतः यहाँ हर पंक्ति, स्थिति तथा प्रत्येक स्तम्भ या विशेषता, क्षेत्रीय वितरण को धारण करता है। अगर सभी तथ्य मापित संख्याएँ हैं तो स्तम्भों को चरों (variables) की संज्ञा दी जा सकती है। एक चर किसी निर्धारित विशेषता पर मापनों का सेट (समूह) होता है जो कोई स्थिर मान तो नहीं रखता, किन्तु मानों में विविधता पाई जाती है। भौगोलिक परिप्रेक्ष्य में चर का आवश्यक गुण यह है कि मानों (मूल्यों) में विभिन्नता, क्षेत्र में वितरित होती है। इस तरह प्रारम्भिक स्तर पर भौगोलिक अध्ययन का सम्बन्ध मानों के वितरण में क्षेत्रिक विभिन्नता के कारणों से है। यह सारणीयन व्यवस्था भूगोल में संश्लेषण (synthesis) हेतु सम्भावित मार्ग के रूप में उपयोगी समझी जाती है।

तथ्यों का संचयन

किसी भी परीक्षण में साँख्यिकी नियमों के प्रयोग हेतु आँकड़े संग्रह किए जाते हैं क्योंकि उनके अभाव में साँख्यिकीय विश्लेषण असंभव नहीं। अतः यह जरूरी है कि किसी भी अध्ययन में प्रयुक्त आँकडे उचित विधि द्वारा विश्वस्त स्रोतों से जमा किए जाएँ। भौगोलिक अध्ययन में, अन्य विषयों के विपरीत, कई स्रोतों के साथ-साथ क्षेत्रीय अवलोकन से भी आँकड़े जमा करने होते हैं। अतः सर्वेक्षणों में संग्रह से पूर्व अनेक प्रारम्भिक तैयारियाँ भी करनी पड़ती हैं। सर्वप्रथम अन्वेषण में संख्यात्मकता की जाँच कर उसके उद्देश्य तथा विषय क्षेत्र पर विचार किया जाता है। पुनः संग्रहणीय आँकड़े तथा उनके स्रोत निर्धारित किए जाते हैं। परियोजना या शोध पर पूर्ण विचार करने के पश्चात् सूचना-स्रोतों की खोज की जाती है। आधारभूत आँकड़े विविध दस्तावेजों (documents) अथवा प्राथमिक सर्वेक्षण द्वारा प्राप्त किए जाते हैं। परन्तु इन दोनों ही सूचना स्रोतों की परिशुद्धता का अंकन करना कठिन है। बहुधा सूचनाओं के दो प्रमुख स्रोत होते हैं।

(i) क्षेत्र-अन्वेषण (Field investigation), एवं

(ii) पुस्तकालय शोध।

साँख्यिकीय विश्लेषण हेतु प्रयुक्त आँकड़े प्राथमिक और द्वितीयक दो तरह के हो सकते हैं—(i) **प्राथमिक आँकड़े** (Primary data) वे हैं जो पहली बार अन्वेषकों अथवा गणनाकारों द्वारा संग्रह किए जाते हैं। क्षेत्र अन्वेषण द्वारा अधिकांशतः प्राथमिक आँकड़े ही उपलब्ध होते हैं। (ii) **द्वितीयक आँकड़े** (secondary data) दूसरों द्वारा संचित होते हैं और सामान्यतः पत्रिकाओं, अभिलेखों और अनुसन्धान प्रकाशनों में उपलब्ध होते हैं। अनुसन्धान-प्रतिरूप का निर्णय कर विश्लेषण के लिए

इच्छित आँकड़ों का संचयन दो प्रकार से किया जा सकता है :– (अ) **संगणना विधि** (census method) अथवा प्राचलीय (parametric) विधि जिसमें सम्बद्ध प्रत्यंक वस्तुओं या इकाइयों की गणना शामिल होती है। (ब) **प्रतिदर्श विधि** (sample method) या अप्राचलीय (non parametric) विधि जिसमें कुल जनसंख्या (समष्टि) की कुछ चुनी हुई प्रतिनिधि इकाइयों या सेम्पुल (Samples) का ही निरीक्षण किया जाता है। प्रथम नियम सामान्यतः अधिक समय, श्रम एवं व्यवसाध्य होती है एवं इसमें विस्तृत प्रबन्ध की आवश्यकता होती है जिससे इसका प्रयोग प्रशासनिक तन्त्रों, वृहत संस्थानों तक ही सीमित होता है। प्रतिचयन विधि का प्रयोग एकाकी, शोध छात्रों द्वारा किया जाता है। यदा-कदा संगणना विधि के प्रयोग से पूर्व परिणामों की यथार्थता की पुष्टि हेतु भी प्रतिचयन का प्रयोग होता है।

(1) **समष्टि या समग्र या सम्पूर्ण जनसंख्या**—अध्ययन आधार की कुल इकाइयाँ या आँकड़े का समूह है जो किसी निश्चित कारक के प्रत्येक तत्त्वों (observations) को ग्रहण करता है। समष्टि की परिभाषा एक तदर्थ (ad hoc) प्रक्रिया है जो शोध के उद्देश्य पर आश्रित होती है एवं अध्ययन के उद्देश्य को निर्धारित कर लेने के पश्चात् समष्टि स्वतः पारिभाषित हो जाती है। प्रेक्षितांको (observations) के निश्चित तथा अनिश्चित (वृहत) संख्या के आधार पर समष्टि क्रमशः परिमित (finite) एंव अपरिमित (infinite) दो नामों से सम्बोधित होते हैं।

अधिकांश भौगोलिक शोधों में नियत या **लक्ष्य समष्टि** (target population), जो सैद्धान्तिक या अन्तिम सम्पूर्ण जनसंख्या होती है, एवं **प्रतिचयित समष्टि** (sampled population) जो वास्तविक जनसंख्या होती है जिसमें से प्रतिदर्श निकाले जा सकते हैं—में काफी अन्तर होता है। यदि हम एक स्थितिक संकल्पना (locational concept) यथा नगरों का कोटि—आकार वितरण, की सुसंगति (validity) या योग्यता का परीक्षण करना चाहते हैं, तो हमारी नियत जनसंख्या (समष्टि) जिसका सामान्यीकरण करना है, सम्पूर्ण विश्व ही हो सकता है। यद्यपि अध्ययन योग्य वास्तविक जनसंख्या उससे (विश्व से) कम ही होगी क्योंकि जनगणना त्रुटियों या राजनीतिक सतर्कता के फलस्वरूप विश्व के प्रत्येक देश उपयुक्त आँकड़े प्रस्तुत नहीं करते। प्रतिचयित जनसंख्या सैद्धान्तिक जनसंख्या से कम ही होती है। अत्यल्प शोध समस्याओं में ये दोनों समष्टि समानार्थक (synonymous) होते हैं।

(2) भारत में जनसंख्या, साक्षरता और जीवन-स्तर से संबंधित आंकड़े प्राप्त करने का सर्वाधिक प्रमुख साधन भारतीय जनगणना विभाग है। जनगणनाविभाग वर्ष 1881 से हर दस वर्ष बाद लगातार इन आंकड़ों को छाप रहा है। स्वतंत्रता के उपरान्त 1971 से भारतीय जनगणना प्रभाग अत्यधिक वर्गीकृत एवं विस्तृत आँकड़े प्रदान कर रहा है जिसमें ग्राम स्तर पर भूमि-उपयोग, जनोपयोगी सुविधाएँ, साक्षरता, धार्मिक एवं कार्यात्मक संरचना आदि भी दी गई है। नगरीय स्तर पर विविध प्रकार के आँकड़े उपलब्ध हैं। **राष्ट्रीय प्रतिदर्श सर्वेक्षण** (National Sample Survey), केन्द्रीय तथा प्रान्तीय मन्त्रालयों, निर्देशालयों तथा विभागों द्वारा भी आँकड़े एकत्र किए जाते हैं। ग्राम एवं नगर से सम्बन्धित आँकड़े ग्राम एवं नगर नियोजन विभाग से भी एकत्र किए जाते हैं। **बोर्ड ऑफ रेवेन्यु** तथा **कृषि-निदेशालय** के माध्यम से कृषि तथा भूमि-उपयोग के आँकड़े तहसील एवं जनपद स्तर पर, और ग्राम स्तर पर तहसील कार्यालय से, एवं अन्य विविध आँकड़े अर्थ एवं संख्या विभाग के माध्यम उपलब्ध कराए जाते हैं।

जनगणना विधि

अक्सर सभी आवश्यक सूचनाएं प्रकाशित । अतः अपने अध्ययन विशेष से सम्बन्धित आँकड़े प्रत्यक्ष सर्वेक्षण द्वारा संचित किए जाते हैं। इस प्रकार के सर्वेक्षण कुछ प्रत्यक्ष प्रेक्षण या कुछ उपयुक्त व्यक्तियों द्वारा निश्चित प्रश्न पूछकर प्राप्त किए जाते हैं। **प्रत्यक्ष क्षेत्रीय प्रेक्षण** (area observation) का सबसे प्रचलित स्वरूप भूमि प्रयोग मानचित्रण है। इसी प्रकार, ग्रामीण या नगरीय सन्दर्भ में भी, जहाँ विभिन्न स्तरों पर मानचित्रण की आवश्यकता होती है क्षेत्र में प्रत्यक्ष सर्वेक्षण कर आँकड़े प्राप्त किए जाते हैं। कुछ परिस्थितियों में **प्रश्न सारणी** (questionnare) एवं **साक्षात्कार** (interview) एवं **अनुसूची** (schedule) द्वारा जरूरी सूचनाएँ एकत्रित की की जाती हैं। इसमें सम्बन्धित व्यक्तियों, कार्यालयों अथवा संस्थानों से आँकड़े प्राप्त किए जाते हैं। साथ ही मानव क्रियाकलापों के स्थानिक प्रारूपों को सही तरीके से समझने के लिए व्यक्तियों के विचारों, कारणों अथवा उद्देश्यों से सम्बन्धित तथ्य जुटाना अधिक लाभकारी होता है।

वस्तुतः मानवीय क्रियाओं की स्थिति उनके अपने चुनावों एवं अभिरुचियों से सम्बन्धित निर्णयों का प्रतिफल होता है। कोई भी स्थानिक विश्लेषण वहाँ के लोगों के विचारों को सम्मिलित किए बिना अपूर्ण रह सकता है।

प्रश्नसारणी की रचना को प्रभावित करने वाले कई कारक होते हैं : पूछे जाने वाले प्रश्न सरल, छोटे, स्पष्ट, संख्या में कम, संदिग्धतारहित तथा उपयोगी सूचनाओं सहित तारतम्यता से युक्त हों। सवाल को ऐसा बनाना चाहिए ताकि पूछे जाने के साथ ही, उत्तर देने वाला व्यक्ति सहजता पूर्वक उसका उत्तर 'हां' या 'नहीं' में दे सके, या वार्ता के क्रम में ही उत्तरदाता से आवश्यक जानकारी प्राप्त हो सके। इसके लिए उचित ढंग यह है कि सवाल के स्थान पर सम्भावित उत्तर लिखे हों जिसके ऊपर सही का निशान, लगाकर व्यक्ति सही उत्तर दे सकें।। प्रश्नसारणी, प्रश्नकर्त्ता तथा उत्तरदाता सर्वेक्षित क्षेत्र की सूचना रखते हों। साक्षात्कार हेतु व्यक्तियों के पास जाने पर उन्हें सही उत्तर देने के लिए तैयार करना चाहिए तथा उन्हें यह बताना चाहिए कि ये सूचनाएँ उपयोग एवं दिग्दर्शन हेतु ही प्रयुक्त होंगी। प्रश्नकर्त्ता को शिष्ट, विनम्र, एवं समुचित रूप से प्रशिक्षित होना चाहिए।

प्रतिचयन

दस्तावेजों या सर्वेक्षण द्वारा सूचना एकत्र करने में अक्सर अध्ययनगत विषय से सम्बद्ध अधिकाधिक आँकड़े खत्म कर लेने की प्रवृत्ति होती है। वर्तमान मात्रात्मकता के युग, जिसमें अधिकाधिक साँख्यिकीय अन्वेषण को प्रोत्साहन मिला है, इस भावना को अपेक्षाकृत ज्यादा बल मिला है। वस्तुतः पूर्ण सूचना प्राप्त कर लेना कभी-कभी सम्भव नहीं हो पाता, तथा इसके विपरीत दूसरी ओर अति विस्तृत आँकड़े उपलब्ध हो जाते हैं। भूगोल में इस विरोधाभास से उत्पन्न समस्या और भी बढ़ जाती है क्योंकि हम परम्परागत क्षेत्र या प्रदेश के अध्ययन पर ज्यादा बल देते हैं।

पृथ्वी की वृहदता के कारण प्रत्येक भौगोलिक समस्याएँ भी व्यापक क्षेत्र को धारण करती हैं, अतः अध्ययन क्षेत्र की विशालता के अनुरूप ही जनसंख्या (समष्टि) या आँकड़े विस्तृत होते हैं। किसी दिए गए क्षेत्र के सन्दर्भ में मानव व्यवहार के किसी पक्ष या किसी भू-आकृति का अध्ययन करने हेतु प्राथमिक रूप से सम्पूर्ण अध्ययन क्षेत्र हेतु ही सूचना एकत्र करना अनिवार्य हो जाता है।

विविध भौगोलिक समस्याओं का हल दो प्रकार से किया जा सकता हैः **प्रथम,** प्रतिचयन विधि का प्रयोग कर परोक्ष रूप से तथा द्वितीय, आँकड़ा संकलन की दर में बढ़ोतरी कर प्रत्यक्ष रूप से। तथापि समय और श्रम दोनों ही दृष्टि से सम्पूर्ण सूचना एकत्र करना कठिन होता है। फलतः दिए गए क्षेत्र की प्रतिरूपी (typical) विशेषताओं की जानकारी प्राप्त करने के लिए विकल्प रूप में एक लाघव विधि अर्थात् **प्रतिचयन क्रियाविधि** (sampling method) अधिक उपादेय है क्योंकि इससे

आँकड़ों के शीघ्र संग्रह करने, डेटा-बैंक के नवीनीकरण, परिवर्तन-तुलनात्मक अध्ययन को सुविधाजनक बनाने, सर्वेक्षण-व्यय को कम करने तथा बड़े कार्य-क्षेत्र पर शुद्धता से सामग्री एकत्र करना सरल होता है।

भौगोलिक अध्ययन तथा शोध में अतीत से ही **प्रतिदर्श** (sample) **अध्ययन** का उपयोग होता रहा है, किन्तु औपचारिक प्रतिचयन प्रक्रियाओं का प्रयोग 1950 के बाद से ही प्रारम्भ हुआ है। 1960 वें दशक में **क्षेत्रीय प्रतिचयन**–विशेषकर सामान्यीकृत मानचित्रण प्रक्रियाओं के लिए–प्रतिदर्श सर्वेक्षण के उपयोग, सांख्यिकीय संग्रहण पद्धतियों के समाकलन एवं भौगोलिक क्षेत्रों के तीव्र प्रतिचयन के लिए विभिन्न पारगमन प्रक्रियाओं के उपयोग पर विशेष कार्य किए गए।

क्षेत्रगत प्रतिरूपी विशेषताओं के प्राप्त करने से सम्बद्ध समस्या के निदान की प्रथम विधि, **क्षेत्रों के प्रतीक अध्ययन** (case study) **द्वारा** अथवा सम्पूर्ण जनसंख्या के संदर्भ में व्यक्तिगत विचारों द्वारा होती है। यथा किसी क्षेत्र के कृषिगत अध्ययन में उस क्षेत्र की कृषि-विशेषताओं को प्रदर्शित करने वाले दो या तीन फार्मों को ही व्यापक अध्ययन हेतु चुनकर उनके प्रत्येक पक्ष का अन्वेषण किया जाए। इस प्रकार क्षेत्र की कृषिजन्य विशेषताओं के निष्कर्ष पूर्णतया इसी बात पर आश्रित होंगे कि चुने हुए फार्म वस्तुतः कितने प्रतिरूपी हैं। अधिक संभावना है कि वे विशेषताओं के यथार्थ-सूचक न हों। अर्थात् **'ज्ञात बातों को कुछ चुने हुए पक्षपातपूर्ण या अभिमत (bias) उदाहरणों द्वारा सिद्ध करना है,** ऐसा कहा जाए तो अनुपयुक्त न होगा। क्या यह वस्तुतः सत्य निष्कर्ष है? एक विवादास्पद प्रश्न है। आधारभूत रूप में यह विधि प्रतिचयन-प्रक्रिया का अतिप्राथमिक स्वरूप है जिसे अक्सर **उद्देश्यपूर्ण प्रतिचयन** (purposive sampling) की संज्ञा दी जाती है।

विविध आपत्तियों के होते हुए भी इसके उद्देश्य पूर्णतः पुष्ट तथा गंभीर हैं क्योंकि चुने हुए प्रतिदर्श यदि समष्टि (अध्ययन आधार की कुल इकाइयां) की विशेषताओं का पूर्ण प्रदर्शन करते हैं तो उन पर आधारित निष्कर्ष सत्य ही होंगे। अतः सबसे बड़ी समस्या प्रतिदर्श चुनाव की किसी विश्वस्त विधि को प्राप्त करना है जो सोद्देश्य प्रतिचयन पर प्रतिस्थापित आरोपों से परे हो।

प्रतिदर्श आगार

वस्तुतः प्रतिचयन की कोई एक सार्वभौमिक नियम नहीं जो किसी निर्दिष्ट परिस्थिति में सफलतापूर्वक प्रयोग में लाई जा सके। क्षेत्रीय वितरण के भौगोलिक अध्ययन में पुनः यह कठिनाई पैदा होती है कि प्रतिदर्श : बिन्दु, रेखा या क्षेत्रफल,

किसके सन्दर्भ में लिए जाएं। ऐसे वितरणों के लिए विभिन्न प्रकार के **प्रतिचयन** अभिकल्प या अथवा विकसित किए गए हैं। सारणी में प्रतिचयन का एक आदर्श प्रस्तुत किया गया है। इस प्रकार भौगोलिक प्रतिचयन प्रारूप के कई प्रकार हैं– (i) यादृच्छिक (random) (ii) क्रमबद्ध (systematic) (iii) स्तरित (stratified) और (iv) इनके कोई भी मेल। पुनः अवलोकनों की इकाइयां बिन्दु, रेखा अथवा क्षेत्रफल (आयात) होने के संदर्भ में अलग-अलग हो सकती है।

(i) **एक यादृच्छिक प्रतिदर्श** वह प्रतिदर्श है जिसमें प्रत्येक बिन्दु, रेखा या आयत यादृच्छिक (randomly) रूप से चुने जाते हैं। एक **क्रमबद्ध प्रतिदर्श में प्रथम** बिन्दु यादृच्छिक रूप से चुना जाता है और अन्य सभी बिन्दु एक निश्चित अन्तराल पर नीयत किए जाते हैं।

स्तरित प्रतिदर्श वह है जिसमें अध्ययन क्षेत्र को स्तरों (strata) में उपविभक्त कर लिया जाता है। सभी **स्तर या खण्ड** में प्रतिचयन बिन्दुओं को यादृच्छिक, क्रमबद्धरूप या एक सीधी रेखा में चुना जा सकता है। संरेखण (alignment), स्तरों के भीतर बिन्दुओं के बीच अंतराल को तय करता है।

निश्चय ही प्रतिचयन विधियों का मुख्य उद्देश्य एक ऐसा प्रतिदर्श प्राप्त करना होता है, जो निर्धारित आकार सीमा में, समग्र या समष्टि की विशेषताओं को यथासंभव प्रतिरूपित करता हो। अस्तु उपर्युक्त तीनों स्वरूपों के परस्पर मेल से कई अभिकल्प विकसित किए गए हैं। इनका क्रमबद्ध विवेचन अगली पंक्तियों में सोदाहरण किया जाएगा।

प्रतिदर्श की समस्याएं

एक बार उपयुक्त प्रतिदर्श स्वरूप (अभिकल्प) के चुन लेने के बाद उसका आकार तय किया जाता है। सामान्यतः प्रतिदर्श जितने ही बड़े होंगे, लिए गए समष्टि के परिशुद्ध प्रभाव पैदा करने की उनकी उतनी ही अधिक संभावना होती है। कुल जनसंख्या (समष्टि) के संदर्भ में उसके एक छोटे अंश द्वारा अनुमान लगाना एक खतरनाक क्रियाविधि है। इससे अभिनत (bias) प्रतिदर्शों के चयन के साथ ही, ये निर्भरयोग्य-आकलन हेतु छोटे भी हो सकते हैं, किन्तु इस छोटेपन का निर्णय कैसे किया जाए? आदर्श रूप में प्रतिदर्शों की संख्या कम-से-कम होनी चाहिए जिससे समय और श्रम की बचत हो, किन्तु इससे विश्वसनीय एवं यथार्थ निष्कर्ष भी निकलते हों। एक समष्टि तथा प्रतिदर्श के बीच सम्बन्धजन्य नियमों का **कार्ल पियर्सन** एवं **फिशर** जैसे अंकशास्त्रियों द्वारा इस सदी के पूर्वार्द्ध में ही विकास किया

गया। सम्प्रति भूगोलज्ञों को अन्वेषण के लिए अनेक सुप्रमाणित प्रतिचयन सिद्धान्त उपलब्ध हैं। **प्रतिचयन सिद्धान्त** हमें कई प्रकार के प्रतिदर्श अभिकल्पों से कितनी त्रुटि होने की संभावना है' यह निर्णय लेने में मदद प्रदान करता है। उदाहरणार्थ, **सरल यादृच्छिक प्रतिचयन में** शुद्धता या प्रतिचयन त्रुटि (sampling error), अवलोकन संख्या या प्रयासों के वर्गमूल के अनुपात में ही होती है। दूसरे शब्दों में, यदि हम दिए गए क्षेत्र में 25 प्रतिचयन बिन्दुओं को बढ़ाकर 100 कर दें तो शुद्धता में चौगुनी वृद्धि नहीं, अपितु मात्र $\sqrt{4} = 2$ गुनी ही बढ़ोतरी की आशा करनी चाहिए।

इसी तरह, एक प्रदेश या परिस्थिति के अनुकूल आकार दूसरी परिस्थिति में उपर्युक्त नहीं भी हो सकता है। **अध्ययन हेतु निश्चित समय** भी नमूने के आकार को प्रभावित कर सकता है। समयाधिक्य में नमूने के साइन में बढ़ोतरी हो सकती है किन्तु ऐसी अवस्था में विशिष्टतर प्रतिदर्श डिजाइन बनाने में समय व्यतीत किया जा सकता है। जिससे प्रतिदर्श आकार स्वतः छोटा हो जाएगा। दूसरी ओर, यदि समष्टि कई श्रेणियों में विभक्त है तो प्रतिदर्श आकार में स्वतः बढ़ोतरी हो जाएगी, क्योंकि प्रत्येक वर्ग से कुछ न कुछ प्रतीक अवश्य लेना पड़ेगा।

अन्ततः **भौगोलिक अर्थ में वृहत् प्रतिदर्श का अभिप्राय बृहत् क्षेत्रों से आँकड़े एकत्र करने से होगा** जो पुनः अध्ययन हेतु प्राप्त समय की सीमा में ही सीमित होगा। प्रतिदर्श आकार निर्धारण की कुछ सांख्यिकी विधियाँ इस हिस्से के अन्त में दी गई हैं। भूगोलवेत्ता द्वारा पर्यावरण विशेषताओं के प्रतिदर्श-सर्वेक्षण, सहयोगी संख्याविदों की मदद से ही तैयार किया जाता है और अधिकांश समस्याएँ सामान्य सांख्यिकीय प्रकृति की ही हैं जो हमारे विषय-क्षेत्र के बाहर पड़ती है। भौगोलिक शोध में प्रतिचयन बिन्दुओं हेतु, विभिन्न प्रकार के क्षेत्रिक व्यवस्थाओं की निपुणता को क्रियाशील करने तक ही सीमित रहते हैं। प्रत्येक क्षेत्रिक प्रतिचयन स्वरूप कुछ निश्चित लाभ एवं हानियुक्त होते हैं तथा उनका विशिष्ट पर्यावरणीय अन्वेषणों में अलग-अलग प्रयोग किया जाता है।

क्षेत्रिक प्रतिचयन-प्रतिदर्श

भूगोल में विभिन्न भू-वैन्यासिक वितरणों के अन्वेषणों के लिए विभिन्न प्रतिचयन प्रतिरूपों का उपयोग किया जाता है। सभी में यादृच्छिक क्रिया-विधि ही न्यूनाधिक मात्रा में अन्तर्निहित होती है। यहाँ कुछ प्रचलित प्रमुख प्रकारों की ही व्याख्या की गई है।

क्रमिक प्रतिचयन

बिन्दु, रेखा या क्षेत्रफल से सम्बद्ध आँकड़ों या क्षेत्रीय वितरण से युक्त या विहीन समष्टि, दोनों ही के संदर्भ में क्रमबद्ध प्रतिचयन अनेक तरह के होते हैं। इन सभी प्रकारों में मूल जनसंख्या से चुने हुए पदों को व्यवस्थित और नियमित तरीके से चुना जाता है। यदि भौगोलिक स्थितिविहीन तथ्यों का अध्ययन किया जा रहा है तो प्रतिदर्श पद, समष्टि में प्रत्येक पद की गणना कर चुना जाएगा। यथा किसी निर्दिष्ट प्रदेश में अधिवास-आकारों के प्रतिदर्श प्राप्त करना हो तो अधिवासों के सम्पूर्ण वर्णक्रम सूची (alphabatical list) से हर 10वाँ अधिवास चुना जा सकता है। यहाँ प्रतिदर्श की वास्तविक संख्या पूर्ववर्णित विधियों के मध्यम से निश्चित कर ली जाएगी। इसी प्रकार, अगर क्षेत्रेतर (non-areal) या क्षेत्रविहीन वितरण का क्रमबद्ध प्रतिदर्श लेना हो तो कुल जनसंख्या से किसी समान अन्तर पर प्रतिदर्श पदों का चयन करते हैं।

यही संकल्पना, संक्षेप में, **किसी क्षेत्रीय वितरण से प्रतिदर्श प्राप्त करने में** भी प्रयोग होती है। अन्तर मात्र इतना ही होता है कि इन उदाहरणों में बिन्दु, रेखा या प्रलम्ब (quadrats) को आधार मानकर उक्त चुनाव करते हैं। मान लिया, किसी निर्दिष्ट क्षेत्र में भूमि उपयोग के प्रतिचयन में उक्त विधि से 25 प्रतिदर्श पदों को चुनना हो तो प्रथम तथा सबसे स्पष्ट विधि यह होगी कि सम्पूर्ण क्षेत्र पर **ग्रिड रेखाएँ** इस प्रकार खींची जाएँ कि सम-वितरित 25 कटान बिन्दु बन जाएँ। इन पच्चीसों बिन्दुओं पर प्राप्त भूमि-उपयोगों के प्रकारों को अंकित कर लिया, जो हमारे अध्ययन का आधार होगा।

निर्देशांक बिन्दुओं (co-ordinate points) के दो प्राथमिक स्वरूप होते हैं : **प्रथम** के तहत चौकपट्टी में सीधी रेखा के रूप में (aligned) बिन्दु स्थित होते हैं जबकि द्वितीय में बिन्दु अरेखीय (unaligned) होते हैं, इसमें बिन्दुओं का प्रत्येक सेल में चुनाव, यादृच्छिक तरीके से, प्रथम बिन्दु को स्थिर मानकर किया जाता है (इसका विस्तृत विवरण आगे दिया गया है)। उपरोक्त बिन्दुओं के स्थान पर उसी क्षेत्र के लिए रेखीय प्रतिदर्श का निर्णय लिया जा सकता है। इस संदर्भ में किसी निर्धारित अन्तर पर खींची रेखाओं पर विविध भू-उपयोगों के सापेक्षिक अनुपातों को अंकित करते हैं। ये रेखाएँ क्षैतिज, कर्णवत, ऊर्ध्व या किसी भी दिशा में क्षेत्र पर सम अन्तर पर खींची जा सकती हैं । **हैगेट और बोर्ड** (1964) ने उक्त तकनीकी की दक्षता को प्रभावित करने वाले कुछ कारकों यथा, वितरण स्वरूप के विखण्डन (fragmentation) आदि, का अध्ययन किया है, परन्तु समय की दृष्टि से भूगोलविदों को प्राप्त विधियों में यह एक सर्वोत्तम विधि है।

अन्त में, बिन्दु अथवा रेखा के बदले प्रलम्बों (चतुर्भुजाकार) का चुनाव कर सकते हैं। इस संदर्भ में 25 प्रतिदर्श बराबर अन्तर पर लिए जाएँगे और प्रत्येक क्षेत्र में भूमि उपयोग के अनुपातों की गणना की जाएगी।

यह पद्धति तुलनात्मक दृष्टि से काफी आसानहै तथापि यह संभव है कि इससे कारकों के क्रमानुसार विभिन्नताओं का ही प्रदर्शन होता हो और इस प्रकार, प्राप्त परिणाम अभिनत (bias) या भेदभावपूर्ण हो सकते हैं। उपर्युक्त उदाहरणों में प्रत्येक 10वें अधिवास का चुनाव करने पर अधिक सम्भावना है कि अनेक छोटे ग्राम ही चुन लिए गए हों; या भूमि उपयोग प्रतिचयन के ग्रिड में अनेक बिन्दु ऐसे भूमि उपयोगों से ही लिए गए हों जिनका सम्पूर्ण क्षेत्र के सन्दर्भ में अत्यल्प अंश हो। दोनों ही दशाओं में प्रतिरूप यथार्थ प्रदर्शक नहीं होगा; अर्थात् शोधकर्त्ता की पूर्व निश्चित सम्मति या पूर्वाग्रह का प्रभाव पड़ सकता है। अतः ऐसे साधारण क्रमबद्ध प्रतिचयन अक्सर विश्वासयोग्य नहीं होते हैं।

यादृच्छिक प्रतिचयन

उक्त क्रमबद्ध प्रतिचयन में पाई जाने वाली कुछ गलतियों को यादृच्छ ढंग से संशोधित किया जा सकता है। **यादृच्छिक (अनियत) प्रतिचयन पूर्णतः संयोगगत नियम (Law of Chance) पर आधारित है।** यह समष्टि से सम्बन्धित विश्वस्त सूचना धारण करने वाली सहज विधि है जिसका उपयोग अधिकांश सांख्यिकी अनुमानों (statistical inference) के सैद्धान्तिक विवेचन में होता है। इस विधि में समष्टि के किसी भाग के चयन की सम-सम्भाव्यता सुनिश्चित होती है एवं एक इकाई का चयन किसी भी प्रकार, दूसरी इकाई के चयन को प्रभावित नहीं करता।

प्रतिदर्श संख्याएँ बराबर सम्भाव्यता पर स्वतन्त्र रूप से निकाली जाती हैं। अर्थात् में, इकाइयों का चयन इस प्रकार किया जाता है कि समष्टि के सभी इकाई के चुने जाने की सम्भावना समान हो। अस्तु, यह **दैव प्रतिचयन** या **लाटरी विधि** (Lottery Method) भी कहलाता है। **यादृच्छिक प्रतिचयन के निर्धारण में,** सामान्यतया, **प्रकाशित रेंडम संख्या** (Random Number) या टिपेट की सारणी का उपयोग करते हैं। ये संख्याएँ क्षेत्रीय या क्षेत्रेतर (क्षेत्रहीन) वितरण दोनों ही पदों के चुनाव में प्रयुक्त होती हैं। क्षेत्रेतर वितरण के संदर्भ में, क्रमबद्ध प्रतिदर्श में चुने गए प्रत्येक पद के विपरीत, चुनाव यादृच्छिक तरीके से चुने गए संख्याओं की श्रेणियों के आधार पर होता है। इस प्रकार यदि टिपेट सारणी का प्रयोग करते हैं और क्षैतिज रूप में पढ़ते हैं तो 1000 पदों में 10 प्रतिदर्श चुनाव हेतु 236, 008, 397 आदि

होगा जबकि क्रमबद्ध चुनाव में 100, 200, 300,....,1000वें पदों को चुना गया होता। इसी प्रकार, **क्षेत्रीय वितरण** से पदों के चुनाव में बिन्दु (निर्देशांक), रेखाएँ या क्षेत्र यादृच्छिक आधार पर ही निश्चित होंगे।

ये चुनी हुई संख्याएं प्रतिदर्श पदों के स्थान निर्धारण में सहायक हो सकती हैं। उदाहरणस्वरूप किसी नगर में गृहों का प्रतिदर्श लेना है तो सभी सड़क अथवा गली को शून्य से ऊपर संख्यांकित कर उन पर स्थित प्रत्येक गृह को भी संख्याएँ प्रदान कर देते हैं। इस प्रकार, यदि नगर में 55 मार्ग हैं तथा किसी एक मार्ग पर गृहों की अधिकाधिक संख्या 356 है, तो सारणी से 5 अंकों वाले रेंडम संख्या का चयन करेंगे जिसमें प्रथम दो अंक मार्गों की, और अगले तीन अंक गृहों को, प्रदर्शित करेंगें यदि प्रथम पाठ्यांक, मान लिया, 41264 है तो प्रथम दो अंक (41) : गांधी मार्ग एवं 264 उसी मार्ग पर 'खादी भवन' हो सकता है। दूसरी संख्या 49543 है, 49-पार्क लेन और 543 उसी मार्ग पर एक गृह की संख्या है, चूँकि यहाँ पार्क लेन पर उतने गृह नहीं हैं अतः तालिका से अगली 3 अंकों वाली संख्या को पढ़ते हैं जो 099 है। इस प्रकार चुना गया गृह अब 99-पार्क लेन होगा। इस प्रक्रिया को इच्छित प्रतिदर्श संख्या प्राप्त हो जाने तक जारी रखते हैं। **उपयोगिता :** यादृच्छिक प्रतिचयन की सबसे प्रमुख उपयोगिता यह है कि इसमें समष्टि-संरचना के पूर्वज्ञान की जरूरत नहीं होती और प्रतिदर्श, समष्टि के अधिकतर विभिन्नताओं को प्रदर्शित करने की क्षमतायुक्त होता है। तथापि, कुछ परिस्थितियों में यह नियम अनुपयोगी भी साबित होती है। जैसे समष्टि के विस्तार के ज्ञान के अभाव में यादृच्छ प्रतिदर्श नहीं निकाला जा सकता।

इसीलिए मूल जनसंख्या (समष्टि) के विस्तार एवं विशेषताओं के सामान्य ज्ञान प्राप्त करने के लिए प्रायः एक प्राथमिक प्रतिदर्श लिया जाता है। इसके अलावा इस प्रतिचयन से उद्देश्यों के विपरीत एवं त्रुटिपूर्ण परिणाम मिलने की सम्भावना की आशंका बनी रहती हैं। भौगोलिक क्षेत्रीय परिवेश में व्यावहारिक कठिनाई यह है कि इस प्रक्रिया में अध्ययन क्षेत्र का समुचित क्षेत्रीय आवरण सुनिश्चित नहीं होता। प्रायः प्रतिदर्श बिन्दुओं का जमाव हो जाता है; फलस्वरूप महत्त्वपूर्ण क्षेत्रीय विशेषताएँ उपेक्षित हो सकती हैं।

स्तरित प्रतिचयन

प्रतिदर्श में सभी सम्भव दशाओं के प्रतीकों को सम्मिलित करने की एक निश्चित पद्धति यह है कि समष्टि को संघटक हिस्सों में विभक्त कर प्रत्येक से उपयुक्त प्रतिदर्श प्राप्त किए जाएँ। यह कार्य तभी संभव है जबकि हमें सांख्यिकीय समष्टि की बनावट का कुछ आभास पूर्व में ही हो जाए। यथा—किसी नगर में लोगों

की मनोरंजन सम्बन्धी आदतों का अध्ययन करने में यह मान लेना युक्तिसंगत होगा कि मनुष्य के व्यवहार उनकी आयु तथा यौन के अनुसार बदलते रहते हैं।

अतः यह जरूरी होता है कि समष्टि से लिए गए प्रतिदर्श आयुवर्ग **तथा** यौन-श्रेणी में वितरित लोगों के अनुपात में ही हों, और ऐसा प्रतिदर्श को **स्तरित** करके होता है। सम्पूर्ण जनसंख्या की सभी विभिन्न श्रेणियां क्रमबद्ध या यादृच्छिक विधि द्वारा प्रतिचयित होती हैं। जिन्हें क्रमशः **स्तरित क्रमबद्ध** और **स्तरित यादृच्छिक प्रतिदर्श** कहते हैं। क्षेत्रीय वितरण के संदर्भ में प्रतिदर्शों के स्तरीकरण (stratification) कुछ ज्यादा जटिल हो जाते हैं। जैसे किसी प्रदेश के भूमि उपयोग अध्ययन में प्रतिदर्शों को विभिन्न मृद्रा-संरचना या मृदा-वर्गों में स्तरित कर उनके विस्तार को मापना भी जरूरी होगा। 100 वर्ग कि. मी. के अध्ययन क्षेत्र में यदि अ, ब तथा स तीन मृदा वर्गों में क्रमशः 20, 50 और 30 वर्ग कि. मी. क्षेत्रफल आबंटित हो तो 2000 प्रतिदर्श बिन्दुओं के चुनाव निम्नलिखित अनुपात में होंगे—

अः $20/100 \times 2000 = 400$ प्रतिदर्श बिन्दु

बः $50/100 \times 2000 = 1000$ प्रतिदर्श बिन्दु

सः $30/100 \times 2000 = 600$ प्रतिदर्श बिन्दु

सभी दृष्टांतों को, जिसमें हम अपने प्रतिदर्श को स्तरित कर सकते हैं, दो शर्तों को अवश्य पूर्ण करना चाहिए, **प्रथम**, समष्टि की संरचना का पूर्व ज्ञान हो, एवं **द्वितीय**, चुनी गई श्रेणियाँ (स्तर) अपेक्षाकृत समरूप (homogeneous) हों, अर्थात् उनके तहत विधिताएं न्यूनतम हों जिससे सही परिणाम निकाले जा सकें जैसे : जनसंख्या घनत्व नगर केन्द्र से दूरी के संदर्भ में ह्रासमान दर को प्रदर्शित करता है, अतः प्रतिदर्श आकार प्रत्येक सकेन्द्रीय वृत्त खण्ड से तदनुसार ही प्राप्त किया जाएगा।

स्तरित क्रमिक आरेखीय प्रतिचयन

पूर्वोक्त प्रतिचयन प्रतिरूपों के सम्मिश्रण के आधार पर बेरी (1962) द्वारा इस प्रतिदर्श-प्रारूप का प्रतिपादन किया गया है जिसमें यादृच्छिक, स्तरीकरण तथा क्रमबद्ध तीनों ही प्रतिदर्शों के सैद्धान्तिक लाभ शामिल हैं। प्रतिदर्श बिन्दुओं की संरेखणता (alignement) समाप्त कर देने से तथ्यों में आवर्तिता (periodicities) द्वारा उत्पन्न संभावित त्रुटियों से भी बच जाते हैं। यह नियम प्रतिदर्श तथा लक्ष्य-जनसंख्या (target population) के बीच न्यूनतम भिन्नता को उत्पन्न करता है। इस प्रतिचयन में अध्ययन-क्षेत्र को सम-उपखण्डों में विभाजित करते

हैं, किन्तु प्रत्येक उपखण्ड में पृथक्-पृथक् स्थलों को प्रतिदर्श के रूप में चुना जाता है।

टिम्पेट की रेण्डम संख्या

इसकी संरचना प्रदर्शित है में अध्ययन क्षेत्र को क्रमबद्ध रूप से सतत चौकपट्टी (checkerboard) के उपखण्डों या वर्गों में विभाजित किया गया है। प्रथम कोने के वर्ग (उपखण्ड) से प्रारम्भ कर रेंडम संख्या (random number) द्वारा एक बिन्दु I निश्चित किया इस वर्ग के आधार (X) तथा लम्ब (Y) अक्षरों को **शून्य** से **नौ** तक संख्यांकित किया ताकि **शून्य** से **निन्यानवे** तक की रेण्डम संख्या इन दोनों अक्षों के संदर्भ में निर्देशांक-स्थिति प्रदान कर सकें।

आयोजना की निचली पंक्ति (row) पूर्ण होती प्रदर्शित की गई है : यहाँ पर आधार-अक्ष (X) को सर्वत्र स्थिर रखा गया है, किन्तु Y अक्ष रेण्डम संख्या सारणी से बदलते रहे। जैसे ये संख्याएँ 2, 9 तथा 4....आदि हैं अतः प्रतिदर्श बिन्दु Y अक्ष के सन्दर्भ में ऊपर नीचे होते हैं, किन्तु X अक्ष पर समान स्थिति धारण करते हैं। बाईं ओर के स्तम्भ (column) को पूर्ण करने में समान सिद्धान्त को अपनाया गया है, किन्तु यहाँ पर Y अक्ष पर मान स्थिर है तथा X अक्ष पर वे बदलते रहते हैं। जब पंक्ति तथा स्तम्भ दोनों ही पूर्ण हो जाएँ तो एक नया बिन्दु (वर्ग में) विकसित किया जाना जरूरी होता है यथा, बिन्दु II। चित्र (द) में इस बिन्दु की स्थिति पूर्ववर्ती अवस्थाओं में खींचे गए बिन्दुओं के सन्दर्भ में निर्धारित किए जाते हैं। X बिन्दु का रेण्डम x_1 निर्देशांक तथा Y का रेण्डम y_1 निर्देशांक को मिलाकर II बिन्दु की स्थिति प्राप्त की गई। यह बिन्दु अब नए पंक्ति एवं स्तम्भ के लिए प्रारम्भ बिन्दु है जो पुनः अगले के लिए नए बिन्दु III को उत्पन्न करने के लिए प्रयुक्त होता है। यह प्रक्रिया सभी स्तम्भों तथा पंक्तियों के पूर्ण हो जाने तक जारी रखते हैं। चित्र (द) में खाली बिन्दु (0) पूर्ण किए गए प्रलम्बों को प्रदर्शित करते हैं।

बेरी ने भूमि प्रयोग प्रतिचयन में विधित विकल्प प्रारूपों का उनकी सापेक्ष दक्षता निश्चित करने के लिए परीक्षण किया तथा **स्तरित क्रमबद्ध अरेखीय प्रतिदर्शों** को सर्वाधिक उपयुक्त एवं सफल पाया। इसका यादृच्छिक प्रतिदर्श से अन्तर 21.5 तथा स्तरित यादृच्छिक प्रतिदर्श से 5.6 ही अन्तर रहा। दूसरे क्षेत्रों के लिए तुलनात्मक परीक्षण भी किया गया तथा अन्तर अल्पप्रभावी थे, किन्तु

दक्षता का समान क्रम बना रहा—(1) स्तरित क्रमबद्ध अरेखीय, (2) स्तरित यादृच्छ, तथा (3) सरल यादृच्छ।

बहुस्तरीय प्रतिचयन

इसे पदानुक्रमीय (Hierarchical) अथवा बहुस्तरीय (Multilevel) प्रतिचयन भी कहते हैं क्योंकि इसमें अध्ययन क्षेत्र को प्रतिचयन इकइयों के पदानुक्रम में विभाजित करते हैं, जो एक-दूसरे में समावेशित होते हैं। स्थानीय एवं प्रादेशिक विभिन्नता की समस्या के लिए समावेशी प्रतिचयन एक उपागम है, जो विचाराधीन क्षेत्र के समस्त सूचना प्राप्त करने की जरूरत को कम कर देता है। यह विधि उन गवेषणा (exploratory) वाले अध्ययनों में विशेष लाभदायी होती है, जहाँ अधिकाधिक क्षेत्र को शामिल करना अनिवार्य हो, तथा साथ ही स्थानीय विभिन्नताओं पर भी ध्यान दिया जाना हो। समावेशी उपागम की आधारभूत विधि प्रदेश को समान आकार के कुछ मुख्य क्षेत्रों में विभाजित कर लिया जाना है। इन मुख्य प्रदेशों में से अनेक को यादृच्छिक आधार पर चुनकर उन्हें कई लघुतर उप-प्रदेशों में बाँट लिया जाता है। पुनः इन उप-प्रदेशों से रेंडम चुनाव कर उन्हें भी उपविभाजित कर लिया जाता है।

यह पद्धति उस समय तक निरन्तर जारीरहती है जब तक कि न्यूनतम लाभकारी इकाइयां हासिल न हो जाएं अथवा आंकड़ों की प्राप्यता का अंत न हो जाएं। यह प्रक्रिया 150 × 100 किलोमीटर के क्षेत्र को प्रत्येक 50 × 50 किलोमीटर के छः प्रादेशिक इकाइयों में तोड़ने और प्रत्येक वर्ग को पुनः चार गुने पर उप-विभाजित किया गया जब तक कि लघुतर इकाई वर्ग 3.125 × 3.125 किलोमीटर नहीं पहुँच गई। प्रत्येक स्तर पर उपलब्ध चार वर्गों में से दो का यादृच्छिक रीति से कुल क्षेत्र के लगभग 1500 इकाइयों में से 96 लघुतर इकाइयों को चुना गया (अर्थात् 1/16 की प्रतिचयन भिन्न)।

भौतिक भूगोल से सम्बन्धित उदाहरणों में अपवाह बेसिन के प्रतिदर्श इस प्रारूप के आधार पर प्राप्त करना हो तो सबसे पहले कुछ तृतीय श्रेणी (third order) की कुछ घाटियों को चुना जाएगा और तदन्तर इन्हें स्वतः कुछ प्रथम श्रेणी की सरिताओं के चयन में प्रयुक्त किया जा सकता है। इन दोनों ही अवस्थाओं में यादृच्छिक आधार पर ही चुनाव होगा। इस पदानुक्रमिक ढाँचे पर प्रतिचयन से न सिर्फ प्रदेश के सभी भाग का प्रदर्शन होता है अपितु बिन्दु के क्षेत्रकार्य निरीक्षण का समय भी बहुत ही कम हो जाता है। तथापि इसमें प्रतिचयन-त्रुटि अपेक्षाकृत अधिक होती है।

क्षेत्र-काल प्रतिचयन

उपर्युक्त परम्परागत प्रतिचयन प्रतिरूप क्षेत्रीय संदर्भ में परिवर्तनीय पर्यावरण गुणों के कुछ पक्षों के मापन के प्रयत्न में उपयोगी होती हैं। कालावधि में परिवर्तित गुणों को कैसे प्रतिचयन के तहत लाया जाए? यह एक अन्य समस्या है। इस समस्या का निराकरण **लैटिन वर्ग डिजाइन** द्वारा किया जाता है। मान लिया जाए किसी नगर के नजदीक पर्यावरण-प्रदूषण स्तर की मापन की समस्या है। वायु की रासायनिक संरचना, क्षेत्र के विविध भागों में भिन्न होने के साथ दिन-प्रतिदिन एवं घंटे-प्रतिघंटे भी बदल सकते हैं। एक पूर्ण सर्वेक्षण हेतु ज्यादा-से-ज्यादा लेखन (रेकार्डिंग) स्टेशनों का एक जाल बिछाना होगा जिससे पर्यावरण में सतत परिवर्तन का अनुश्रवण या प्रबोधन (monitoring) किया जा सके। किन्तु अल्प साधन (धन) की अवस्था में इन स्टेशनों के लगाए जाने की भी एक सीमा होगी। प्रतिचयन-सिद्धान्त, कम किन्तु प्रदर्शक संख्या में स्टेशनों की स्थिति निर्धारण कहां की जा सकती है? की ओर ईश्वर करता है। यदि इतने कम स्टेशनों का स्थापित करना भी अधिक व्यवसाध्य है तो पुनः स्थिर तथा चलायमान स्टेशनों के सम्मिश्रण द्वारा संख्या में काफी कमी की जा सकती है। इस पद्धति को चित्र के आधार पर कार्यान्वित किया जा सकता है।

यहाँ सम्पूर्ण अध्ययन क्षेत्र से एक स्थायी तथा सात अल्पकालिक रिकार्डिंग स्टेशनों (अ ब स द र य ल) के संयोजन से पर्यावरण का प्रतिदर्श प्राप्त किया गया। इस उदाहरण में **सात संख्या सप्ताह के प्रत्येक दिन** पर्यावरण-स्तर मापन की सुविधा के कारण निश्चित की गई है। सारणी में स्पष्ट होता है की किस प्रकार 'समय' सात बराबर दिनांक (अ से ल), प्रत्येक दिन में बराबर अन्तर के घंटे (अ से ल) विभाजित किए जा सकते हैं। सात बाहरी स्टेशनों पर निरीक्षण कार्य हेतु प्रतिदिन पूर्व निश्चित क्रम में जाने से पर्यवेक्षक पर्यावरण-परिवर्तन का एक अनभिनत (unbiased) या पूर्वाग्रहरहित स्वरूप निर्मित कर सकता है।

इस क्रमबद्ध वर्ग डिजाइन जिसे सांख्यिकी में लैटिन वर्ग अभिकल्प (Latin Square Design) कहते हैं—में रिकार्डिंग व्यवस्था से निर्धारित समय तथा स्थान, समय और घण्टे एवं दिन और घंटों के एक संतुलित मिश्रण द्वारा प्रत्येक दिन का औसत प्राप्त किया जा सकता है। इससे रिकार्डिंग प्रयास तथा समय दोनों में बचत हो जाती है।

इस प्रकार की रिकार्डिंग स्टेशनों की सम्मिश्रण व्यवस्था के समय तथा स्थल दोनों ही संदर्भों में सूक्ष्म-तन्त्र तैयार किए जा सकते हैं जिससे पृथ्वी के सतह के पर्यावरण प्रतिरूपों के शुद्ध मानचित्र प्राप्त करने की ओर अग्रसर हो सकें।

क्षेत्र-काल प्रतिचयन हेतु लैटिन वर्ग डिजाइन

	प्रतिचयन स्थलों की स्थिति						
	अ'	ब'	स'	द'	य'	र'	ल'
सप्ताह के दिन	**दिन का समय**						
सोमवार (अ'')	अ	ब	स	द	य	र	ल
मंगलवार (ब'')	ब	य	अ	ल	र	द	स
बुधवार (स'')	स	र	ल	ब	द	अ	य
बृहस्पतिवार (द'')	द	ल	य	र	ब	स	अ
शुक्रवार (य'')	य	द	ब	स	अ	ल	र
शनिवार (र'')	र	स	द	अ	ल	य	ब
रविवार (ल'')	ल	अ	र	य	स	ब	द

प्रतिचयन क्रिया विधि का चयन

किसी सारणी में डिए गए प्रतिचयन पद्धति का चुनाव संबंधित कारक की आबंटन प्रणाली परआश्रित करता है। यदि अध्ययन हेतु स्थानिक वितरण यादृच्छिक हों तो उपर्युक्त सभी क्रिया-विधियाँ लगभग समान प्रसरण वाले अनगिनत अनुमान (unbaised estimate) प्रदान करेगी। यहाँ क्रमबद्ध प्रतिचयन अधिमान्य होंगे। यदि आँकड़े रेखीय-उपनति युक्त हों तो यादृच्छिक प्रतिचयन की तुलना में स्तरित तथा क्रमबद्ध ज्यादा परिशुद्ध होंगे। पुनः स्तरित प्रतिचयन, क्रमबद्ध प्रतिचयन की तुलना में और भी उपयोगी होगा क्योंकि इससे हर स्तर (Strata) के अन्दर की त्रुटियाँ विलुप्त हो जाती हैं। इसी प्रकार कारकों के निश्चित वितरण-प्रकृति की अनभिज्ञता की अवस्था में एक आदर्श प्रतिचयन प्रक्रिया का निश्चयन कठिन हो सकता है; यद्यपि इस अवस्था में स्तरित क्रमबद्ध अरेखीय प्रतिदर्श, जो तीनों ही क्रियाविधियों की विशेषतायुक्त है, ज्यादा उपयोगी होगा।

अधिकांश भू-उपयोग अध्ययन में प्रतिदर्श की समस्या का समाधान इस प्रतिचयन द्वारा सरलता से हो जाता है। इस प्रकार स्पष्ट है कि भूगोल की स्थानिक प्रसरणगत (spatial disperson) प्रकृति के कारण सांख्यिकीय प्रतिचयन विधियों

का उपयोग अत्यन्त कठिन हो जाता है। आँकड़ों की पुंजिता या जमाव तथा उनमें कालावधिता की अवस्था में ये बातें अधिक सत्य प्रतीत होती हैं। जमाव या पुंजिता (aggregation) के परिणाम अधिकांश सूचनाएँ छिपी रह जाती हैं। आँकड़ों के लिए दो प्राचल (parameters) जरूरी हो जाते हैं। क्षेत्रिक-कालावधिता या सांतत्य के परिणामस्वरूप अधिकांश भौगोलिक आँकड़े **स्थानिक स्वसहसम्बन्धित** (spatial autocorrelated) या श्रेणीयुक्त सहसम्बन्धित होते हैं। अतः एक प्रतिदर्श का चयन ऐसा हो सकता है जो प्रतिकूल रूप से आँकड़े के कुछ निर्धारित शीर्षों (peaks) पर ही बल देता हो तथा निचले अंशों को छोड़ देता हो। विकल्पतः यदि मूल जनसंख्या (समष्टि) एक दिशा से दूसरी दिशा की ओर श्रेणीकरण को प्रदर्शित करता हो तो प्रतिदर्श प्रधानतः एक ही भाग में केन्द्रित हो सकते हैं और दूसरा भाग पूर्णतः छूट सकता है। इस समस्या को **स्तरीकरण द्वारा** कम किया जा सकता है, किन्तु पुनः इस क्रियाविधि में आँकड़ों के क्षेत्रिक प्रकृति से सम्बद्ध पूर्वसूचनाओं की जरूरत होती है। इस प्रकार अधिकांश प्रतिदर्श क्रियाविधियों में समुचित परिणाम निर्धारित करने के लिए ऐसे **द्वि-पगीय** (two-stage) **प्रतिचयन** का परामर्श दिया जा सकता है।

विपुलता का परीक्षण

विविध प्रतिदर्श प्रतिरूपों के संक्षिप्त विवेचन के बाद एक प्रश्न पाठक के मन में उठ सकता है कि एक निर्धारित प्रतिदर्श, समष्टि का समुचित प्रदर्शक है कि नहीं? यह कैसे ज्ञात करें? एक यथार्थवादी का उत्तर होगा 'आप कभी भी नहीं जान पाएँगे, किन्तु सांख्यिकीय संदर्भ में सर्वोत्तम उत्तर होगा : 'सांख्यिकीय परीक्षणों को, प्रतिदर्श की पर्याप्तता को प्रकट करने हेतु प्रयुक्त किया जा सकता है। अब इन्हीं बातों को अगली पंक्तियों में समझाने का प्रयास किया गया है।

प्रतिदर्श-आकार

प्रतिदर्श-आकार ऐसा होना चाहिए जिससे सम्पूर्ण जनसंख्या (समष्टि) की विशेषताओं को उचित रूप से प्रकट करना सम्भव हो। वस्तुतः **'प्रतिचयन की सम्पूर्ण कला एक ऐसे प्रतिदर्श आकार के चुनाव में निहित होती है जिससे एक न्यूनतम प्रतिदर्श आकार में अभीष्ट शुद्धता एवं सम्भाविता की मात्रा, मिल जाए'**। न्यूनतम प्रतिदर्श आकार का निश्चयन अक्सर अधिक मूल्यवान होता है क्योंकि इससे दी गई सीमा के भीतर 'यथार्थ माध्य' प्राप्त होना निश्चित होता है।

किसी भी अध्ययन में प्रयुक्त प्रतिदर्शों का यथोचित चयन जरूरी होता है। सवाल यह है कि प्रतिदर्श कितना बड़ा हो? परीक्षण-खण्ड में यह देखा जाएगा कि किस प्रकार **'प्रतिदर्श माध्य'** (sample mean = $\bar{x}$) एक मानक-त्रुटि (Sstandard Error = SE.) धारण करता है $\left(\text{S.E. } \bar{x} = \frac{\sigma}{\sqrt{n}}\right)$;

यहाँ σ = मानक विचलन तथा n = अवलोकन संख्या जिसकी मदद से हम विभिन्न सम्भाविता-स्तर पर सम्पूर्ण जनसंख्या जिससे प्रतिदर्श लिए गए हैं, के यथार्थ माध्य (true mean $\bar{X}$) की सीमा के आकलन के योग्य होते हैं।

हमें ज्ञात है कि मानक दोष गणनीय है, यह प्रकट हो जाता है कि उपलब्ध सीमा में, वास्तविक माध्य प्रदान करने हेतु कितने बड़े प्रतिरूप की आवश्यकता होगी। एक लघुतर प्रतिदर्श की मदद से यदि हम मानक विचलन एवं प्रतिदर्श माध्य की जानकारी प्राप्त कर लें तो यह निर्णय ले सकते हैं कि किस प्रकार की मानक त्रुटि (S.E.), जो यथोचित है, हम लेने को तैयार हैं।

प्रतिदर्श के माध्य तथा मानक विचलन को सम्पूर्ण जनसंख्या (**समष्टि**) के माध्य के अनुमान हेतु प्रयुक्त किया जा सकता है। यदि प्रतिदर्श में लगभग 30 अवलोकन हों तो प्रतिदर्श माध्य द्वारा समष्टि-माध्य की विश्वास सीमा को प्रदान करना सम्भव होता है, क्योंकि ज्यादा प्रतिदर्श माध्य, यथार्थ माध्य पर केन्द्रित प्रसामान्य बंटन को प्रकट करता है। निजी प्रतिदर्श माध्यों के मान

$$\frac{\sigma}{\sqrt{n}}$$

के बराबर मानक विचलन रखेंगे। यह मान (मानक त्रुटि) मानों का एक ऐसा अनुमान प्रदान करता है जिसके अन्दर यथार्थ माध्य जरूर स्थित होगा। तथापि समष्टि का मानक विचलन ज्ञात नहीं होता है अतः इस सूत्र का परिवर्तित रूप ही उपयोग किया जा सकता है। σ^2 (प्रसारण) का अनुमान

$$\frac{n}{n-1} \times s^2$$

द्वारा लगाया जाता है जहां s प्रतिदर्श का मानक विचलन होता है। इस प्रकार एक परीक्षणात्मक प्रतिदर्श लेने पर उससे प्राप्त परिणाम द्वारा एक निर्धारित सीमा प्रदान करने के लिए, एक प्रतिदर्श में जरूरी मानों की संख्या की गणना करना सम्भव होता है। इसे निम्न सूत्र द्वारा परिकलित किया जाता है–

$$n = \frac{(St\alpha /_2 (m))}{d}$$

यहाँ n = वांछित संख्या (प्रतिदर्श आकार)

s = प्रतिदर्श का मानक विचलन

$t\alpha$ è 2 = सम्भाविता हेतु स्टूडेण्ट t मान का ऊपरी मान,

m = प्रतिदर्श में संख्या ऋण एक

और d = इकाई में यथार्थ समष्टि माध्य से इच्छित सत्यता की मात्रा।

यहाँ n मान को मानक त्रुटि की सहायता से स्पष्ट तौर पर गणना की जा सकती है।

$$\text{मानक-त्रुटि (SE)} = \frac{\hat{\sigma}}{\sqrt{n}}$$

एवं यह अभीष्ट मान (d) के समरूप होना चाहिए।

अतः $$\frac{\hat{\sigma}}{\sqrt{n}} = d$$

$$\therefore \quad \frac{1}{\sqrt{n}} = \frac{d}{\hat{\sigma}}$$

अथवा $$\sqrt{n} = \frac{\sigma}{d}$$

या $$n = \left(\frac{\hat{\sigma}}{d}\right)^2$$

उदाहरण

10 अवलोकन हेतु मानक विचलन का सर्वोत्तम आकलन $\hat{\sigma}$ (best estimate) 15.825 है। यदि प्रतिदर्श में मात्र 10 पद (items) ही शामिल किए जाते तो वह परास (range) जिसके भीतर यथार्थ माध्य आता है, काफी अधिक विस्तृत था। अतः यह निर्णय लिया गया कि प्रतिदर्श से कोई भी उपयोगी सामान्य निर्णय करने के योग्य होने के लिए यथार्थ माध्य की प्रतिदर्श माध्य से ± 5 (95 प्रतिशत सम्भाविता-स्तर पर) के अंधर ही परिभाषित करना आवश्यक है। प्रश्न यह है कि इन दशाओं में, उक्त शुद्धता की मात्रा प्रदान करने के लिए किस आकार का प्रतिदर्श जरूरी होगा? अर्थात् इस 10 पदीय प्रतिदर्श उदाहरण पर आकलन लगाया गया कि

इच्छित शुद्धता की मात्रा पर प्रतिदर्श छोटा नहीं होगा, किस आकार का प्रतिदर्श 2.5 मानक त्रुटि प्रदान करेगा?

सूत्र में मानों को प्रतिस्थापित करने पर :

$$\hat{\sigma} = 15.825$$

एवं $d = 2.5$

$$n = \left(\frac{15.825}{2.5}\right)^2 = (6.33)^2$$

$$= 40$$

इस तरह उपर्युक्त उदाहरण में लिए गए प्रतिरूप में न्यूनतम 40 पद (अवलोकन) होने चाहिए। मानों को सदा पूर्णांक होना चाहिए, अतः प्राप्त मानों को पूर्णांक बना लिया जाता है।

पुनश्च, क्या उक्त आकार का प्रतिदर्श अभीष्ट परिणाम प्रदान करेगा? इसे एक अगले सूत्र से जाँचा जा सकता है।

$n = 40$ के संदर्भ में : $\bar{x}$ (प्रतिदर्श माध्य) = 350

95% संभाविता पर $\overline{X}$ (समिष्ट माध्य)

$$= \bar{x} \pm 2.\frac{\hat{\sigma}}{\sqrt{n}}$$

$$= 350 \pm \frac{2 \times 15.825}{\sqrt{40}}$$

$$= 350 \pm \frac{31.65}{6.33} = 350 \pm 5$$

= 345 से 355 व्यक्ति

यादृच्छिक प्रतिदर्श पर आधारित आँकड़ों पर निर्धारित दशाओं में प्रतिदर्श आकार की गणना हेतु इस सूत्र का अक्सर प्रयोग किया जा सकता है, जब समष्टि लगभग प्रसामान्य बंटित हो तथा मानक विचलन की सुष्ठुतम आगणन की जा चुकी है।

इस तरह प्रतिदर्श के यथोचित आकार का निर्धारण करना द्विस्तरीय होता है। **प्रथम,** एक छोटा प्रतिदर्श लेकर समष्टि के σ (मानक विचलन) का अनुमान लगाया जाता है तथा **द्वितीय,** n की गणना के उपरान्त पूर्णस्तरीय **सर्वेक्षण किया** जाता है।

यदि प्रतिदर्श बड़ा है और मानक-विचलन छोटा है तो समष्टि का यथार्थ माध्य 'उच्च विश्वास, सीमा' के साथ शुद्धतः निर्धारित किया जा सकता है। शुद्धता, प्रतिदर्श आकार की तुलना में अपेक्षाकृत धीमी गति से बढ़ता है। उपयोगिता ह्रास नियम एक ऐसी सीमा निर्धारित करती है जिससे परे जाना आर्थिक दृष्टि से सही नहीं होता। मानक विचलन भी स्पष्टतः इच्छित प्रतिदर्श की संख्या को प्रभावित करता है और जहाँ पर प्रकीर्णन (फैलाव) छोटा होता है वहाँ 20-30 का एक छोटा प्रतिदर्श अधिक अच्छा फल प्रदान कर सकता है।

6

तुलनाएँ : अर्थ और प्रकार

स्थानिक सम्बन्ध तथा क्षेत्रीय साहचर्य विश्लेषण दो अथवा या स्थानिक प्रतिरूपों अथवा स्थितिक व्यवस्थाओं में अनुरूपता की मात्रा एवं दिशा का विश्लेषण करना भैगोलिक अध्ययन एवं शोध का एक प्रमुख विषयवस्तु होता है। कुछ दशाओं में ये विश्लेषण तथ्यों के मध्य कार्यात्मक-सम्बन्धों या कारणात्मक-प्रक्रम की परिकल्पना से निर्देशित होते हैं जबकि दूसरी स्थिति में विश्लेषण गवेषणात्मक एवं क्षेत्रगत वितरित तथ्यों के सह-विचरण से सम्बद्ध आगमनात्मक सामान्यीकरण को प्राप्त करना होता है। ऐसे विश्लेषणों के लिए प्राथमिक उपागम-मानचित्रों की तुलना, कभी-कभी मानचित्रों को प्रत्यारोपित कर दिया जाता था। वर्तमान समय में कई पद्धतियों का तुलना में लिए प्रयोग किया जाता है। मूलभूत दृष्टि से भूगोल में तीन अलग-अलग प्रकार की तुलनाएं कि जा सकती हैं–

तुलनाओं का वर्गीकरण

(1) सैद्धान्तिक व्याख्यात्मक तुलनाएँ

(2) शुद्ध वर्णनात्मक तुलना

(3) आनुमानिक व्याख्यात्मक तुलनाएँ

(1) **सैद्धान्तिक व्याख्यात्मक तुलनाएँ** : वितरण विश्लेषण की उपरोक्त आनुमानिक सैद्धान्तिक विधि की अपेक्षा एक अन्य विधि होती है जिसमें वास्तविक वितरण को संभाव्य वितरण से तुलना करते हैं। इस तरह यह एक सैद्धान्तिक बंटन हुआ। भलीभाँति तुलना से अगर दो बंटन बराबर आधारभूत प्रारूप को प्रदर्शित करते हों तो हमें यह ज्ञात होगा कि वह कारक जिसे हम सैद्धान्तिक बंटन में महत्त्वपूर्ण समझते हैं, अनुमान द्वारा वास्तविक बंटन में भी महत्त्वपूर्ण होगा। यद्यपि यह विधि मात्र वर्गीकृत आँकड़ों के लिए ही उपयुक्त हो सकती है। इस सन्दर्भ में विविध तुलनाओं का क्रमबद्ध विश्लेषण सार्थकता परीक्षण के तहत होगा।

(2) **शुद्ध वर्णनात्मक तुलनाएँ** : भूगोलविद अक्सर सरल वर्णनात्मक तुलनाएँ करने में निपुण होते हैं। अधिकांश भौगालिक लेखों में दो या दो से ज्यादा प्रदेशों के भौतिक स्वरूप, भूमि उपयोग एवं मानव अधिवासों आदि के सन्दर्भ में तुलनाएँ की जाती हैं। दो आँकड़े समूहों के तहत समानता या विभिन्नता का वर्णन करना सरल कार्य नहीं। तथापि, दो दिए गए आँकड़े समूहों के माध्य तथा मानक विचलन ज्ञात कर उनकी तुलना की जाती है, किन्तु एक ही प्रकार के दो दृष्टान्तों की तुलना मात्र से ही व्याख्या युक्तिसंगत नहीं हो पाती है।

(3) **आनुमानिक व्याख्यात्मक तुलनाएँ** : इसमें पूर्व वर्णित निश्चित विशेषताओं का वर्णन आकलन से किया जाता है। यहाँ दो चरों के बीच तुलनाएँ हमें किसी निश्चित कारक के विश्लेषण करने के लिए अनुमान प्रदान करती हैं। यह कार्य सह-प्रसरण, सह-सम्बन्ध, समाश्रयण इत्यादि की गणना से किया जाता है।

सम्बन्ध

दो चरों के मध्य सम्बन्धों के विश्लेषण हेतु साँख्यिकीय विधियों का प्रयोग महत्त्वपूर्ण है। यहां कतिपय मुख्य पद्धतियां उद्धृत हैं—

सह-प्रसरण

इसमें यह माप की जाती है किस सीमा तक आँकड़ा समूह अपने माध्य तथा विचलनों के सन्दर्भ में सहप्रसरित (co-vary) होते हैं। इसके तहत सबसे पहले हर आँकड़े का माध्य निकालकर, प्रत्येक चर से विचलन ज्ञात कर उनके गुणनफलों के सम्पूर्ण योग को, प्रेक्षण युग्मों (N) से, विभाजित करते हैं। यहाँ यह भी देखते हैं कि तुलनीय दोनों चरों में कौन-सा चर स्वतन्त्र एवं कौन-सा चर आश्रित है। दोनों आँकड़ें

समूहों को क्रमशः X और Y से सम्बोधित कर निम्नलिखित सूत्र का प्रयोग करते हैं–

$$\text{सह-प्रसरण} = \frac{\Sigma(X-\overline{X})(Y-\overline{Y})}{N}$$

प्राप्त सह-प्रसरण मान को देखकर सम्बन्धों की कतिपय जानकारी मिल जाती है। यहाँ यह जान लेना प्रमुख होगा कि सह-प्रसरण मान, लिए गए दोनों आँकड़ा समूहों में एक दिशा में परिवर्तित हुए हैं या नहीं हुए हैं के आधार पर धनात्मक (+) या ऋणात्मक (–) हो सकता है। यदि दोनों चर एक ही दिशा में घटते-बढ़ते हैं, तो मान धनात्मक तथा विपरीत रीति से परिवर्तन होने पर मान ऋणात्मक प्राप्त होगा। अर्थात् सह-प्रसरण दो चरो में ऐसे सम्बन्ध का संकेत करता है जिसके तहत किसी एक चर के मूल्यों में परिवर्तन होने पर दूसरे चर के मूल्य में भी बदलाव होता है। उपरोक्त उदाहरण में सह-प्रसरण ऋणात्मक है–जिससे स्पष्ट होता है कि ऊँचाई की बढ़ोतरी के साथ-साथ कृषित भूमि का औसत कम होता है।

उदाहरण : बारह पठारी क्षेत्रों में ऊँचाई (500 मीटर से ऊँचे क्षेत्र का प्रतिशत = X चर) के सम्बन्ध में कृषित भूमि का औसत (Yचर) दिया गया है।

क्षेत्र	ऊँचाई % (X)	विचलन $(X-\overline{X})$	$(X-\overline{X})^2$	कृषित भूमि Y %	विचलन $(Y-\overline{Y})$	$(Y-\overline{Y})^2$	विचलन गुणनफल $(X-\overline{X})(Y-\overline{Y})$
1	2	3	4	5	6	7	8
1	25	−25	625	62	18	324	−450
2	30	−20	400	56	12	144	−240
3	32	−18	324	52	8	64	−144
4	35	−15	225	52	8	64	−120
5	52	2	4	50	6	36	12
6	48	2	4	46	2	4	−4
7	50	0	0	44	0	0	0
8	56	6	36	42	−2	64	−12
9	64	14	196	36	−8	64	−112
10	66	16	256	34	−10	100	−160
11	70	20	400	30	−14	196	−280
12	72	22	484	24	−20	400	−440
	600		2594	528		1400	−1950
	ΣX		$(X-\overline{X})^2$	ΣY		$\Sigma(Y-\overline{Y})^2$	$\Sigma(X-\overline{X})(Y-\overline{Y})$
$\overline{X} = 50$	$6X = 15.7$			$\overline{Y} = 44$		$\sigma 6Y = 10.8$	

सह-सम्बन्ध गुणांक

विचलन विश्लेषण में यह देखा गया था कि किसी भी आँकडे में अगर विचलनता है तो मानक विचलन द्वारा मापा जा सकता है। दो आँकड़ों, X एवं Y, की तुलना में विचलन माप हेतु भी मानक विचलन उपयोगी होता है। इसमें दो मानक विचलन मानों (σX) और (σY) की गणना कर, एक दूसरे से गुणा कर दिया जाए तो हमें दोनों आँकड़ों हेतु सामूहिक विचलन की माप प्राप्त होती है। इस प्रकार हम देखते हैं कि यदि दोनों आँकड़े X और Y सह-सम्बन्धित हैं तो इसके लिए दो अलग प्रकार के विचलन की गणना की जा सकती है। **प्रथम**, सह-प्रसरण जिसमें दोनों आँकड़ों के विचलनों की माप साथ-साथ तथा एक ही समय में की जाती है, एवं द्वितीय, मानक विचलन की सहायता से हम यह बताने में समर्थ होते हैं कि दोनों आँकड़े किस सीमा तक सम्बन्धित हैं? यदि सह-प्रसरण तथा संयुक्त मानक विचलन एक ही मान रखते हों तो, स्पष्टतः आँकड़ों में अत्योच्च सह-सम्बन्ध होगा। यदि दोनों मापनों के मान में अन्तर है तो सह-सम्बन्ध अल्प होगा और अधिक असमान होने पर सह-सम्बन्ध कम होता जाता है। सह-सम्बन्ध के विस्तार को ज्ञात करने के लिए, एक मापन को दूसरे के अनुपात में, r से प्रदर्शित करते हैं तथा इसे सह-सम्बन्ध गुणांक (coefficient of correlation) कहते हैं।

परिभाषा—सह-सम्बन्ध एक ऐसा मापन प्रदान करता है जिससे दो या दो से अधिक चरों के मध्य सम्बन्धों की गणना की जा सकती है। इसमें सम्बन्ध की संख्या (degree of relationship) को एक शुद्ध मान के रूप में प्राप्त किया जाता है जिसे साँख्यिकीय भाषा में सह-सम्बन्ध गुणांक (coefficient of correlation) कहते हैं। यह गुणांक दोनों चरों की एक-दूसरे पर निर्भरता का मापन करता है।

"Correlation, in general sense, denotes the association between quantitative or qualitative data."

"Measures of association of correlation can be described as a problem involving the strength of relationship between two measurable attributes or variables" (Mathews–1981)

विशेषताएँ—सह-सम्बन्ध का मान + 1 से – 1 के बीच ही रहता है। यहाँ पर भी धन एवं ऋण के चिन्ह, सम्बन्धों की एक दिशा या प्रतिकूल दिशा को ही प्रदर्शित करते हैं। पूर्ण सह-सम्बन्ध होने पर यह मान + 1 अथवा – 1 द्वारा प्रदर्शित होता है। + 1 पूर्ण धन सह-सम्बन्ध एवं – 1 पूर्ण ऋण सहसम्बन्ध के लिए प्रयुक्त होता है। ऋण सह-सम्बन्ध में एक चर के घटने पर दूसरा बढ़ता

है, जबकि धन सह-सम्बन्ध में दोनों ही चर साथ-साथ बढ़ते या घटते हैं। यदि सह-सम्बन्ध कम हो तो r का मान क्रमशः शून्य के निकट होगा एवं शून्य मान होने पर आँकड़ों में कोई भी सहसम्बन्ध नहीं पाया जाता है। दूसरे शब्दों में, r मान ± 1के जितना ही समीप होगा सह-सम्बन्ध उतना ही अच्छा या प्रागढ़ होगा। सामान्य रूप से सह-सम्बन्ध के मानों से प्राप्त निष्कर्ष निम्नवत् होते हैं–

± 0.7 से ± 1 उच्च साहचर्य (High degree of association)

± 0.4 से ± 0.7 सारयुक्त सम्बन्ध (Substantial relationship)

± 0.2 से ± 0.4 अल्प सह-सम्बन्ध (Low degree of correlation)

± 0.2 से कम अत्यल्प सम्बन्ध (Negligible relationship)

इस प्रकार सह-सम्बन्ध गुणाँक का मान यदि समुचित रूप से ऊँचा हो तो चरों के बीच जुड़ाव का परामर्श दिया जा सकता है। इसका आशय यह नहीं है कि दो चर अनिवार्यतः कारणात्मक रूप से सम्बन्धित हैं। सम-सम्बन्ध की व्याख्या में कई सम्भावनाएँ होती हैं जिनपर जरूर ध्यान दिया जाना चाहिए और परिणाम पर विचार करना पहला जरूरी पग है। सह-सम्बन्ध के अभिप्राय पर विचार करते समय सामान्य बोध जरूरी होता है। निम्नांकित कुछ सम्भावनाओं पर विचार करना अपेक्षित है–

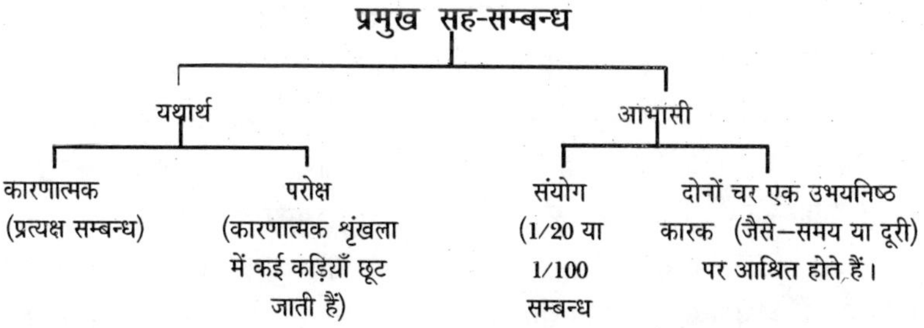

कुछ सह-सम्बन्ध प्रत्यक्ष एवं स्पष्ट होते हैं यथा पुलिन ढाल (beach slope) एवं पुलिन पदार्थ (beach material) के बीच सम्बन्ध। इस उदाहरण में पदार्थों के आकार **स्वतन्त्र चर** एवं पुलिन ढाल आश्रित चर हैं। इस सन्दर्भ में बालू कण का आकार एक कारक एवं प्रवणता प्रमाव है। तथापि बालू-आकार एवं छँटाई के बीच साँख्यिकीय तौर पर से सार्थक सम्बन्ध को कारण एवं प्रभाव के सन्दर्भ में देखना

इतना सरल नहीं। यदा-कदा वह सह-सम्बन्ध जो मान्य दृष्टिगोचर हुआ है, अन्तर्वर्ती कारकों की जटिलता पर आश्रित होता है। जैसे राजनीतिक इकाइयों (जनपद) की आकृति एवं एक निश्चित प्रकार के शैल दृश्यांश के बीच अन्तर्सम्बन्धों को मात्र शैलों की प्रकृति, इसकी मिट्टी एवं अधिवास तथा अन्य कारकों वनस्पति और भूमि प्रयोग के ऐतिहासिक जटिल प्रारूप, के सन्दर्भ में विश्लेषित किया जा सकता है। सह-सम्बन्ध विधियाँ सम्बन्धों को निर्धारित कर सकती हैं, किन्तु इन सम्बन्धों की व्याख्या हेतु सामान्य बोध तथा विचारों की काफी आवश्यकता होती है। पुनः मापन तथा प्रतिदर्श चयन में त्रुटि भी सह-सम्बन्ध के स्तर को प्रभावित कर सकती हैं जिसका निराकरण परिष्कृत विधियों के उपयोग से सम्भव है।

सह सम्बन्ध का लेखाचित्रीय प्रदर्शन—तुलना किए जाने वाले दो चरों को अगर लेखाचित्रीय (graphical) रूप में प्रदर्शित किया जाए तो उन्हें देखकर इनके बीच सम्बन्धों का आकलन जा सकता है। इस लेखाचित्र को **प्रकीर्ण आरेख** (scatter diagram) कहते हैं। इसमें विविध इकाइयों की उनके X तथा Y मूल्यों के अनुसार ग्राफ कागज पर, बिन्दु द्वारा स्थिति दर्शायी जाती है। आधार अक्ष (X) एवं लम्ब अक्ष (Y) पर मापक निश्चित कर प्रत्येक निर्देशांक पर बिन्दु लगा देते हैं। इस तरह आँकड़ों में जितनी संख्या (N) होगी लेखाचित्र पर उतने ही बिन्दु बनेंगे।

प्रकीर्ण आरेख पर बिन्दुओं के बिखराव (प्रकीर्णता) को देखकर, तुलना हेतु लिए गए दोनों तत्त्वों या कारकों के सम्बन्ध की मात्रा का अनुमान लगाया जाता है। इसमें चार अवस्थाएँ प्रकट की गई हैं : **क** या प्रथम चित्र में वह स्थिति है जिसमें दो चरों के बीच प्रत्यक्ष **सम्बन्ध** है, अर्थात् X मान के बढ़ने के साथ-साथ Y मान भी बढ़ता है। इसके उलट अन्तिम चित्र **घ** में प्रतिकूल दशा पाई जा रही है; अतः यहाँ **ऋणात्मक सम्बन्ध** का बोध होता है। यहाँ द्वितीय ग्राफ, ख, एक क्षीण धनात्मक सम्बन्ध को प्रकट करता है जबकि तीसरे चित्र, ग में किसी प्रकार के सम्बन्ध का अभाव है।

इस चित्रात्मक विधि से पहले सम्बन्धों के पाए जाने का आकलन लगाया जाता है। चित्र देखकर अगर किसी तरह के आकलन की संभावना हो, उस स्थिति में ही सांख्यिकीय गणनाके माध्यम से सह-संबंध की मात्रा के मापन का प्रयास किया जाता है।

सहसम्बन्ध गुणाँक : साँख्यिकी गणना कर सहसम्बन्ध ज्ञात करने की कई विधियाँ हैं। तथापि सबसे अधिक महत्त्वपूर्ण तथा प्रचलित दो विधियाँ हैं।

(i) कोटि सहसम्बन्ध गुणाँक (Spearman's Rank Correlation Coefficient)

(ii) पिर्यसन का सहसम्बन्ध गुणाँक (Pearson's Correlation Coefficient)

पिर्यसन का सहसम्बन्ध गुणाँक

पियर्सन का सहसम्बन्ध गुणाँक छोटे आकार (r) द्वारा स्पष्ट किया जाता है। इसे गुणनघूर्ण सहसम्बन्ध गुणाँक (product-moment correlation coefficient) भी कहते हैं। यह दो चरों के मध्य सम्बन्धों का प्राचल मापन (parametric measure) है। इसगें चरों की माप अन्तराल मापक (interval scale) पर होनी जरूरी होती है तथा इस विधि में यह कल्पना की जाती है कि दोनों चर प्रसामान्य बंटित समष्टि से लिए गए हैं। यदि समष्टि के सभी निजी अवलोकनों की परीक्षा की जाए तो दोनों की चरों के मानों का आवृत्ति वितरण प्रसामान्य ही प्राप्त होगा। यह एक अत्यन्त ही अवरोधी कल्पना (restricting assumption) है जो भौगोलिक आँकड़ों में कदाचित ही पाई जाती है; तथापि भूगोल में उसका बहुतायत से उपयोग हुआ है तथा भौगोलिक साहित्य में सहसम्बन्ध शब्द का आशय सामान्यतः गुणनघूर्ण सहसम्बन्ध की ही सन्दर्भ में आता है चूँकि यह r एक प्रतिदर्श के दो चरों के बीच सम्बन्धों की मात्रा का वर्णनात्मक मापन करता है अतः इसे प्रतिदर्श सहसम्बन्ध गुणाँक (sample r) कहा जाना चाहिए। इस तरह यह तर्क दिया जा सकता है कि इस तकनीक का भूगोल में व्यापक दुरुपयोग किया गया है, विशेषतः उन दशाओं में जहाँ एक अप्राचल विकल्प (non-parametric alternative) यथा स्पीयरमैन का कोटि सहसम्बन्ध, ज्यादा उपयुक्त होता है। गणितीय भाषा में गुणघूर्ण सहसम्बन्ध को "दोनों चरों के सहप्रसरण का उनके मान विचलनों के गुणनफल से अनुपात के रूप में प्रदर्शित करते हैं।" (ratio of the covariance to the product of the standard deviations of the two variables)

सूत्र रूप में :

$$r = \frac{\text{Covariance of x and y}}{\text{Product of the Standard Deviation of x and the standard deviation of y}}$$

अथवा,

$$= \frac{\text{x और y का युग्म रूप में लिया गया सहप्रसरण}}{(\text{x का मानक विचलन}) \times (\text{y का मानक विचलन})}$$

दूसरे शब्दों में,

$$r = \frac{\frac{\Sigma(x-\overline{x})(y-\overline{y})}{n}}{S_x . S_y}$$

S = मानक विचलन (प्रतिदर्श के सन्दर्भ में)

इस सूत्र को देखकर स्पष्ट हो रहा है कि आँकड़े में विभिन्नता के अनुपात अर्थात इसको प्रदर्शित करने वाले सहप्रसरण में ज्यों-ज्यों बढ़ोत्तरी हागी, उसी अनुपात में सहसम्बन्ध गुणाँक भी उच्च होगा।

पियरसन के सहसम्बन्ध गुणाँक की गणना से प्राप्त मान + 1.0 (पूर्णधनात्मक सम्बन्ध) से शून्य (अर्थात् सम्बन्धविहीन) होते हुए –1.0 (पूर्ण ऋणात्मक सम्बन्ध) तक विचरित करता है। सूत्र में प्रयुक्त सहप्रसरण की गणना में अवलोकन संख्या (N) अर्थात् प्रतिदर्श का आकार (size of sample) का काफी प्रभाव होता है जो अन्ततोगत्वा r की गणना मान को भी प्रभावित करता है। पुनः r का मान जितना ही अधिक होगा शून्य से संयोगवश (by chance) अन्तर रखने की उसकी सम्भावना उतनी ही अल्प हो जाती है। चूँकि यहाँ प्रतिदर्श पर आधारित गणना कर निष्कर्ष निकाले जाते हैं अतः इनकी सार्थकता की अनिवार्य जांच हो जाती है। संयोगवश घटित होने वाले r का, एक दिए गए संभाव्यता स्तर (significance level) एवं दिए गए प्रतिदर्श आकार पर, सम्भावी मान एक साँख्यिकी सारणी में पाया जा सकता है (साँख्यिकी सारणी परिशिष्ट में उद्धृत है)। इस प्रकार शून्य से अन्तरहीनता (no difference from zero) की परिकल्पना को अस्वीकृत करने के लिए गणना किए गए r मान को सारणी के r मान से n – 2 स्वातन्त्र्य स्तर पर) अवश्य ही ज्यादा होना चाहिए।

छोटे प्रतिदर्श आकार पर आधारित उच्च सहसम्बन्ध गुणाँक, यह सम्भव है कि संयोग का ही परिणाम हों। इस प्रकार एक निर्धारित सहसम्बन्ध गुणाँक छोटे प्रतिदर्श आकार आँकड़े तथा बड़े प्रतिदर्श आकार आँकड़े दोनों की हेतु एक समान रूप से सार्थक नहीं होता है। पुनः साँख्यिकीय सार्थक सहसम्बन्ध होने के लिए, प्रतिदर्श आकार के बड़े होने की दशा में छोटा सहसम्बन्ध गुणाँक ही उपयुक्त होता है क्योंकि इस दशा में r के मान की संयोग से घटित होने की सम्भावना अल्प हो जाती है।

r मान के पृथक मेज की आवश्यकता से बचने के लिए गणना किए गए r मान की मदद से निम्न सूत्र का प्रयोग कर स्टूडेण्ट टी टेस्ट (t) की गणना की जा सकती है–

$$t = \frac{\text{सहसम्बन्ध गुणांक}}{\text{सहसम्बन्ध गुणांक की मानक त्रुटि}}$$

इसे सूत्रवत् $t = r\sqrt{\frac{n-2}{1-r^2}}$

यहाँ r = सहसम्बन्ध गुणाँक एवं N= पद संख्या

नोट : सहसम्बन्ध परीक्षण की विशेष अध्याय के अन्त में दिया गया है।

सहसम्बन्ध गुणाँक की गणना

पियर्सन की सहसम्बन्ध गुणाँक (r) की गणना हेतु निम्नलिखित सूत्रों का प्रयोग किया जाता है।

प्रथम विधि : सहप्रसरण एवं मानक विचलन की गणना की सहायता से

उदाहरण (1) : सारणी में 12 पठारी क्षेत्रों में ऊँचाई (X) के सन्दर्भ में कृषि भूमि का औसत (Y) दर्शाया गया है। X तथा Y के बीच सहसम्बन्ध गुणाँक प्राप्त करें।

$$\text{सूत्र } r = \frac{\text{X तथा Y का सहप्रसरण}}{\text{(X का मानक विचलन) (Y का मानक विचलन)}}$$

सारणी 1 से प्राप्त मानों को सूत्र में प्रतिस्थापित करने पर :

$$r = \frac{-162.5}{15.7 \times 10.8} = \frac{162.5}{169.56} = -0.95$$

निष्कर्ष

दिए गए उदाहरण में कृषित भूमि तथा ऊँचाई में उच्च ऋणात्मक सहसम्बन्ध देखा जाता है। अर्थात् पठारी क्षेत्र की ऊँचाई में बढ़ोतरी के क्रम में ही कृषि योग्य भूमि का प्रतिशत कम होगा।

समसम्बन्ध गुणाँक गणना में सूत्र में यथास्थान जरूरत और सुविधा हेतु बदलाव कर दिया गया है। उपरोक्त गणना विधि में विचलनों को $X-\bar{X}$ के रूप में रखा गया है उन्हीं विचलनों को एक अक्षर प्रदान कर दिया जाए जैसे X x = x तो सूत्र का स्वरूप बदल जाएगा। साथ ही ऐसी व्यवस्था की जाए कि मानक विचलन अलग से न निकालना पड़े। इस तरह

$$r = \frac{\Sigma xy}{\sqrt{\Sigma x^2 \Sigma y^2}}$$

यहाँ x तथा y दोनों की अपने माध्य से विचलन है। तथा Σ योग का सूचक है।

उक्त सारणी (1) के उदाहरण से प्राप्त मानों को प्रत्यक्ष प्रयोग करने पर

$$r = \frac{-1950}{\sqrt{2954 \times 1400}} = \frac{-1950}{2033.6} = -0.95$$

$$= -.95$$

उदाहरण (2) निम्नांकित आँकड़ों के लिए पिर्यसन के सहसम्बन्ध गुणाँक (r) की गणना कीजिए।

X:	3	4	2	1	5
Y:	2	3	1	1	3

तालिका

चर		x	y			
X	Y	$(X-\bar{x})$	$(Y-\bar{y})$	x^2	y^2	xy
3	2	0	0	0	0	0
4	3	1	1	1	1	1
2	1	– 1	–1	1	1	1
1	1	–2	–1	4	1	2
5	3	2	1	4	1	2
15	10	0	0	10	4	6
ΣX	ΣY	Σx	Σy	Σx^2	Σy^2	Σxy

माध्य $\overline{X} = 3$ $\overline{Y} = 2$ $N = 5$

$$r = \frac{\Sigma xy}{\sqrt{\Sigma x^2 . \Sigma y^2}}$$

$$= \frac{6}{\sqrt{10 \times 4}} = \frac{6}{6.32}$$

$$r = 0.95$$

उपरोक्त इस उदाहरण में r की गणना हेतु X तथा Y के लिए माध्य की गणना की जो क्रमशः 15/5 = 3 एवं 10/5 = 2 आई। तदन्तर उनसे विचलन की गणना कर सारणी में आबद्ध किया। पुनः उनका वर्ग एवं विचलनों का आपस में गुणनफल प्राप्त कर सारणी में रखकर उनका कुल योग (Σ) प्राप्त कर लिया। सूत्र में मानों को भरकर r ज्ञात किया जो 0.95 है। यह एक उच्च धनात्मक सहसम्बन्ध है।

सहसम्बन्ध गुणाँक गणना का प्रत्यक्ष प्रसार

उपर्यूक्त सूत्र में विचलन सम्बन्धी क्लिष्ट गणनाओं से बचने हेतु एवं वृहत् आँकड़ा समूहों में प्रत्यक्ष रूप से r की गणना करने हेतु निम्नवत सूत्र का प्रयोग वाँछित हो जाता है। इसमें मूल आँकड़े से ही डेस्क संगणक (calculators) का प्रयोग कर सहसम्बन्ध की गणना की जा सकती है।

उदाहरण (3) सारणी में ऊँचाई एवं कृषित भूमि के रूप में X तथा Y मानों के लिए सहसम्बन्ध की गणना कीजिए।

तालिका

X	Y	X^2	Y^2	XY
25	62	625	3844	1550
30	56	900	3136	1680
32	52	1024	2704	1664
35	52	1225	2704	1820
52	50	2704	2500	2600
48	46	2304	2116	2208
50	44	2500	1936	2200
56	42	3136	1764	2352
64	36	4096	1296	2304
66	34	4356	1156	2244
70	30	4900	900	2100
72	24	5184	576	1728
Σ600	528	32954	24652	24450

$$r = \frac{\Sigma XY - \Sigma X.\Sigma Y / N}{\sqrt{\left(\Sigma X^2 - (\Sigma X)^2 / N(\Sigma Y^2 - (\Sigma Y)^2 / N\right)}}$$

यहाँ X और Y मूल आँकड़े हैं। सूत्र हेतु निम्न योगों (Σ) की जरूरत होती है।

ΣX	ΣY	ΣX^2	ΣY^2	ΣXY
600	528	32954	24632	24450

सूत्र में मानों को प्रतिस्थापित करने पर–

$$r = \frac{24450 - 600 \times 528 / 12}{\sqrt{\left(32954 - (600)^2 / 12\right)\left(24632 - (528)^2 / 12\right)}}$$

$$= \frac{24450 - 26400}{(32954 - 30000)(24632 - 23232)}$$

$$= \frac{-1950}{2954 \times 1400} = \frac{-1950}{4135600}$$

$$= \frac{-1950}{2033} = -.95$$

सुधार : इसी सूत्र में N द्वारा भाग देने की क्रिया से बचने के लिए थोड़ा और बदलाव कर सूत्र को निम्नवत प्रयुक्त करते हैं। इससे कैल्कुलेटर द्वारा और भी शीघ्र से गणना हो जाती है।

$$r = \frac{n(\Sigma XY) - (\Sigma X)(\Sigma Y)}{\sqrt{[n(\Sigma X^2) - (\Sigma X)^2].[n(\Sigma Y^2) - (\Sigma Y)^2]}}$$

एक प्रतीक अध्ययन

उदाहरण (4) : सारणी में 32 झीलों में पाई जाने वाली अम्लता (pH = acidity) को निकाल भट्टियों से दूरी के सम्बन्ध में प्रदर्शित किया गया है।

आँकड़े पर आधारित प्रकीर्ण आरेख में दोनों चरों के बीच एक क्षीण धनात्मक सहसम्बन्ध का आभास हो रहा है अतः पियर्सन के सहसम्बन्ध गुणाँक का प्रयोग कर (i) सम्बन्धों की प्रगाढ़ता (strength) एवं (ii) "क्या सहसम्बन्ध सार्थक रूप से शून्य से भिन्न हैं" की माप की जा रही है। गुणाँक प्राप्त करने के लिए निम्नलिखित सूत्र का इस्तेमाल किया जा रहा है जिससे यथाशीघ्र गणना सम्पन्न होगी–

निकिल भट्टियों से दूरी के सन्दर्भ में झीलों की अम्लता सडबरी (कनाडा)

झील	(x) निकिल भट्टियों से दूरी (कि.मी.)	(y) अम्लता (pH)	झील	(x) निकिल भट्टियों से दूरी (कि.मी.)	(y) अम्लता (pH)
1	3.9	3.40	17	32.9	6.70
2	4.5	4.53	18	49.0	4.85
3	5.2	3.20	19	50.3	5.75
4	6.5	3.20	20	52.3	6.75
5	10.3	4.20	21	57.4	4.39
6	11.6	4.15	22	58.1	4.39
7	12.9	3.50	23	58.1	4.60
8	13.5	4.20	24	61.3	7.01
9	20.0	3.30	25	62.6	6.70
10	37.4	5.20	26	67.0	6.25
11	39.4	5.70	27	73.6	6.42
12	41.9	5.19	28	75.5	6.40
13	45.2	4.15	29	76.7	6.79
14	45.2	4.50	30	83.9	6.68
15	47.1	4.20	31	85.8	6.80
16	47.7	4.41	32	90.3	4.75

$$r = \frac{n(\Sigma xy) - (\Sigma x)(\Sigma y)}{\sqrt{[n(\Sigma x^2) - (\Sigma x)^2].[n(\Sigma y^2) - (\Sigma y)^2]}}$$

यहाँ,

n = प्रतिदर्श का आकार

Σx = x चर का कुल योग

Σy = y चर का कुल योग

$(\Sigma x)^2$ = x चर के योग का वर्ग (square)

$(\Sigma y)^2$ = y चर के योग का वर्ग

(Σx^2) = x चर के प्रत्येक मान का वर्ग करने पर उनका योग

(Σy^2) = y चर के प्रत्येक मान का वर्ग करने पर योग

(Σxy) = x तथा y मान के प्रत्येक (युग्म) के गुणनफल का योग

सारणी विषयक उपर्युक्त मान की गणना करने पर

$n = 32 \quad \Sigma x = 142.71, \quad \Sigma y = 162.26, (\Sigma x)^2 = 2036614.4$

$(\Sigma y)^2 = 26328.307 \quad (\Sigma x^2) = 84895.83 \quad (\Sigma y^2) = 870.7698$

$(\Sigma xy) = 7957.853$

मानों को सूत्र में प्रतिस्थापित करने पर सहसम्बन्ध गुणाँक–

$$r = \frac{32(7957.853) - (1427.1)(162.26)}{\sqrt{[32(84895.83) - 2036614.4] \times [32(870.77) - 26328.3)}}$$

$$= \frac{(254651.29 - 231561.24)}{\sqrt{(2716666.5 - 2036614.4) \times (27864.633 - 26328.307)}}$$

$$= \frac{23090.05}{\sqrt{(680052.1)(1536.326)}} = \frac{23090.5}{32323.056} = 0.714$$

इस प्रकार गणना से गुणाँक +0.714 प्राप्त हुआ जिसकी साँख्यिकीय सार्थकता स्टूडेण्ट t गुणज की गणना कर प्राप्त की जाएगी–

$$t = r\sqrt{\frac{n-2}{1-r^2}}$$

$$= 0.71435 \times \sqrt{\frac{30}{1 - 0.510296}}$$

$$= (0.71435)(7.82697) = 5.5912$$

इस प्रकार t का गणना किया गया मान 5.5912, सारणी में मान 2.024 (परिशिष्ट में स्टूडेण्ट t statistic से 5% सार्थकता स्तर पर 32 – 2 = 30 स्वा. से. हेतु संयोग पर दिया गया मान 2.024 है। से बहुत ज्यादा है। अतः सम्बन्धहीनता (no-relationship) की परिकल्पना निरस्त हो जाती है। परीक्षण से इस प्रकार स्पष्ट होता है कि दोनों चरों के परस्पर में 'सम्बन्धित न होने' की सम्भावना 5% से कम ही है, जबकि 95% से अधिक सम्भावना 'सम्बन्ध के होने' की है। तथापि परीक्षण यह इंगित नहीं करता है कि गणना से प्राप्त r गुणाँक 95% सत्य है बल्कि यह मान्य शून्य से उच्च अन्तर रखता है यह तर्क 95% सुनिश्चित है।

उपरोक्त उदाहरण से साँख्यिकीय रूप से सार्थक धनात्मक गुणाँक यह iznf'kZ djrk gSfd HkfVV;ksa ls nwjh c<+usds lkFk esa >hyksa esa pH की मात्रा में बढ़ोतरी के लक्षण दृष्टिगत होते हैं। इस प्रकार भट्टियों से वायुमण्डलीय प्रदूषण द्वारा झीलों के न्यून pH (उच्च अम्लता) के लिए तर्क प्राप्त होता है तथा दूरी का जल प्रदूषण कम होने पर प्रभाव है।*

यहाँ ध्यान देने की बात यह है कि साँख्यिकीय विश्लेषण से ऐसे अनुमान प्रा'त नहीं होते बल्कि ये एक अतिरिक्त सूचना होते हैं। इसी प्रकार एक सहसम्बन्ध गुणाँक यह प्रदर्शित नहीं करता कि दोनों कारकों में से कौन कारक किसको प्रभावित करता है? कारणों की प्रवृत्ति सम्बन्धी कोई भी अनुमान, कदाचित सहसम्बन्ध गुणाँक से कहीं ज्यादा किसी अन्य कारक पर आधारित होगा।

मानचित्रों की तुलना : सहसम्बन्ध गुणाँक की विशेष उपयोगिता मानचित्रों की तुलना करने एवं क्षेत्रीय वितरक प्रतिरूप के बीच समानता की मात्रा के वर्णन में होती है। चित्र में संयुक्त राज्य नेब्रास्का के दो चरों–(i) ग्रामीण कृषक जनसंख्या, (ii) औसत वार्षिक वर्षा, को प्रदर्शित किया गया है। इसमें उच्च वर्षा की मात्रा का उच्च आबादी घनत्व से साहचर्य प्रतीत होता है। राबिन्सन एवं ब्रायन (1977) ने इन मानचित्रों का उपयोग दोनों के बीच सम्बन्धों की मात्रा के लिए, r की प्रयुक्तता के रूप में किया था। मानचित्र के बिन्दुओं के एक प्रतिदर्श चुनकर गुणाँक की गणना के लिए आँकड़े के रूप में उपयोग किया था जिससे मध्योच्च धनात्मक सहसम्बन्ध (+ 0.8) प्राप्त हुआ। यहाँ भी निष्कर्ष पुनः यही कहकर दुहराया जा सकता है कि "सहसम्बन्ध चूँकि कारणों की बात नहीं करता अतः यह सुझाव अर्थहीन होगा कि उच्च वर्षा उच्च घनत्व का कारण हुई; या इसके विपरीत, उच्च घनत्व उच्च वर्षा का कारण होती है।

तकनीक का अनुमानात्मक साँख्यिकी के तौर पर इस्तेमाल

एक प्राचल साँख्यिकीय तकनीक होने के कारण r का गुणाँक का अनुमानिक साँख्यिकीय के रूप में उपयोग कुछ सीमाओं की भीतर ही हो पाता है। आँकड़े अन्तराल मापक पर ही हों तथा वे द्विचरीय-प्रसामान्य बंटित भी हों। द्विचर वितरण (bivariate distribution) में सभी चर व्यक्तिगत रूप से तथा एक-दूसरे के सम्बन्ध में प्रसामान्य बंटित होता है। इस विधि में यह कल्पना की जाती है कि; दो चरों की बीच रेखीय सम्बन्ध हैं तथा मापे गए सभी चर एक स्वतन्त्र यादृच्छिक प्रतिदर्श (independent random sampling) हैं।

क्रमांक सहसम्बन्ध गुणाँक

यद्यपि पियर्सन के सहसम्बन्ध गुणाँक की गणना सरल है बावजूद इसके इसमें लम्बी प्रक्रिया के साथ ही निरपेक्ष मानों में ही गणना की जा सकती है। प्रायः आँकड़े सदैव निरपेक्ष मान के ही नहीं होते अपितु अपने कोटि के सन्दर्भ में सापेक्ष क्रम में भी होते हैं। जैसे आबादी के अनुरूप आकार के आधार पर नगरों को क्रम में रखना, याप्राप्तांक के क्रम में परीक्षाफल अथवा योग्यता सूची आदि। ऐसे आँकड़ों का साँख्यिकीय भाषा में कोटिकृत आँकड़ा कहते हैं जो क्रमसूचक मापक (ordinal scale) पर होता है। दो आँकड़ों के कोटि के आधार पर की गई सहसम्बन्ध को स्पीयरमैन का कोटि सहसम्बन्ध गुणाँक (Spearman—correlation coefficient) या सूत्ररूप में r, अथवा rho (या छोटा पी p) कहते हैं।

यह एक अप्राचल जाँच (non-parametric test) है जिसमें वास्तविक संख्याओं (actual numbers) के स्थान पर कोटि (ranks) का उपयोग किया जाता है। इसकी गणना हेतु आँकड़े का प्रसामान्य बंटित होना अथवा रेखीय सम्बन्धयुक्त होना (inter relationship) जरूरी नहीं। इसीलिए अन्तराल मापक आँकड़ों (interval scale data) के उपलब्ध न होने पर या जब हम प्राचल सहसम्बन्ध गुणाँक की कुछ मान्यताओं या कल्पनाओं (assumptions) से बचना चाहते हैं तो स्पीयरमैन-गुणाँक का एक उपयोगी विकल्प होता है। इस गणना से प्राप्त r, मान भी –1.0 से + 1.0 तक ही होता है एवं पियर्सन के r की भाँति ही इसकी व्याख्या एवं उसकी सार्थकता की परीक्षा भी की जाती है। इसकी गणना में दोनों आँकड़ा समूहों को हर पद/घटक के कोटि के अन्तर की तुलना करते हैं जिसमें X एवं Y आँकड़ों को आस-पास व्यवस्थित कर उनको आरोही अथवा अवरोही क्रम में कोटि संख्या (X_R, Y_R) प्रदान कर पुनः कोटि अन्तर (X_R, – Y_R = d) निकालकर उनके विचलन वर्गों (d^2) का योगफल (Σd^2) ज्ञात करते हैं। इसे निम्न सूत्र की सहायता से प्रदर्शित किया जाता है—स्पीयरमेन कोटि सहसम्बन्ध गुणाँक =

$$r_s = 1 - \frac{6\Sigma d^2}{N^3 - N}$$

सारणी में से प्राप्त मानों को सूत्र में प्रतिस्थापित करने पर

$$r_2 = 1 - \frac{6 \times 34}{(12)^3 - 12}$$

$$= 1 - \frac{204}{1716}$$

$$= 1 - .12$$

r_s अथवा rho(p) = 0.88

उदाहरण : पूर्वी उत्तर प्रदेश के 12 जनपदों के सिंचित भूमि का औसत एवं दो फसली भूमि के प्रतिशत के आधार पर कोटि सहसम्बन्ध गुणाँक की गणना के लिए निम्न प्रक्रियाएँ होंगी–

तालिका

जनपद	सिंचित भूमि % (X)	कोटि संख्या X_R	दो फसली भूमि % Y	कोटि संख्या Y_R	कोटि संख्या अन्तर $X_R - Y_{R=d}$	अन्तर वर्ग d^2
1	62	2	48	1	1	1
2	58	5.3(3)	46	2	1.5	2.25
3	64	1	44	3	–2	4.00
4	55	5	39	6	–1	1.00
5	46	8.5(8)	34	9	–0.5	0.25
6	42	11	10	11	0	0.00
7	46	8.5(8)	32	10	–1.5	2.25
8	54	6	42	4	2	4.00
9	36	12	26	12	0	0.00
10	45	10	35	8	–2	4.00
11	50	3.5(3)	38	7	–3.5	12.25
12	51	7	40	5	2	4.00
N = 12						$\Sigma d^2 = 34.00$

हल : (i) सर्वप्रथम सारणी में X मानों को देखें एवं सबसे अधिक मान वाले 64 के सामने एक लिखें जो उसकी कोटि हुई। ऐसे ही उसके बाद वाली संख्या 62 के लिए 2 कोटि होगी।

(ii) X तथा Y हेतु आमने-सामने प्राप्त कोटि मान (R) का अन्तर (X_R-Y_R) निकालकर अगले कालम में लिखें। तदुपरान्त अन्तिम कालम में इसी अन्तर (d) को वर्ग करके लिखने के बाद उसका कुल योग (Σd^2) प्राप्त करें जो 34 है।

(iii) अब सूत्र में मान भरकर r_s = 0.88 प्राप्त किया।

नोट : कोटि संख्या निर्धारित करते समय यदि दो या अधिक चर एक ही कोटि संख्या के हों तो उनका प्रतिशत निकालकर गणना की जाती है, जैसे–सिंचित भूमि के प्रतिशत (X) में 58 दो बार आया है। अतः इसकी कोटि संख्या 3 होगी

किन्तु अगली संख्या 4 तक के लिए यह है अतः 3 तथा 4 का औसत निकालेंगे। इस प्रकार दोनों की कोटि संख्या $\frac{3+4}{2} = 3.5$ जाएगी।

निष्कर्ष : उपरोक्त उदाहरण में सहसम्बन्ध गुणाँक 0.88 है जो उच्च धनात्मक साहचर्य को प्रदर्शित करता है जिससे स्पष्ट होता है कि यदि सिंचित भूमि के औसत में बढ़ोतरी होती है तो दो फसली भूमि का अनुपात भी बढ़ता है।

एक प्रतीक अध्ययन

इंग्लैंड में अश्वेत वर्ण के लोगों का वितरण विश्लेषित किये जाने पर ज्ञात होता है कि वितरण प्रतिदर्श श्वेत आबादी के फैलाव से कतिपय संबंध रहखता है। यहाँ काले तथा श्वेत जनसंख्या के बीच सम्बन्धों की शक्ति को मापने हेतु स्पीयरमेन के सहसम्बन्ध गुणाँक प्रयुक्त किया जाता है। 1971 में 5000 से अधिक अश्वेत जनसंख्या (coloured population) धारण करने वाले नगर केन्द्रों का ही यहाँ उपयोग किया जा रहा है। इन केन्द्रों का उनमें अश्वेत जनसंख्या के हिसाब से कोटिक्रम (rank order) में व्यवस्थित किया गया है। इन्हीं केन्द्रों को उनमें निवास करने वाले श्वेत जनसंख्या को क्रम में ही कोटि प्रदान किया गया है। तदन्तर सभी केन्द्र हेतु प्राप्त कोटि का अन्तर लेकर अगले कालम में सारणीबद्ध किया गया है।

हल : एक पूर्ण धनात्मक सहसम्बन्ध होने, अर्थात् कोटि के दोनों कालमों में समान कोटि संख्या होने की दशा में दाहिने हाथ के कालम (d) में शून्य ही आता है जबकि पूर्ण ऋणात्मक सहसम्बन्ध की दशा में इस कालम में ज्यादा बड़े मान प्राप्त होते हैं। इसी प्रकार सशक्त सम्बन्ध की अवस्था में कोटि अन्तर के वर्ग (d^2) का योग क्रमशः बहुत कम या बहुत ज्यादा होता है। स्पीयरमेन के r_s का सूत्र

$$r_s = 1 - \frac{6\Sigma d^2}{n^3 - n}$$

यहाँ n = प्रतिदर्श का आकार

Σd^2 कोटि अन्तरों के वर्ग का योग

उपर्युक्त उदाहरण में $n = 25$ तथा $\Sigma d^2 = 538$ है;

$$n^3 = 15625$$

अतएव

$$r_s = 1 - \frac{6(538)}{15625 - 25}$$

$$= 1 - \frac{3228}{15600} = 1 - 0.2069 = +0.71$$

परीक्षण : r_s के एक सार्थक सम्बन्ध धारण करने वाले समुचित उच्च होने की जानकारी प्राप्त करने के लिए सारणी मान से तुलना करना अभीष्ट होता है।

r_s सारणी से स्पष्ट है कि 5% सार्थकता स्तर एवं n = 25 प्रतिदर्श का उपयोग करने पर एक गणना किए गए r_s को अधिकाधिक 0.362 (+ या –) होना चाहिए; यदि दोनों चरों के बीच सहसम्बन्ध नहीं है तो। अतः इस उदाहरण में 'सहसम्बन्ध नहीं है' की परिकल्पना अस्वीकृत होती है क्योंकि गणना किया गया r_s मान = 0.71सारणी मान (0.362) से काफी ज्यादा है। इस प्रकार यह निष्कर्ष निकलता है कि "अश्वेत जनसंख्या का वितरण श्वेत जनसंख्या वितरण से सहसम्बन्धित है।

नोट : सारणी में दिए गए संख्या से अधिक बड़े प्रतिदर्श आकार के होने की दशा में r_s की सार्थकता के परीक्षण में स्टूडेण्ट t परीक्षण का ही उपयोग किया जाता है जिसका सूत्र पियर्सन गुणाँक के सन्दर्भ में दिया गया है। जिसमें r के स्थान पर r_s का उपयोग कर पूर्णवर्णित क्रम में ही निष्कर्ष निकालते हैं।

वर्गीकृत अंकन का सहसम्बन्ध

वर्गीकृत आँकड़ों के समसम्बन्ध जानने हेतु भी आँकड़ों के सहप्रसरण एवं मानक विचलन की गणना वर्गीकृत आँकड़ों के अनुसार की जाती है। तथापि आसानी हेतु दोनों आँकड़ों का एक चार्ट के तहत समाहित कर सहसम्बन्ध गुणाँक निकालते हैं जिसे सहसम्बन्ध सारणी कहते हैं। इस सारणी में X और Y चरों को वर्गीकृत आकार में लेखाचित्रीय रूप में रखकर उनकी आवृत्तियों को उनके सामने के कालमों तथा पंक्तियों में रख दिया जाता है तदुपरान्त अन्य गणनाएँ पूर्ववर्णित क्रम में या चार्ट के अनुसार गणना को व्यवस्थित कर सहसम्बन्ध गुणाँक ज्ञात करते हैं। वृहत् मान के संख्याओं के होने पर गणना को सरल बनाने हेतु मूल चरों को अवविचलित कर सहसम्बन्ध गुणाँक ज्ञात करते हैं। इस प्रक्रिया से प्राप्त मान मूलचरों की गणना ही के समान होता है।

सूत्र : वर्गीकृत आँकड़े हेतु समसम्बन्ध (r) गुणाँक प्राप्त करने का सूत्र

$$r = \frac{\Sigma fdx\,dy - N\left(\frac{\Sigma fdx}{N}\right)\left(\frac{\Sigma fdy}{N}\right)}{N\sqrt{\frac{\Sigma fd^2x}{N} - \frac{(\Sigma fdx)^2}{N}}\sqrt{\frac{\Sigma fdy^2}{N} - \frac{\Sigma fdy^2}{N}}}$$

सूत्र में N से विभाजित करने की क्रिया से बचने के लिए एवं संगणक पर मात्र गुणा, जोड़ना-घटाना क्रिया द्वारा ही गणना करने के योग्य बनाने की दृष्टि से निम्न सूत्र का उपयोग वाँछित हो जाता है।

$$r = \frac{N\Sigma fdx\,dy - (\Sigma fdx)\,(\Sigma fdy)}{\sqrt{N\ \Sigma fd^2x - (\Sigma\ fdx)^2}\sqrt{N\Sigma fdy^2 - (\Sigma fdy)^2}}$$

सूत्र में प्रयुक्त सूचकों का अर्थ पूर्व में प्रयुक्त सन्दर्भ में ही अर्थात् Σ = योग, N = योग, f = आवृत्ति, $d_{x=}$ विचलन जो x से सम्बन्धित हो या d_r= विचलन जो Y मान के सन्दर्भ में हो। उदाहरण 5 के सन्दर्भ में–सहसम्बन्ध गुणाँक की गणना अग्र क्रमों में की जाएगी :

(2) दूरी को X चर तथा जनसंख्या को Y चर मानकर सबसे पहले वर्गों का निर्धारण कर प्रकीर्ण आरेख की भाँति उन्हें उभयनिष्ट सारणी (Two-way frequency distribution) में अंकित कर लिया। मध्य के मानों को कालम तथा पंक्तियों में जोड़कर सभी वर्ग की आवृत्ति ज्ञात की जाती है। X की आवृत्ति fx नीच क्षैतिज क्रम (पंक्ति) एवं Y की आवृत्ति fy सामने उर्ध्वक्रम (कालम) में लिखी गई है)।

(1) X एवं Y दोनों के मध्यमान (class mark) ज्ञात कर (x_t y_i) उनके सामने अंकित करते हैं सहसम्बन्ध चार्ट (सारणी)। गणना को आसान बनाने हेतु अविचलन का उपयोग करते हैं अर्थात किसी मध्यवर्ती वर्ग को शून्य मानकर चर को छोटा कर देते हैं। प्रस्तुत उदाहरण में X हेतु 3200 – 4000 एवं Y के लिए 8 – 10 वर्गों को शून्य मानकर dx, dy निकाला गया है।

उदाहरण (5) एक भारतीय नगर उपान्त में नगर सीमा से (800 मीटर के सकेन्द्रीय वृत्त खण्ड) निर्धारित दूरी के सन्दर्भ में 60 गाँवों का जनसंख्या घनत्व सारणी में दिया गया है। यहाँ दूरी को X एवं घनत्व को Y चर मानकर दोनों के बीच सहसम्बन्ध गुणाँक की गणना कीजिए।

(3) X चर में fdx और Y चर में fdy की गणना, आवृत्ति से गुणाकर प्राप्त करते हैं। तदुपरान्त इनका योग $\Sigma fdx = -63$ और $\Sigma fdy = -55$ निकाला। तदन्तर fd^2x तथा fd^2y की गणना कर उनका योग निकाला जो क्रमशः 311 एवं 277 है।

(4) अब तक की समस्त गणनाओं से चतुर्थ गणनाओं से चतुर्थ गणना सर्वथा पृथक है। इसमें चार्ट के बीच में हर खाने की संख्या (आवृत्ति) को उसी कालम तथा पंक्ति के विचलनों से गुणाकर प्राप्त गुणनफल को खाने के एक कोने पर अंकित कर दिया जाता है। इसमें चिन्हों को यथास्थान सावधानी

से उपयोग करते हैं। प्रस्तुत उदाहरण में दूसरे पंक्ति के तीसरे कालम में आवृत्ति मान 2 है, उसी पंक्ति में y का विचलन dy = –3 एवं कालम में x का विचलन dx = – 2 है जिनका गुणनफल 12 (2X – 3X – 2 = 12) को 2 के ऊपर बगल में लिखा हुआ है। इन गुणनफलों को क्रमशः कालम तथा पंक्तियों में जोड़कर fdx dy और fdy dx ज्ञात करते हैं। यथा बताए गए उदाहरण के नीचे fdx dy = 20 लिखा गया है (जो 12 + 12 + 2 + 0 + (– 2) + (– 4) = 20 है) यहाँ पर Σfdx dy = – 124 या Σfdy dx = – 124 है। ज्ञातन्य है कि इन दोनों का योग यदि एक समान (यथा – 124) नहीं है तो गणना मानी जाएगी। अतः इस चार्ट द्वारा गणना की शुद्धता की परख भी हो जाती है।

(5) प्राप्त गणना मानों को सूत्र में प्रतिस्थापित कर सहसम्बन्ध गुणाँक प्राप्त करते हैं।

$$r = \frac{\Sigma fdx\,dy - N\left(\frac{\Sigma fdx}{N}\right)\left(\frac{\Sigma fdy}{N}\right)}{N\sqrt{\left(\frac{\Sigma fd^2x}{N} - \frac{(\Sigma fdx)^2}{N}\right)}\sqrt{\left(\frac{\Sigma fd^2y}{N} - \frac{(\Sigma fdy)^2}{N}\right)}}$$

या इसी को और आसान बना कर निम्न प्रकार सूत्र में रखकर गणना की गई है :

$$r = \frac{N\Sigma fdxdy - (\Sigma fdx)(\Sigma fdy)}{\sqrt{N\Sigma fd^2x - (\Sigma fdx)^2}.\sqrt{N\Sigma fd^2y - (\Sigma fdy)^2}}$$

$$= \frac{60(-124) - (-63)(-55)}{\sqrt{60(311) - (-63)^2}\sqrt{60(277) - (-55)^2}}$$

$$= \frac{(-7440) - (3465)}{\sqrt{18660 - 3969}\sqrt{16620 - (3025)}}$$

$$= \frac{-10905}{\sqrt{14619}\sqrt{13595}}$$

$$= \frac{-10905}{121.2 \times 116.5}$$

$$= \frac{10905}{141149.8}$$

$$r = -.773$$

निष्कर्ष : इस उदाहरण में नगर से दूरी तथा जनसंख्या घनत्व में उच्च ऋणात्मक साहचर्य है जिससे स्पष्ट होता है कि अगर अन्य बातें समान हों तो नगर सीमा से ज्यों-ज्यों दूरी बढ़ेगी उसी अनुपात में आबादी का घनत्व घटता जाता है।

ब्रिटेन में अश्वेत जनसंख्या का वितरण

नगर केन्द्र	अश्वेत जनसंख्या	अश्वेत जनसंख्या के हिसाब से कोटि	श्वेत जनसंख्या के अनुसार कोटि	कोटि में अन्तर (d)	अन्तरवर्ग d_2
1. ग्रेटर लन्दन	547588	1	1	0	0
2. बर्मिंघम	92632	2	2	0	0
3. वोल्वर हैंम्पटन	28853	3	11	+ 8	64
4. लीसेस्टर	27826	4	10	+ 6	36
5. ब्रैडफोर्ड	26195	5	9	+ 4	16
6. मानचेस्टर	22484	6	3	– 3	9
7. कोवेण्टरी	19968	7	7	0	0
8. लीड्स	16938	8	5	– 3	9
9. नॉटिंघम	15017	9	8	– 1	1
10. वारले	13433	10	15	+ 5	25
11. हुडरस्फील्ड	12132	11	13	+ 2	4
12. वालसाल	11956	12	19	+ 7	49
13. ल्यूटॉन	10994	13	16	+ 3	9
14. शेफील्ड	10551	14	4	– 10	100
15. डरबी	10296	15	12	– 3	9
16. स्लाव	10010	16	23	+ 7	49
17. ब्रिस्टल	9499	17	6	– 11	121
18. वेस्ट बोम्विच	8722	18	14	– 4	16
19. बोल्टोन	8346	19	17	– 2	4
20. रीडिंग	6586	20	18	– 2	4
21. ब्लैकबर्न	6313	21	20	– 1	1
22. प्रीस्टन	6112	22	21	– 1	1
23. बेडफोर्ड	5891	23	24	+ 1	1
24. हाई वेकाम्बे	5110	24	25	+ 1	1
25. रोशडेल	5011	25	22	– 3	9

स्रोत : जोन्स (1978) TIGB-3.

बरेली नगर उपान्त में स्थित गाँवों में जनसंख्या घनत्व तथा नगर से दूरी

ग्राम	नगर सीमा से दूरी (000 मी.)	घनत्व प्रति हेक्टेयर	ग्राम	नगर सीमा से दूरी (000 मी.)	घनत्व प्रति हेक्टेयर	ग्राम	नगर सीमा से दूरी (000 मी.)	घनत्व प्र. हे.
1	2	3	1	2	3	1	2	3
1	8	9	21	24	10.8	41		8.4
2	8	12.5	22	24	7.0	42		3.8
3	8	15.6	23	24	4.0	43		7.5
4	8	8.5	24	24	13.0	44		3.0
5	8	14.5	25	24	9.5	45		4.8
6	8	11.0	26	24	3.5	46		7.0
7	8	11.5	27	24	5.8	47		4.5
8	16	12.5	29		6.8	49		5.6
9	16	7.0	30		9.5	50		2.5
10	16	8.3	31		2.8	51		3.5
11	16	13.5	33		4.5	53		3.0
12	16	11.0	34		8.0	54		2.5
13	16	10.4	35		7.0	55		1.8
14	16	15.4	36		6.3	56		4.5
15	16	10.2	37		4.5	57		1.8
16	16	9.0	38		8.4	58		4.0
17	16	14.5	39		2.4	59		2.1
18	24	9	40		6.0	60		1.0
19	24	5.6						
20	24	2.8						

स्रोत : Lal, H. (1987) city and urban Fringe : A case of Bareilly.

उभयनिष्ठ आवृत्ति वितरण सारणी या प्रकीर्ण आरेख दूरी

X è Y	800- से कम	800- 1600	1600- 2400	2400- 3200	3200- 4000	4000- 4800	4800- 5600	5600- 6400	fy
Population Density (घनत्व)									
0-2						1	1	11	4
2-4			11	1	11	111	11	1	11
4-6			111	111	11	11	1	1	12
6-8		1	1	111	111				8
8-10	11	11	11	1111	1				11
10-12	11	111	1						6
12-14	1	11	1						4
14-16	11	11							4
fx	7	10	10	11	8	6	4	4	60

आंशिक और बहुउद्देश्यीय सहसम्बन्ध

अधिकांश क्षेत्रीय वितरणों से जिनमें भूगोलविदों की ज्यादा रुचि होती है उनके संरचना तथा अन्तर्सम्बन्धों में इतनी ज्यादा संशिलष्टता पाई जाती है कि एक स्वतन्त्र चर के सन्दर्भ में उनका समुचित विश्लेषण नहीं किया जा सकता। फलतः ऐसे विश्लेषण में जहाँ दो से ज्यादा चरों की तुलना की जरूरत पड़ती है, बहुउद्देश्यीय सहसम्बन्ध (multiple correlation) बहुउद्देश्यीय समाश्रयण (multiple regression) या कारक विश्लेषण (facctor analysis) आदि कई विकसित विधियों का प्रयोग किया जाता है। दो या अधिक चरों से युक्त बहुउद्देश्यीय समाश्रयण तथा सहसम्बन्ध प्रतिरूप, सरल समाश्रयण अथवा सहसम्बन्ध विश्लेषण से सामान्यीकरण से अधिक अलग भिन्न नहीं होते तथापि इसके गणना सम्बन्धी कार्य ज्यादा हो जाते हैं।

आंशिक सहसम्बन्ध गुणांक

तीन चरों की विविधताओं को निर्धारित करने में **आंशिक सहसम्बन्ध गुणाँक** का इस्तेमाल करना हो, तो उसकी गणना निम्नांकित सूत्र द्वारा की जाती है–

$$r_{xy.z} = \frac{r_{xy} - (r_{xy}.r_{yz})}{\sqrt{(1-r_{xz^2})(1-r_{yz^2})}}$$

यहाँ X और Y दो चरों के साथ तीसरा चर Z है जो इन दोनों पर अपना प्रभाव डालता है। r = सहसम्बन्ध गुणाँक

r_{xy} = X तथा Y का सहसम्बन्ध गुणाँक

Z नियन्त्रित चर है जिससे X तथा Y के आपसी प्रभाव मापे जा सकें।

उदाहरण : अगर $X = L_3$ (तृतीय क्रम के धाराओं की लम्बाई) $Y = N_3$ (द्वितीय क्रम के नदियों की संख्या) तथा Z = तेईस अपवाह बेसिनों का क्षेत्रफल हो एवं इनका सहसम्बन्ध गुणाँक निम्नवत हो–

$$r_{xy} = 0.59,\ r_{xy} = 0.53 \text{ और } r_{yz} = 0.64$$

तो :
$$r_{xy.z} = \frac{0.59 - 0.53 \times 0.64}{\sqrt{(1-(0.53)^2)(1-(0.64)^2)}}$$

$$= \frac{0.59 - 0.34}{\sqrt{0.72 - 0.58}} = \frac{0.25}{\sqrt{0.42}} = \frac{0.25}{0.63} = 0.385$$

निष्कर्ष

जब क्षेत्रफल नियन्त्रित होता है तो नदी की लम्बाई (L_3) तथा संख्या (L_2) के मध्य सम्बन्ध 0.59 से लेकर 0.385 आता है। जिससे यह स्पष्ट होता है कि उनके मध्य उच्च सहसम्बन्ध, सभी उनके निजी रूप से क्षेत्रफल से उच्च सहसम्बन्ध पर, आंशिक रूप से ही आश्रित है। यद्यपि क्षेत्रफल के महत्त्वपूर्ण एकल चर पाया गया था। पुनः एक अन्य उदाहरण जिसमें X= बेसिन प्रवणता, Y = बेसिन के शीर्ष बिन्दु की ऊँचाई एवं Z= बेसिन क्षेत्रफल (तेईस प्रतिदर्श) है एवं सहसम्बन्ध $r_{xy} = 0.91$, $r_{xz} = 0.10$ और $r_{yz} = 0.02$ इस प्रकार हों तो $r_{xy.z} = 0.90$ होगा।

यहाँ क्षेत्रफल का अन्य दो चरों से सहसम्बन्ध कम ही है अतएवं उनके अन्तर्सहसम्बन्ध क्षेत्रफल द्वारा नियन्त्रित करने पर कुछ कम हो जाते हैं। इस उदाहरण में क्षेत्रफल बेसिन प्रवणता एवं उच्चावच के सहसम्बन्ध को प्रभावित नहीं करता है। इसी प्रकार आंशिक समाश्रयण गुणाँक की गणना भी की जाती है। इनका उपयोग शस्योत्पादन एवं ऋतुओं के बीच सम्बन्ध अथवा जनसंख्या अध्ययन, जनसंख्या वृद्धि एवं प्रभावकारी तत्त्वों की बीच सम्बन्ध के ज्ञान में किया जाता है।

कारक विश्लेषण (Factor Analysis) एक अन्य प्रविधि है जो बहु सहसम्बन्ध का प्रवर्धित स्वरूप हैं इसमें अत्यधिक गणनाओं की जरूरत होती है तथा इसका प्रयोग कम्प्यूटर प्रोग्रामों के सन्दर्भ में ही किया जा सकता है।

बहु चर विश्लेषण (multi-variate analysis) शब्द का भी कभी-कभी इसी अर्थ में उपयोग होता है तथापि कारक विश्लेषण अनकेधा सहसम्बन्ध तथा समाश्रयण हेतु ही प्रयुक्त होता है। इस प्रविधि का आधारभूत लक्ष्य प्रेक्षित चरों को न्यूनतम घटकों (smaller number of components of factors) के माध्यम से प्रदर्शित किया जाता है एवं एक या दो घटकों के प्रसरण पर ही अधिक-से-अधिक केन्द्रित होना होता है। प्रेक्षित चर (स्वतन्त्र चर) युग्मों में सहसम्बन्धित किए जाते हैं एवं प्रत्येक चर के लिए उपयुक्त भारों (weights) के सहसम्बन्ध गुणाँकों की गणना कराएँ विचारार्थ संरचना में विविधताओं का अनुमान किया जा सकता है जो एकक कारकों द्वारा ही उत्पन्न होता है। जैसे- किसी एक उद्योग के स्थानीयकरण के निर्णयन में जिन चरों (गुण) को रखते हैं, अनेक क्षेत्र विशेष हेतु पृथक-पृथक अनुमानित किए जा सकते हैं। लिए गए कारक यह प्रदर्शित करेंगे कि इसमें किसी एक आधारभूत कारक का मददगार

है या नहीं। साथ ही यह जान लेना चाहिए कि 'घटक' संरचना के मात्र गणितीय सरलीकरण का ज्ञान प्रदान करते हैं न कि यथार्थ कारक को। उपयुक्त चरों के छाट तथा परिणामों के विश्लेषण हेतु उस समस्या के पूर्व ज्ञान की जरूरत पड़ती है, जिसका कारक विश्लेषण होना है क्योंकि गुण-समूहों के वैकल्पिक चुनाव से अलग परिणाम उत्पन्न हो सकते हैं। ये प्रविधि पूर्णरूपेण वस्तुनिष्ट न होते हुए भी प्रादेशिक सीमांकन समस्याओं अलग परिस्थिति की (ecological) अन्वेषणों में प्रयुक्त हो रही है। कारक विश्लेषण का विशद विवेचन एवं प्रयोग अगले पृष्ठों पर वर्णित है।

सहसम्बन्ध सार्थकता परीक्षण

सहसम्बन्ध गुणाँक की गणना के बाद सम्बन्धों की सार्थकता का अनुमान लगाना जरूरी होता है। सभी अवलोकनों में सहसम्बन्ध के संयोगवश घटित होने की सम्भावना रहती है अर्थात् इसकी सार्थकता संयोग की सम्भाविता के कारण संदिग्ध रहती है। इसलिए विश्लेषित आँकड़ा समूह या प्रतिदर्श के आकार आदि के प्रस्तुत मात्रा में संयोग-घटिता पर प्रभाव के स्पष्टीकरण के लिए सहसम्बन्ध का गुणाँक का परीक्षण जरूरी होता है। जहाँ r कुछ युग्मों द्वारा (छोटे आँकडे) परिकलित हैं वहाँ X और Y मानों के संयोग से सहसम्बन्धित होने की ज्यादा सम्भावना होती है तथापि, सहसम्बन्ध गुणाँक की सार्थकता तब तक नहीं आँकी जा सकती है जब तक कि लिए गए सभी ज्ञात कारकों एवं अज्ञात कारकों की उपस्थिति की सम्भावना पर विचार न कर लिया गया हो।

भूगोल से सम्बन्धित अधिकांश उदाहरणों में चरों के मध्य सहसम्बन्ध गुणाँकों में मानव-व्यवहारजन्य संयोग के तत्त्व बाधा उपस्थित करते हैं। इन अनियन्त्रित कारकों के अत्याधिक प्रभाव के फलस्वरूप परिकलित सहसम्बन्ध गुणाँक का मूल्य निम्न होगा और दो चरों में वास्तविक सम्बन्ध नहीं हो सकता है; तथापि अगर गुणाँक उच्च-मान युक्त है तो यह कल्पना की जा सकती है कि संयोग-कारकों के होते हुए भी सहसम्बन्ध वास्तविक सार्थकता युक्त है।

किसी सहसम्बन्ध की साँख्यकीय सार्थकता की जाँच, स्टूडेण्ट t परीक्षण द्वारा की जा सकती है यहाँ t की गणना-निम्नांकित रूप में होती है–

$$t = \frac{r}{\sigma_r} \text{ या } = \frac{\text{Correlation Coefficient}}{\text{Standard Error of the Correlation Coefficient}}$$

या

सूत्र रूप में इसे $t = \frac{r\sqrt{n-2}}{\sqrt{1-r^2}}$ = या $r.\sqrt{\frac{n-2}{1-r^2}}$

यहाँ r = सहसम्बन्ध गुणाँक

n = जोड़ों की संख्या (युग्म) अतः n – 2 = स्वातन्त्र्य संख्या (degree of freedom) कहलाएगा।

उदाहरण : सारणी के सन्दर्भ में प्राप्त r मान का प्रयोग करने पर

$$t = \frac{.88\sqrt{12-2}}{\sqrt{1-(.88)^2}} = \frac{2.79}{.47} = 5.9$$

इस उदाहरण में स्वातन्त्र्य संख्या 10 (12 – 2) एवं 0.1% सम्भाविता स्तर पर सारणी मान t = 4.5 के अन्दर ही है जिसका अभिप्राय है कि यहाँ इस सहसम्बन्ध के एक हजार में केवल एक नगर (0.1) में ही संयोग से घटित होने की सम्भावना है। अतः सहसम्बन्ध के 99.9% सार्थक होने की सम्भावना है अर्थात् यह उच्च सार्थकयुक्त है।

प्रस्तुत t परीक्षण पियर्सन के सहसम्बन्ध गुणाँक या स्पीयरमान के कोटि गुणाँक दोनों ही विधियों से प्राप्त सहसम्बन्ध गुणाँकों के लिए उपयोगी होता है।

प्रत्येक दृष्टान्त में सार्थकता स्तर की गणना से बचने हेतु एक लेखाचित्र बनाया गया है जिससे उन्हें प्रत्यक्षतः पढ़ा जा सकता है यथा– यदि 10 युग्मपदों (जोड़ों) की तुलना की जाती है तो 10 – 2 = 8 स्वातन्त्र्य संख्या हेतु 5% स्तर पर, साँख्यिकीय रूप से सार्थक होने के लिए r को 0.69 से ज्यादा या –.69 से कम होना चाहिए। दूसरी तरफ अगर 60 युग्म हैं तो उक्त स्तर पर मात्र r = ± 0.25 ही सार्थक होगा। यदि उच्च सार्थक वांछित है तो r मान ज्यादा अर्थात् ± 0.35 होना चाहिए।

7

आँकड़ों का सांख्यिकीय विश्लेषण

विभिन्न पद्धतियों के माध्यम से संग्रहित भौगोलिक आंकड़े जो देश, राज्य, क्षेत्र,नगर, शहर, गाँव, वार्ड या जनगणना खण्डों में अथवा काल-क्रम के संदर्भ में वर्ष, माह, सप्ताह या दिन और कुछ निश्चित गुणों या दशाओं जैसे– यौन, रंग, कार्य या वैवाहिक स्थिति आदि से संबंधित होते हैं सामान्यतः साधारणतः विस्तृत, क्रमविहीन, तथा बिखरे हुए होते हैं और उसी अवस्था में विश्लेषण के योग्य नहीं होते अतः उन्हें अध्ययन की प्रकृति एवं विश्लेषण-योग्य बनाने के लिए संघनित (condensation) करना जरूरी होता है। इसके तहत वर्गीकरण, श्रेणीकरण (seriation) एवं सारणीयन (tabulation) तीन विधियों का समावेश होता है। 'आँकड़ों की समानता एवं विविधता के अनुसार वर्गों एवं विभागों में व्यवस्थित करने की प्रक्रिया को वर्गीकरण कहते हैं।' अर्थात् संग्रहीत सूचनाओं के विषय तत्त्वों में एकरूपता पैदा करने का संकेत वर्गीकरण द्वारा किया जाता है।

वर्गीकरण अनुसंधान की प्रकृति तथा विषय को दृष्टिगत कर इस प्रकार किया जाना चाहिए कि उसमें स्पष्टता, स्थिरता तथा लोच के गुण समाविष्ट हों। आँकड़ों का वर्गीकरण समय, स्थान एवं दशा के आधार पर क्रमानुसार काल-श्रेणी, स्थान-श्रेणी एवं दशा-श्रेणी में किया जाता है। आँकड़ों के अंकों को सांख्यिकीय भाषा में चर (variable) कहा जाता है जो असतत या खण्डित (discrete or noncontinuous), तथा सतत् या अखण्डित (continuous), दो तरह के होते हैं तथा जिनके आधार पर सांख्यिकीय श्रेणियाँ असतत् या सतत हो सकती हैं। 'असतत श्रेणी (discrete series) उन चरों से बनाई जाती है जिनकी यथार्थ माप की जा सके।' ऐसी दशा में विविध इकाइयाँ विभाजन के योग्य नहीं होती तथा प्रत्येक इकाई पृथक एवं सम्पूर्ण होती है। जैसे किसी खण्ड में, जनसंख्या 1, 2, 3....24, 25 आदि होती है; 24.5 अथवा 25.7 व्यक्ति नहीं होते।

'सतत श्रेणी (continuous series) को सांख्यिकीय इकाइयों में विभाजित किया जा सकता है।' वे किसी भी आकार के उपवर्गों में मापी जा सकती हैं : जैसे, वर्षा की मात्रा 150 सें.मी., 158.5 से.मी. या किसी भी प्रकार की हो सकती है। 'कोई भी समस्या जो यथार्थ मापन (measurement) से सम्बन्धित होती है सतत आँकड़े अथवा चरों को प्रकट करती है जबकि गणना (enumeration) सामान्यतः असतत चरों को प्रस्तुत करते हैं।

सारणीयन (Tabulation) : सर्वप्रथम आंकड़ों को वर्ग या श्रेणी में समूहीकृत करते हैं। इसके पश्चात् आंकड़ों को स्तम्भ और पंक्तियों में सुसज्जित कर व्यवस्थित किये जाने को सारणीयन की संज्ञा दीजाती है। वस्तुतः इसी के द्वारा सूचना संग्रह एवं उनके विश्लेषण कार्यों में सम्बन्ध स्थापित होता है। सारणीयन सरल या सम्मिश्रण दो प्रकार से होता है। प्रथम में स्वतन्त्र चरों के एक या अनेक समुदायों के विषय में सूचनाएँ प्रस्तुत होती हैं जबकि द्वितीय में सूचनाओं सामग्रियों का विभाजन दो अथवा अधिक श्रेणियों में होता है जैसे, भूमि प्रयोग के आधार पर क्षेत्र का वर्गीकरण सरल सारणीयन एवं पुनः इसके प्रत्येक वर्ग के तहत उपवर्गों के आधार पर भी सूचनाएँ प्रस्तुत की जाएँ तो वह सम्मिश्र सारणीयन होगा। सामग्री के गुणों से सम्बन्धित प्रश्नों के उत्तर प्राप्त करने के लिए एक गुण, द्विगुंण, त्रिगुण अथवा बहुगुण सारणी का प्रयोग होता है।

सांख्यिकीय विश्लेषण हेतु मूल आँकड़ों को तीन आधार मूल रीतियों से अध्ययन किया जाता है। प्रथम में आँकड़ा समूहों से सारांश (summaries) मालूम किए जाते हैं; द्वितीय में, कुछ निश्चित तुलनाओं की जरूरत होती है और तृतीय में कतिपय सार्थकता की जाँच की जाती है। इन्हीं क्रमों में सांख्यिकीय विधियों का विश्लेषण भौगोलिक परिप्रेक्ष्य में प्रस्तुत है।

सारांश (summaries) के तहत समूहन (grouping) केन्द्रीय प्रवृत्ति मापन, विचलन मापन को शामिल किया जाता है।

समूहन में सर्वप्रथम उद्देश्यपूर्ण वर्गों को निर्धारित कर उनके तहत पड़ने वाले प्रेक्षण अंकों (observation) या पदों को गिना जाता है जो वर्गों की आवृत्ति

अथवा बारम्बारता (frequency of class) कहलाती हैं। प्रत्येक वर्ग स्पष्टतया एक ऊपरी सीमा और एक निचली सीमा से युक्त होते हैं। जिसमें वर्ग के न्यूनतम मान (अंक) को निचली सीमा (lower limit) तथा सर्वोत्तम मान (अंक) को ऊपरी सीमा (upper limit) कहते हैं। इस प्रकार के वर्ग दो प्रकार से बनाए जाते हैं : प्रथम समावेशी विधि (Inclusive Method) जिसमें दोनों सीमाएँ संबंधित वर्ग में शामिल होती हैं यथा 1-4, 5-9, 10-14....आदि। द्वितीय-अपवर्जी विधि (Exclusive Method) जिसमें एक सीमा सम्बद्ध वर्ग में शामिल नहीं होती यथा, 1-5, 5-10. ...आदि। कुछ परिस्थितियों में ऐसे वर्गों को निर्धारित करना सुविधाजनक होता है जिनमें उनकी एक सीमा निश्चित नहीं होती। उदाहरणार्थ 40 से कम (<40) अथवा 90 से अधिक (> 90) ऐसे वर्गों को मुक्त वर्ग (open class) की संज्ञा दी जाती है।

उपरोक्त अर्थ एवं आदर्श वर्गों का निश्चयन एक प्रमुख समस्या होती है जिसे सम्पूर्ण वितरण के संदर्भ में आँकड़ों के नैसर्गिक समूहनों को दृष्टिगत कर प्राप्त किया जाता है। यह क्रिया, प्रकीर्ण आरेख (scatter diagram) की रचना कर, सहजतापूर्वक किया जा सकता है। ऐसा वर्ग निर्धारित करना यथापि, त्रुटिपूर्ण होगा जो किसी वर्ग समूहन को भंग करता हो। साधारणतः वर्गों की संख्या 5 से 8 के मध्य एवं समान अन्तराल पर होने चाहिए। वर्गों की संख्या अधिक होने पर यदा-कदा प्रमुख तथ्य धुमिल पड़ जाते हैं। आदर्श वर्गों तथा उचित वर्ग अन्तराल (class interval) सुनिश्चित करने के लिए कई विशिष्ट विधियाँ उपलब्ध हैं।

उदाहरण

माना कि 50 स्थानों के लिए वार्षिक वर्षा की मात्रा सम्बन्धी आँकड़ा दिया गया है जो 100 से 150 से.मी. के मध्य है। यदि वर्ग-अन्तराल 5 दिया गया हो तो वर्गों की कुल संख्या निम्नवत मालूम की जा सकती है :

1. $$\text{वर्गों की कुल संख्या} = \frac{\text{अधिकतम मान} - \text{न्यूनतम मान}}{\text{वर्ग–अन्तराल}}$$

$$= \frac{150 - 100}{5} = 10.$$

अर्थात् 10 वर्ग = 100-105, 105-110, 110-115....145-150.

2. यदि वर्ग अन्तराल न दिया गया हो तो वर्गों की संख्या प्राप्त करने का सूत्र निम्नलिखित है–

$$k = 1 + 3.3 \log n$$

यहां k = वर्ग-संख्या, n = पदों की संख्या, log = लघुगणक

उपरोक्त आँकड़ों के लिए सूत्र का प्रयोग करने पर जिसमें n = 50 है।

$$k = 1 + 3.3 \log 50 \qquad \log 50 = 1.6995$$

अथवा वर्गों की संख्या $= 1 + 3.3 \times 1.6995$

= 6.6 अर्थात् पूर्णांक में = 7

चूँकि वर्ग की संख्या 7 हुई, अतः वर्ग-अन्तराल प्राप्त करने के लिए सूत्र :

$$\text{वर्ग अन्तराल} = \frac{\text{अधिकतम मान} - \text{न्यूनतम मान}}{\text{वर्ग–संख्या}}$$

अथवा वर्ग अन्तराल $= \frac{150 - 100}{7} = 7.14$ अथवा पूर्णांक में 8

इस प्रकार वर्ग = 100-108, 108-116, 116-124......148-156

उपरोक्त कथन को सूत्रवत निम्न प्रकार से रखा जा सकता है :

3. वर्ग संख्या ज्ञात होने की स्थिति में :

$$\text{वर्ग अन्तराल} = \frac{\text{अधिकतम मान} - \text{न्यूनतम मान}}{\text{वर्ग की संख्या}}$$

4. वर्ग संख्या ज्ञात न होने की स्थिति में

$$\text{वर्ग अन्तराल} = \frac{\text{अधिकतम मान} - \text{न्यूनतम मान}}{1 + 3.322 \text{ लघुगणक } n}$$

यहाँ n = कुल पदों की संख्या या प्रेक्षणांक

यह विधि **स्टर्जस** के सूत्र के नाम से जानी जाती है।

आवृत्ति तालिका

वर्गों के निर्णयनके उपरान्त हर वर्ग में आए पदों की संख्या या प्रेक्षणांकों को सारणीकृत किया जाता है जो **आवृत्ति सारणी** या **आवृत्ति वितरण** (frequency distribution) कहलाती है। इसमें हर वर्ग में घटित आवृत्ति को प्रदर्शित करते हैं। आवृत्तियों को **टैली मार्क** (tally mark) द्वारा समूहीकृत किया जाता है। इसमें हर अवलोकन को उनके वर्गों के सामने एक खड़ी रेखा (।) द्वारा अंकित करते हैं एवं

चार रेखाओं के समूह को पाँचवीं तिरछी रेखा (||||) द्वारा काट देते हैं जिससे आवृत्तियों की गणना आसान हो जाती है।

उदाहरणार्थ आंकड़े

गोरखपुर शहर के नजदीक 42 गाँवों में कृषि कार्य में संलग्न जनसंख्या (प्रतिशत)

ग्राम संख्या	*प्रतिशत*	*ग्राम संख्या*	*प्रतिशत*	*ग्राम संख्या*	*प्रतिशत*
1	52	15	35	29	56
2	82	16	49	30	56
3	91	17	39	31	85
4	71	18	44	32	74
5	94	19	64	33	72
6	65	20	92	34	67
7	75	21	84	35	69
8	62	22	66	36	84
9	78	23	73	37	70
10	37	24	72	38	77
11	36	25	62	39	70
12	41	26	61	40	73
13	40	27	64	41	80
14	42	28	76	42	58

सारणी बनाने की यांत्रिक तकनीक

सारणीयन अपेक्षाकृत एक श्रमसाध्य काम है जिसके लिए वृहत् मापक पर परिमाणात्मक अध्ययन करने की समस्याओं के समाधानार्थ आधुनिक यान्त्रिक तकनीकी का प्रयोग वांछित होता है। **डेस्क संगणक** (desk calculater), जो अनेक मॉडलों में सुविधानजक प्राप्त है, जोड़-बाकी, गुणा-भाग आदि के लिए उपयुक्त है। कुछ उपकरण **दृश्य पंजिका** (visual register) पर गणनाओं को प्रदर्शित करती हैं एवं कतिपय पृथक-पृथक मानों को अलग-अलग कागजों पर मुद्रित भी करती है। **पंचकार्ड** का उपयोग आँकड़ों के पूर्ण उपयोग हेतु अधिक सम्भावनाएँ प्रस्तुत करता

है। यान्त्रिक सगणना में आँकड़ों को उनके मूलरूप से, कार्डों पर छिद्रों या पंचिग का आधार, **कूट प्रणाली** (code system) है। कार्डों के छिद्रित हो जाने के बाद उन्हें छटाई या शार्टिंग मशीन के सहारे सारणीयन यंत्र तक भेजते हैं। आधुनिक सारणीयन उपस्करों की सहायता से लाखों कार्डों को दिनभर में ही सारणीकृत किया जा सकता है। उन्नत शोध केन्द्रों पर सम्प्रति, **इलेक्ट्रॉनिक कम्प्यूटर** का उपयोग हो रहा है जो सारणीयन तथा गणना से लेकर मानचित्रण तक के सम्पूर्ण कार्य को शीघ्रातिशीघ्र पूर्ण करने की क्षमता रखते हैं।

आवृत्ति-सारणी तैयार करना

वर्ग	*चर अथवा पद*	*टैली*	*आवृत्ति*	*प्रतिशत या सापेक्ष आवृत्ति*
30-40	37, 36, 35, 39	||||	4	9.5
40-50	41, 40, 47, 49, 44	~~||||~~	5	12.0
50-60	52, 56, 56, 58	||||	4	9.5
60-70	65, 62, 64, 66, 61,			
	62, 64, 67, 69	~~||||~~ ||||	9	21.5
70-80	71, 75, 78, 76, 73			
	72, 74, 72, 70, 77, 70	~~||||~~ ~~||||~~ ||	12	28.5
80-90	82, 84, 85, 84, 80	~~||||~~	5	12.0
90-100	91, 94, 92	|||	3	7.0

आयतचित्र

आवृत्ति को तालिका के स्थान पर लेखाचित्रित पद्धति से तुलनात्मक दृष्टि से अधिक अच्छी प्रकार दर्शायाजा सकता है। **आधार रेखा** (भुजाक्ष या Xअक्ष) पर वर्ग अन्तराल मापक एवं **ऊर्ध्व** अक्ष (कोटि अक्ष या Y अक्ष) पर आवृत्तियों को मापकानुसार अंकित कर स्तम्भ रूप में प्रदर्शित करने पर निर्मित लेखा चित्र को स्तम्भाकृति अथवा आयतारेख कहते हैं। यह स्तम्भ श्रेणियों के रूप में बनाये जाते हैं जिससे वर्गीकृत आँकड़ों का स्वरूप स्पष्ट रहे। स्तम्भारेख रचना की प्रविधि ऐसी है जो असतत (discrete) आँकड़ों हेतु ही सही होती है।

आवृत्ति बहुभुज

सतत या अल्पतम अन्तर के वर्गों के आँकड़ों के उपरोक्त प्रदर्शन के लिए आवृत्ति बहुभुज का उपयोग करते हैं जिसमें वितरण के सांतत्य गुण को अधिक प्रभावकारी तरीके से प्रदर्शित किया जाता है। स्तम्भों के शीर्ष पर वर्ग मध्यमान (class mark)* को मिलाने वाली रेखा **आवृत्ति बहुभुज** होती है। इसकी रचना में भुजाक्ष पर मापक वर्गों में न होकर सतत मान के रूप में तथा कोटि-अक्ष पर आवृत्ति यथावत प्रदर्शित होती है। चिन्हांकित बिंदुओं को सीधी रेखा के माध्यम से मिलाते हैं।

आवृत्ति वक्र

यदि उपर्युक्त बहुभुज को पुनः सरलीकृत कर दिया जाए तो इसे **आवृत्ति वक्र** (frequency curve) की संज्ञा देते हैं। वर्गों की आवृत्ति को प्रतिशत में गणना करने पर प्राप्त मान को **सापेक्ष आवृत्ति** (relative frequency) अथवा प्रतिशत वितरण कहते हैं। इस पर आश्रित आरेख सापेक्ष आवृत्ति स्तम्भारेख एवं सापेक्ष बहुभुज या वक्र कहलाते हैं।

संचयी आवृत्ति : संचयी आवृत्ति वितरण में किसी वर्ग की आवृत्ति में उससे पूर्व के सभी वर्गों की आवृत्तियाँ जोड़ दी जाती हैं। अर्थात् वर्गों की आवृत्तियों को क्रमानुसार जोड़ कर संचयी आवृत्ति की गणना की जाती है। एक वर्ग में दो सीमाएँ : वर्गों की ऊपरी एवं निचली सीमा के आधार पर संचयी आवृत्ति चार तरह की होती है–

(1) **ऊपरी सीमा से कम :** इसमें पहले वर्ग की आवृत्ति तो वैसा ही होगी जबकि हर अगले वर्ग में क्रमशः उसकी अपनी तथा पिछले वर्ग की आवृत्ति को जोड़ते जाते हैं। उदाहरणार्थ 30-40 वर्ग में ऊपरी सीमा 40 है अतः इससे कम तो इस वर्ग की अपनी आवृत्ति अर्थात् 4 ही होगी। पुनः 40-50 वर्ग में 50 ऊपरी सीमा है अतएव 50 से कम में 40-50 वर्ग की 5 आवृत्ति और इससे पहले वर्ग 30-40 की 4 आवृत्ति भी आ जाएगी। अर्थात् 50 से कम में $5+4=9$ संचयी आवृत्ति होगी।

संचयी आवृत्ति या संचयी बारम्बारता-वितरण पर आधारित लेखाचित्र को **संचयी आवृत्ति बहुभुज** अथवा **वक्र** की संज्ञा दी जाती है। इसके लिए प्रचलित शब्द **तोरण** (ogive) है। इसे प्रतिशत में भी बनाया जाता है। प्रतिशत ज्ञात करने

कीपद्धति सारणी में वर्णित है। जहाँ सारणी की कुल आवृत्ति 42 को 100 मानकर हर वर्ग में पड़ने वाले इस तरह संचयी आवृत्ति मान का प्रतिशत निकाला गया है।

प्रयोग : नगरों के वर्गीकरण में संचयी आवृत्ति वक्रों का प्रयोग किया गया है।

संचयी आवृत्ति की गणना

वर्ग	*आवृत्ति*	*संचयी आवृत्ति (ऊपरी सीमा से कम)*		*संचयी आवृत्ति (प्रतिशत में)*
30-40	4	4	= 4	9.5
40-50	5	4 + 5	= 9	29.5
50-60	4	4 + 5 + 4	=13	31.0
60-70	9	4 + 5 + 4 + 9	=22	52.5
70-80	12	4 + 5 + 4 + 9 + 12	=34	81.0
80-90	5	4 + 5 + 4 + 9 + 12 + 5	=39	93.0
90-100	3	4 + 5 + 4 + 9 + 12 + 5 + 3	=42	100

संचयी आवृत्ति की गणना के चार प्रकार

वर्ग	*आवृत्ति*	*ऊपरी सीमा से कम*	*ऊपरी सीमा से अधिक*	*निचली सीमा से कम*	*निचली सीमा से अधिक*
30-40	4	4	38	0	42
40-50	5	9	33	4	38
50-60	4	13	29	9	33
60-70	9	22	20	13	29
70-80	12	34	8	22	20
80-90	2	39	3	34	8
90-100	3	42	0	39	3

आवृत्ति वक्र का वर्णन

आवृत्ति वक्र अपने आकारों के अनुसार **तीन तरह** के होते हैं— **सममित** (symmetrical) जिसमें वक्र की भुजाएँ दोनों तरफ समान रूप से झुकी हों, (II) **धनात्मक विषम** (positive skew) जो बाएँ ओर तिरछी या जिसकी पूँछ (tail) दाईं तरफ हों, तथा (III) **ऋणात्मक विषम** (negative skew) जो दाईं तरफ तिरछी हो या जिसकी पूँछ बाईं ओर हो। ये शब्द वितरण के सामान्य आकार को वर्णित करते हैं। सामान्यतः आवृत्ति

वितरण से संबंधित भौगोलिक शोध में धनात्मक विषम की विविध अवस्थाएँ दृष्टिगत होती हैं।

वक्रों के शिखरीय गुणों को ककुदता (kurtosis) की संज्ञा दी जाती है, जो सामान्यतया तीन प्रकार की होती है—(I) कूटककुदी (leptokurtic) जिसमें शिखर की ऊँचाई अपेक्षाकृत ज्यादा (II) चर्षटककुदी (platykurtic) जिसका शीर्ष चिपटा हो, एवं (III) मध्यककुदी (mesokurtic) उन दोनों के मध्य के आकार या औसत वितरण को प्रदर्शित करता है। इनकी माप को, प्रसामान्य बंटन शीर्षक के तहत इसी अध्याय के अन्त में दिया गया है।

केन्द्रीय प्रवृत्ति की माप

विस्तृत संख्याएं भ्रमपूर्ण के साथ-साथ विश्लेषणात्मक दृष्टि से काफी होती है। अतः तथ्यों को लध्वाकर करके उन्हें तुलनीय बनाना तुलनीय बनाना जरूरी होता है। इसके लिए अधिक-से-अधिक एवं कम-से-कम अंक सीमाओं के मध्यवर्ती, बिन्दु को, प्राप्त करने का प्रयास किया जाता है; जिससे सम्पूर्ण वितरण का स्वरूप स्पष्ट हो; अथवा जो सम्पूर्ण श्रेणियों का प्रतिनिधित्व करता हो। इसे केन्द्रीय मापन की संज्ञा दी जाती है। केन्द्रीय प्रवृत्ति के माप द्वारा किसी आवृत्ति वितरण की सामान्य विशेषताओं का वर्णन किया जा सकता है। ये माप विभिन्न प्रकार के होते हैं। जिनमें प्रमुख रूप से माध्य (mean), मध्यिका (median) एवं बहुलक (mode) का उपयोग किया जाता है।

माध्य

आंकड़ों की केन्द्रीय प्रवृत्ति को त्रुटिरहित रूप में पता करने के लिए माध्यय का प्रयोग किया जाताहै। सामान्य वितरण में प्राप्त माध्य ज्यादा विश्वसनीय होता है तथा वह अपने वितरण का उचित प्रतिनिधित्व करता है। सामान्यतया, इकाई या व्यक्तिगत अवलोकन श्रेणी (individual series) में चरों के योग को पदों/चरों की संख्या से विभाजित करने पर प्राप्त राशि को गणितीय माध्य (arithmetic mean) कहा जाता है। यथा, चार ग्रामों में निर्मित क्षेत्र का प्रतिशत 20, 28, 22, 38 हो तो इसका माध्य $\frac{20+28+22+34}{4} = \frac{104}{4} = 26$ होगा। इसे निम्नांकित सूत्र द्वारा स्पष्ट करते हैं—

$\overline{x} = \sum_{i=1}^{n} X_{i/n}$

यहाँ $\overline{X}$ = माध्य

ΣX = चरों के योग (या $X_1 + X_2 + \ldots X_n$), एवं

n = चरों की संख्या

अर्थात् $\overline{X} = 104/4 = 26$

वर्गीकृत आँकड़ों में (Grouped data) माध्य की गणना वर्ग मध्यमान एवं सम्बन्धित आवृत्तियों के गुणनफल के योग को आवृत्तियों की संख्या से विभाजित कर प्राप्त की जाती है; जिसे निम्न सूत्र से प्राप्त किया जाता है–

$$\overline{X} = \frac{\Sigma fx}{N} = \frac{\Sigma fx}{\Sigma f}$$

जिसमें f = आवृत्ति, x = मध्यमान (class mark) एवं N = Σf अथवा आवृत्ति योग होते हैं।

माध्य की गणना

वर्ग	*मध्यमान* *x*	*आवृत्ति* *f*	*आवृत्ति × मध्यमान* *fex*
30-40	35	4	140
40-50	45	5	225
50-60	55	4	220
60-70	65	9	585
70-80	75	12	900
80-90	85	5	425
90-100	95	3	285
		N=42	Σfx = 2780

अतः उपरोक्त सारणी के संदर्भ में

$$\text{माध्य} = \frac{2780}{42}$$

$$= 66.19$$

माध्य गणना की लाघव प्रणाली

इसमें हम वितरण के मध्य में एक **कल्पित माध्य** (assumed mean) मान लेते हैं। कल्पित माध्य (a) से हर एक का विचलन ज्ञात कर, आवृत्तियों से गुणा कर, गुणनफल के योग को आवृत्तियों से भाग देकर प्राप्त संख्या को, कल्पित माध्य में जोड़कर वास्तविक माध्य प्राप्त किया जाता है।

$$\overline{X} = a + \frac{\Sigma fd}{N}$$

या इसे $a + \overline{d}$ भी लिखते हैं जिसमें $\overline{d}$ कल्पित माध्य से विचलन का औसत होता है। उपर्युक्त उदाहरण में कल्पित माध्य 65 मानकर माध्य की गणना आगे की गई है–

माध्य गणना की लाघव विधि

मध्यमान	*आवृत्ति*	*कल्पित माध्य 65 से विचलन*	*कुल योग*
x	*f*	*x − a = d*	*fx*
35	4	35-65 = −30	−120
45	5	−20	−100
55	4	−10	−40
65	9	0	0
75	12	10	120
85	5	20	100
95	3	30	90
	N 42		Σfd = 50

$$\overline{X} = a + \frac{\Sigma fd}{N}$$

$$= 65 + \frac{50}{42}$$

$$= 65 + 1.19$$

$$= 66.19$$

नोट : ग्रीक शब्द सिगमा (Σ) योग के लिए प्रयुक्त होता है। i, जिस परास में योग की गणना होती है उसके प्रेक्षण (observation) के लिए प्रयुक्त होता है। प्रस्तुत उदाहरण में n = 4 है अतः

$$\sum_{i=1}^{n=4} = X_1 + X_2 + \ldots X_n = 20 + 28 + \ldots + 34 = 104.$$

लाघव विधि को पुनः सरल बनाने हेतु कल्पित माध्य से निकाले गए विचलनों को **समापवर्तक** (common factor) से भाग देकर अविचलन निकालते हैं। **अविचलन से माध्य की गणना** में आवृत्ति एवं अवविचलनों के गुणनों के योग को समापवर्तक से गुणा कर, शेष क्रियाएँ उपर्युक्त रीति से ही की जाती हैं। यहाँ समापवर्तक 10 मान कर गणना की गई है।

$$\overline{X} = a + \left(\frac{fdx}{N} \times i\right) =$$ यहाँ i समापवर्तक का द्योतक है।

तालिका

x	f	d	dx	fdx
35	4	–30 (–3%)	–3	–12
45	5	–20	–2	–10
55	4	–10	–1	–4
65	9	0	0	0
75	12	10	1	12
85	5	20	2	10
95	3	30	3	9
	N 42			Σfdx 5

अतः

$$\overline{x} = 65 + \left(\frac{5}{42} \times 10\right)$$
$$= 65 + (.119 \times 10)$$
$$= 65 + 1.19$$
$$= 66.19$$

ऐसे अवविचलन का उपयोग वृहत आँकड़ों हेतु अभीष्ट होता है। माध्य संकल्पना में कई महत्त्वपूर्ण विभिन्नताएँ भी निहित हैं। कुछ अवस्थाओं में यह जरूरी हो जाता है कि कुछ मानों को दूसरे की तुलना में ज्यादा वरीयता दी जाए। इसके लिए इसी

प्रकार अनुपातों के औसतीकरण या परिवर्तन दरों के संदर्भ में **गुणोत्तर माध्य** (geometric mean) निकालना अधिक उपयुक्त होता है। विषय आवंटन अथवा वितरण (skewed distribution) में माध्य अपेक्षाकृत समुचित प्रतिनिधित्व नहीं करता क्योंकि इसमें उच्च मान वितरण के एक सिरे पर ही स्थित होते हैं। दुर्भाग्यवश, इस कथ्य को हमेशा दृष्टिगत न कर शोधकर्ता माध्य का उपयोग एक आदर्श रूप में करते हैं। जिसमें प्राप्त विचलन, प्रायः नगरीय विभाजन यथा समस्याओं में, निराशाजनक परिणाम प्रस्तुत करते हैं, किन्तु माध्य गणितीय सांख्यिकीय प्रमेयों में (theorem) तथा सम्भावतया सिद्धान्तों के संदर्भ में केन्द्रीय प्रवृत्ति का एक सशक्त मापन है।

माध्यिका

माध्यिका केन्द्रीय प्रवृत्ति मापन का एक और परिष्कृत रूप है जो **सम्पूर्ण वितरण मानों के कोटिक्रम में मध्यवर्ता मान को प्रकट करता है।** अगर सम्पूर्ण आँकड़ों को इस तरह व्यवस्थित किया जाए कि सर्वोच्च मान प्रथम स्थान पर, एवं अन्य अवरोही (discending) क्रम में रख दिए जाएँ तो, जो मान उसके मध्य में होगा, उसे माध्यिका कहते हैं। इसी तरह **आरोही** (ascending) **क्रम** में भी माध्यिका की गणना की जाती है। दूसरे शब्दों में, **यह एक ऐसा मान है जो श्रेणी को दो समान भागों में विभक्त करता है** जिसके एक भाग का मान इससे कम एवं दूसरे का इससे ज्यादा होता है। पुनश्च, माध्यिका मात्र कोटिक्रम में मूल्यों की स्थिति (position) द्वारा प्रभावित होता है न कि उन मूल्यों के परिमाण अथवा मात्रा (magnitude) से। यह विषम (skewed) वितरण में केन्द्रीय प्रवृत्ति का एक उपयुक्त मापक है। फलतः यह वास्तविक मानों के योग पर आंकलित माध्य से पृथक (contrast) होता है। इसका उपयोग भौगोलिक शोध में स्थानीयकरण को समस्याओं के संदर्भ में किया जाता है क्योंकि माध्यिका बिंदु (median point) स्थानीयकरण का सबसे उपयुक्त स्थान होता है। माध्यिका ज्ञात करने हेतु हमें सर्वप्रथम **माध्यिका प्रेक्षण** (median observation) ज्ञात करना होता है जो साधारणतः $\frac{N+1}{2}$ द्वारा प्राप्त करते हैं : जिसमें $N =$ कुल अवलोकन या **प्रेक्षण** संख्या होती है। इसी माध्यिका प्रेक्षण पर जो मान स्थित होता है, उसे माध्यिका कहेंगे।

उदाहरणार्थ, सारणी में दिए गए 42 ग्रामों के कृषिकार्यरत जनसंख्या की माध्यिका निकालने के लिए सर्वप्रथम उसे अवरोही क्रम में व्यवस्थित करेंगे।

तालिका

94, 92, 91, 85, 84, 84, 82, 80, 78, 77, 76, 75,

74, 73, 73, 72, 72, 71, 70, 70, **69, 67,** 66, 65,

64, 64, 62, 62, 61, 58, 56, 56, 52, 49, 47, 44

42, 40, 39, 37, 36, 35.

इसमें $\frac{N+1}{2} = \frac{42+1}{2} = 21.5$वें पद को प्राप्त किया। चूँकि 21.5वाँ कोई पद नहीं है। तथा अतः इसके निर्धारण में 21वें तथा 22वें पद का औसत $\frac{69+67}{2} = 68$ प्राप्त करेंगे जो माध्यिका होगी। पदों की संख्या विषम होने पर माध्यिका प्रेक्षण निकालने में कठिनाई नहीं होती। यथा, अगर पद 5, 7, 7, 8, 9, 10, 12, 15, 21 हों तो माध्यिका $= \frac{N+1}{2} = \frac{9+1}{2} = 5$वें पद का मान दूसरे शब्दों में, पाँचवें पद पर स्थित संख्या 9 माध्यिका होगी।

वर्गीकृत आंकड़ों हेतु माध्यिका की गणना

वर्गीकृत आँकड़े में माध्यिका प्रेक्षण (m) $\frac{N+1}{2}$ के स्थान पर $\frac{N}{2}$ द्वारा ही प्राप्त करते हैं। पुनः माध्यिका की गणना करने हेतु सभी वर्ग की, 'ऊपरी सीमा से कम' (less than upper limit) के क्रम में संचयी आवृत्ति (cumulative frequency) निकाली जाती है। एवं माध्यिका प्रेक्षण मान जहाँ स्थित होता है वही वर्ग माध्यिका वर्ग कहलाती है।

माध्यिका वर्ग ज्ञात कर निम्न सूत्र के माध्यम से माध्यिका मान का अन्तर्वेशन किया जाता है इसका संकेताक्षर M (= Median) होता है।

$$M = l_1 + \frac{l_2 - l_1}{f_i}(m - c)$$

जिसमें M = माध्यिका

l_1 = माध्यिका वर्ग की निचली सीमा

l_2 = माध्यिका वर्ग की ऊपरी सीमा

f_i = माध्यिका वर्ग की आवृत्ति

m = माध्यिका प्रेक्षण या अवलोकन

c = माध्यिका वर्ग से पूर्व-वर्ग की संचयी आवृत्ति

उदाहरण

निम्नांकित सारणी में **वर्ग** (class) एवं उनकी **आवृत्ति** (f) दी गई है। आवृत्ति का योग अर्थात् N = 32 है, अतएव

$$\text{माध्यिका प्रेक्षण (m)} = \frac{N}{2} = \frac{42}{2} = 21 \text{ हुआ}$$

अब सभी वर्ग की संचयी आवृत्ति निकालकर सारणीबद्ध किया। चूँकि 21 मान, वर्ग 60-70 में आता है अतः यही माध्यिका-वर्ग कहलाएगा।

तालिका

वर्ग	*आवृत्ति*	*संचयी आवृत्ति*
30-40	4	4
40-50	5	9
50-60	4	13
60-70 माध्यिका वर्ग	**9**	**22**
— — —	—	— —
70-80	12	34
80-90	5	39
90-100	3	42

$$M = l_1 + \frac{l_2 - l_1}{f_i}(m - c)$$

$$= 60 + \frac{70 - 60}{9}(21 - 13)$$

$$= 60 + \frac{10}{9} \times 8$$

$$= 60 + 8.88$$

माध्यिका = 68.88

चतुर्थकः (Quartiles), चतुर्थक की गणना बहुत कुछ माध्यिका के बराबर ही है, यह केन्द्रीय प्रवृत्ति का माप नहीं। चतुर्थक, दशमक (deciles) तथा प्रत्येक सौ पर (percentiles) अथवा प्रतिशतक अथवा ऐसे ही अन्य मापों को वितरण (variability) के तहत शामिल किया जाना चाहिए।

माध्यिका आवृत्ति वितरण को दो बराबर भागों में विभक्त करता है। जबकि चतुर्थक चार बराबर भागों में। यह भी, माध्यिका के समान ही, चर मापक पर बिंदुओं को प्रदर्शित करता है। इसके तीन बिंदुओं को क्रमशः Q_1 या **निचली चतुर्थक** (lower quartile), Q_2 **द्वितीय चतुर्थक** अथवा **माध्यिका,** एवं Q_3 अथवा **ऊपरी चतुर्थक** (upper quartile) कहते हैं।

इसकी गणना निम्न प्रकार की गई है :

$Q_1 = \frac{n+1}{4} = \frac{43}{4} = 10.75$वें के लिए 10वें एवं 11वें पद का औसत $\frac{(52+56)}{2} = 54$ होगा। इसी प्रकार :

$Q_3 = \frac{(N+1)3}{4} = \frac{43 \times 3}{4} = 32.25$वें हेतु 32वें एवं 33वें पद का औसत $\frac{76+77}{2} = 76.5$ **ऊपरी चतुर्थक** होगा। वर्गीकृत आँकड़ों में निम्नलिखित सूत्र का प्रयोग करते हैं :

$$Q_1 = l_1 + \frac{l_2 - l_1}{f_1}(q_1 - c)$$

यहाँ $Q_1 =$ निचला चतुर्थक

$q_1 =$ चतुर्थक संख्या $\left(\frac{N}{4}\right)$

$c =$ प्रथम चतुर्थक से पहले के वर्गों की संचयी आवृत्ति

$f_i =$ चतुर्थक वर्ग की आवृत्ति

$l_1 =$ चतुर्थक वर्ग की निचली सीमा

$l_2 =$ चतुर्थक वर्ग की ऊपरी सीमा

उदाहरण

निम्न आँकड़ों के संदर्भ में निचली तथा ऊपरी चतुर्थक (Q_1, C) की गणना कीजिए।

तालिका

वर्ग	*आवृत्ति*	*संचयी आवृत्ति*	
30-40	4	4	
40-50	5	9	
50-60	**4**	**13**	Q_1 वर्ग
———	—	—	
60-70	9	22	
70-80	**12**	**34**	Q_3 वर्ग
———	—	—	
80-90	5	39	
90-100	3	42	

हल : सारणी में चतुर्थक प्रेक्षण या $q_1 = \frac{N}{4} = \frac{42}{4} = 10.5$ है।

$$q_2 = \frac{N_3}{4} = \frac{42 \times 3}{4} = 31.5$$

$\therefore$ Q_1 = जो वर्ग 50-60 में स्थित है अतः इसी चतुर्थक वर्ग के संदर्भ में मानों को प्राप्त कर सूत्र में भरने पर

$$Q_1 = 50 + \frac{60-50}{4}(10.5-9)$$
$$= 53.75$$

इसी तरह q_3 प्रेक्षण $= \frac{3N}{4} = \frac{42 \times 3}{4} = 31.5$ है जो वर्ग 70-80 में स्थित है। अतः इसी ऊपरी चतुर्थक वर्ग के संदर्भ में, मानों को प्राप्त करेंगे।

$$l_1 = 70,\ l_2 = 80,\ f_i = 12,\ q_3 = 31.5 \text{ और } c = 22$$

$$Q_3 = l_1 = \frac{l_2 - l_1}{f_i}(q_3 - c)$$
$$= 70 + \frac{80-70}{12}(31.5-22)$$
$$= 70 + \frac{10}{12} \times 9.5 = 77.9$$

इसी प्रकार **दशमकों** में आवृत्ति वितरण को 10 भागों में तथा **शततमकों** में वितरण को 100 भागों में विभक्त करते हैं। चर मापक पर दशमक में 9 बिन्दु $(D_1, D_2, D_3, ... D_9)$ तथा शततमक में 99 बिन्दु $(P_1, P_2, P_3, ..., P_{99})$ होते हैं। जिसमें D_5 एवं P_{50} माध्यिका को इंगित करता है।

दशमक प्रेक्षण (Decile Observation) जो एक से 9 तक होता है का निर्धारण $d_1 = \frac{(N)i}{10}$ वाँ प्रेक्षण की मदद से करते हैं तथा निम्नलिखित सूत्र द्वारा दशमक ज्ञात करते हैं :

$$D_1 = l_1 + \frac{l_2 - l_1}{f_i}(d_1 - c) \text{ यहाँ } d_1 = \frac{N}{10} \text{ है।}$$

शततमक प्रेक्षण

$P_1 = \frac{(N)i}{100}$ का मान प्राप्त कर शततमक निम्नांकित सूत्र से ज्ञात करते हैं :

$$P_1 = l_1 + \frac{l_2 - l_1}{f_i}(p_i - c) \text{ यहाँ } p_i = \frac{N}{100} \text{ है।}$$

गणना का एक दूसरा सूत्र

वर्गीकृत आँकड़ों हेतु माध्यिका, चतुर्थक, दशमक, शततमक की गणना हेतु निम्नांकित सूत्र का भी इस्तेमाल करते हैं। माध्यिका या चतुर्थक प्रेक्षण मालूम करने के लिए N+1 के स्थान पर N का ही उपयोग होता है। सामान्यतः बड़े अवलोकन संख्या होने पर ऐसा किया जाता है :

प्रथम चतुर्थक अथवा $Q_1 = l + \frac{n/4 - c}{f}(h)$

द्वितीय चतुर्थक अथवा Q_2 = माध्यिका $= l + \frac{n/2 - c}{f}(h)$

तृतीय चतुर्थक अथवा $Q_3 = l + \frac{3n/4 - c}{f}(h)$

इसी तरह दशमक $D_j = l + \frac{j \times n/10 - c}{f}(h)$

यहाँ $j = 1,2$ आदि

शततमक $$P_r = 1 + \frac{r \times n/100 - c}{f}(h)$$ यहाँ $r = 1,2$ आदि

उपरोक्त सूत्र में n = कुल आवृत्ति संख्या, l = माध्यिका/चतुर्थक वर्ग की निचली सीमा, c = उस वर्ग की आवृत्ति जो माध्यिका/चतुर्थक वर्ग से पहले हो; f = माध्यिका या चतुर्थक वर्ग की आवृत्ति, h = उसी वर्ग का वर्गान्तर।

उदाहरण

कुल 2462 नगरों को उनकी जनसंख्या आकार में सारणीबद्ध किया गया है।

तालिका

जनसंख्या (000)	*आवृत्ति (नगरों की संख्या)*	*संचयी आवृत्ति*
0-5	218	218
5-10	761	979 – Q_1 वर्ग
10-20	748	1727
20-50	484	2211 – Q_3 वर्ग
50-100	138	2349
>100	113	2462

उपर्युक्त आँकड़ों की मदद से $Q_1, Q_3, D_4, D_9, P_3, P_8$ की गणना कीजिए।

हल :

$$Q_1 = 1 + \frac{n/4 - c}{f}(h)$$

$$= 5000 + \frac{615.5 - 218}{751}(5000) = 7612 \text{ व्यक्ति}$$

यहाँ $nè4 = 2462è4 = 615.5$ है जो 5000–1000 वर्ग के तहत आता है, इसलिए $1 = 5000, f = 761, c = 218$ एवं $h = 5000$ हुआ।

$$Q_2 = 1 + \frac{3n/4 - c}{f}(h)$$

$$= 20{,}000 + \frac{1846.5 - 1727}{484}(30{,}000)$$

$= 20,407$ व्यक्ति

यहाँ 3nè4 = 3 × 2462è4 = 1846.5 है। यह मान 20—50 हजार वर्ग में स्थित है। अतः l = 20,000, c = 1727, f = 484, और h = 30,000 है।

$$\text{चौथा दशमक या } D_n = 1 + \frac{4n/10 - c}{f}(h)$$

$$= 10,000 + \frac{984.8 - 979}{748}(10,000)$$

$$= 10,078 \text{ व्यक्ति}$$

यहाँ चूँकि 4nè10 = 4 × 2462è10 = 948.8 है जो वर्ग 10—20 हजार के तहत आता है, अतः l = 10,000, c = 979, f = 748 एवं h = 10,000 है।

$$\text{9वां दशमक या } D_9 = 1 + \frac{9n/10 - c}{f}(h)$$

$$= 20,000 + \frac{2215.8 - 1727}{484}(30,000)$$

$$= 50,298 \text{ व्यक्ति}$$

यहाँ 9n/10 = 9 × 2462/10 = 2215.8 प्राप्त कर तदनुसार वर्ग के संदर्भ में मान लिया गया है।

$$\text{3रा शतमक } P_3 = 1 + \frac{3n/100 - c}{f}(h)$$

$$= 0 + \frac{73.86 - c}{218}(50,000)$$

$$= 1694$$

चूँकि यहाँ 3n/100 = 3 × 2462 / 100 = 73.68 है तथा जो वर्ग 0—5 हजार के तहत आता है अतः 1 = 0, c = 0, f = 218, h = 5000 होगा।

$$P_{80} = 1 + \frac{8n/100 - c}{f}(h)$$

$$= 20,000 + \frac{1969.6 - 1727}{484}(30,000)$$

$$= 35037 \text{ व्यक्ति}$$

लेखाचित्रीय पद्धति से गणना : माध्यिका, चतुर्थक दशमक, शततमक मानों का निर्धारण लेखाचित्र के माध्यम से भी किया जाता है जिमसें संचयी, आवृत्ति वक्र की रचना कर, इनके मान बिंदुओं के आधार पर, लम्ब डालकर मालूम करते हैं;

अर्थात् किसी वितरण के माध्यिका की गणना करते समय ग्राफ के **लम्ब-अक्ष** (Y) पर सबसे पहले Nė2 की स्थिति निश्चित करते हैं एवं तदन्तर क्षैतिज अक्ष के समान्तर एक अन्तर्वेशन रेखा (interpolation line), वक्र तक खींचते हैं। इसी कटान बिन्दु से नीचे X अक्ष पर एक लम्ब डालते हैं। जहाँ लम्ब रेखा, X अक्ष को काटती है वही मान माध्यिका होती है। स्पष्ट है कि दो तोरणों (ogives) का कटान बिन्दु वितरण को दो समरूप हिस्सों में विभाजित करता है। यह बिन्दु वास्तव में वही है, जिससे होकर अन्तर्वेशन रेखा खींची गई है।

बहुलक

केन्द्रीय प्रवृत्ति मापन में बहुलक अति परिष्कृत माप है। **अधिकतम आवृत्ति वाले मान को बहुलक की संज्ञा दी जाती है।** अर्थात्, किसी दिए गए आँकड़े या समंक श्रेणी में जो मान सबसे अधिक बार आता है उसे बहुलक कहा जाएगा। आवृत्ति वितरण में बहुलक मापन की कई विधियाँ प्रचलित हैं किन्तु उनमें कोई भी पूर्णरूपेण संतोषप्रद या सर्वमान्य नहीं है।

साधारण श्रेणी में बहुलक अत्यधिक आवृत्ति वाले आकार को कहते हैं : जैसे 16, 18, 19, 22, 23, 24, 24, 24, 26, 27, 27, 28, आदि मूल्य श्रेणी में बहुलक 24 होगा क्योंकि यह तीन बार, अर्थात् अन्य मानों की तुलना में ज्यादा बार आया है।

आवृत्ति युक्त वितरण में, चरों के मापक पर वह बिन्दु जहाँ आवृत्ति अधिकतम होती है, बहुलक होता है। साथ ही अगर आँकड़ों को वर्गीकृत कर लिया गया है तो पहले बहुलक वर्ग (modal class) मालूम करते हैं। एक सतत श्रेणी में अधिकतम आवृत्ति वाले वर्ग को बहुलक वर्ग कहते हैं। सारणी में बहुलक वर्ग 70-80 होगा जिसकी आवृत्ति 12 है। बहुलक का संकेत $\hat{X}$ होता है। तथा इसकी गणना का सूत्र निम्नवत् है–

$$\hat{X} = l_1 \frac{fm - f_1}{2fm - f_1 - f_2}(i)$$

जिसमें l_1 = बहुलक वर्ग की निचली सीमा
fm = बहुलक वर्ग की आवृत्ति
f_1 = बहुलक वर्ग से पूर्व-वर्ग की आवृत्ति
f_2 = बहुलक वर्ग के बाद के वर्ग की आवृत्ति, एवं

i = वर्ग अन्तराल

उदाहरण – दी गई सारणी के लिए बहुलक ज्ञात कीजिए।

तालिका

वर्ग	*आवृत्ति*
30-40	4
40-50	5
50-60	4
60-70	9
70-80 बहुलक वर्ग	12
–––	–
80-90	5
90-100	3

सूत्र में मानों को प्रतिस्थापित करने पर

बहुलक $= 70 + \frac{12-9}{2\times 12-9-5}\times 10$

$= 70 + \frac{3}{24-14}\times 10 = 70 + 3 = 73$

बहुलक गणना का एक अन्य सूत्र निम्नवत है–

$$\overset{\Lambda}{X} = 1 + \left(\frac{f_2}{f_2 + f_1}\right)(i)$$

यहाँ भी 1 = बहुलक वर्ग की निचली सीमा

f_1 = बहुलक वर्ग से पूर्व वर्ग की आवृत्ति

f_2 = बहुलक वर्ग के बाद के वर्ग की आवृत्ति

i = वर्ग अन्तराल

उपरोक्त सारणी के मानों को प्रतिस्थापित करने पर

बहुलक $= 70 + \left(\frac{5}{5+9}\right)(10)$

$= 70 + \frac{50}{14} = 70 + 3.6 = 73.6$

बहुलक गणना का दूसरा सूत्र : किसी आँकड़े के लिए माध्य, माध्यिका के मान प्राप्त हों तो बहुलक की प्रत्यक्ष रूप से गणना की जा सकती है–

Mode = 3 Median – 2 Mean   बहुलक = 3 माध्यिका –2 माध्य

उपरोक्त उदाहरण में माध्य 66.19 एवं माध्यिका 68.88 है अतः बहुलक

$$= (3 \times 68.88) - (2 \times 66.19)$$
$$= 206.64 - 132.38$$
$$= 74.24$$

प्राय : आवृत्ति वितरण एक से अधिक बहुलक से युक्त होता है। में आँकड़े में यदि दो बहुलक मान हों तो उस वितरण को **द्विबहुलक** (bi-modal) एवं अनेक बहुलकों से युक्त को **बहुबहुलक** (multi-modal) वितरण की संज्ञा दी जाती है। एक बहुलक युक्त वितरण को **एकल बहुलक** (uni-modal) कहा जाता है।

माप में अन्तर्सम्बन्ध : केन्द्रीय प्रवृत्ति की माप के तीनों मापनों-माध्य, माध्यिका एवं बहुलक का आपस में एक निर्धारित सम्बन्ध होता है। **सम वितरण या बंटन** (symmetrical distribution) में ये तीनों एक ही बिन्दु पर, अर्थात् एक ही मान धारण करते हैं; जबकि **असममित वितरण** (asymmetrical distribution) में इनके मूल्यों में अन्तर आ जाता है जो निम्नलिखित ढंग से ज्ञात किया जाता है :

$$\text{माध्य} = \frac{3\,\text{माध्यिका} - \text{बहुलक}}{2} \qquad \overline{X} = \frac{3M - \hat{X}}{2}$$

$$\text{माध्यिका} = \frac{2\ \text{माध्य} + \text{बहुलक}}{2} \qquad M = \frac{2\overline{X} - \hat{X}}{3}$$

$$\text{बहुलक} = 3\ \text{माध्यिका} - 2\ \text{माध्य} \qquad \hat{X} = 3M - \overline{X}$$

माध्य, माध्यिका और बहुलक का प्रयोग एवं विशेषताएं

एक सन्तोषप्रद **माध्य** या 'औसत' में निम्नांकित विशेषताएँ होनी चाहिए–

(i) सरल गणना योग्य हो,

(ii) सरल तथा ठोस हो,

(iii) बीजगणितीय प्रयोग के योग्य हो; और

(iv) निश्चित तथा कठोर परिभाषित हो,

(v) चरों को निर्धारित मापन मात्रा तक मापने के योग्य हो।

(vi) सरलतापूर्वक समझने योग्य हो,

इन कारकों के सन्दर्भ में मूल्यांकन करने पर 'माध्य' निश्चित ही माध्यिका एवं बहुलक से उत्तम है परन्तु केन्द्रीय प्रवृत्ति मापन में आँकड़े की प्रकृति तथा अध्ययन के उद्देश्य को ध्यान में रखकर ही किसी औसत मापन की विधि का चुनाव करना चाहिए। ज्ञातव्य है कि कोई भी औसत (average) सम्पूर्ण दशाओं में श्रेष्ठतम नहीं हो सकता है। पुनः किसी एक मान पर ज्यादा आश्रित नहीं होना चाहिए। एक आवृत्ति-वितरण के यथेष्ट विवेचन में दो या ज्यादा औसतों एवं अन्य सांख्यिकीय मापों की गणना वांछित होती है।

क्षेत्रीय वितरण में भी केन्द्रीय प्रवृत्ति के माप का उपयोग होता है: भिन्न-भिन्न देशों की जनसंख्या, खेती और औद्योगिक उत्पादन को माध्य तथा माध्यिका दोनों ही रूपों में प्रदर्शित किया जाता है। वितरण के समयानुसार बदलाव के विश्लेषण में माध्य बिन्दु अधिक उपयुक्त होता है जबकि माध्यिका किसी उत्पादन के केन्द्रों को प्रदर्शित करने में। माध्यिका सम्भवतः किसी एक क्षेत्र के विविध तथ्यों के समकालिक वितरण में तुलनार्थ एक अति सन्तोषप्रद बिन्दु होती है। क्षेत्रीय वितरण सामान्यतः द्वि या बहुलक होते हैं अतः एक क्षेत्रीय बहुलक की गणना नहीं की जा सकती।

प्रकीर्णता का मापन

प्रकीर्णता की माप का सम्बन्ध एक आँकड़ा-समूह में मूल्यों के विस्तार से होता है (spread of values in a set of data)। कुछ मामलों में यह माप एक आँकड़ा-समूह के 'औसत' (केन्द्रीय प्रवृत्ति) का अनिवार्य गुण भी होता है। यदि कोई माध्य, किसी अति विस्तृत फैलाव वाले आँकड़े का है तो उसका महत्त्व नहीं के बराबर हो सकता है। उदाहरणस्वरूप एक देश के 50 नगरों का औसत जनसंख्या आकार 230,000 ज्ञात हो जाने पर भी यह जानना काफी अधिक मददगार हो सकता है कि ये नगर 103,250 से 7,452,350 तक आकार के हैं। इस तरह इस विषय में माध्य स्वयमेव बहुत सूचनापरक नहीं है। इस तहत केन्द्रीय प्रवृत्ति की माप से आवृत्ति वितरण का एक सीमित ज्ञान ही हो पाता है, किन्तु यह भी जानना जरूरी होता है कि इस केन्द्रीयता के चारों ओर अन्य मूल्य किस प्रकार वितरित हैं या फैले हुए हैं। इस फैलाव को विविध तरीकों से मापा जा सकता है जिसे विचलन माप (measures of deviation or dispersion) की संज्ञा दी जाती है; इसमें परास (Range) माध्य विचलन (Mean Deviation), प्रसरण (Variance) एवं मानक विचलन (Standard Deviation) प्रमुख हैं।

परास (Range)

यह विचलन का एक श्रेष्ठतम मापन है जिसमें एक आँकड़े के अधिकतम एवं न्यूनतम मानों का अन्तर ज्ञात किया जाता है। उदाहरण 50 नगरों का आकार के संदर्भ में वितरण दिया गया हो एवं सबसे छोटा नगर 103250 तथा सबसे बड़ा नगर 7452350 जनसंख्या का हो, तो यहाँ परास = 7452350 – 103250 = 7349100 होगा। ज्ञातव्य है कि यहाँ परास अर्थहीन है क्योंकि वास्तव में इन 50 नगरों में से मात्र 2 नगर ही 10 लाख से ज्यादा जनसंख्या धारण करते हैं शेष 48 इससे बहुत ही कम जनसंख्या युक्त हैं। इस तरह यह कहा जा सकता है कि इस उदाहरण में परास, एक बड़े निश्चित आकार के नगर द्वारा फैला (inflated) दिया गया है। इस तरह परास एक अति अपरिष्कृत माप है एवं जिसमें सूचनाओं की अधिकतर विशेषताएँ छूट जाती हैं।

परास = अधिकतम मान – निम्नतम मान

अन्तरचतुर्थक परास : IQR : अन्तर चतुर्थक परास को सूत्र रूप में निम्न प्रकार प्रकट करते हैं :

$$\frac{Q_3 - Q_1}{2}$$

यहाँ Q_3 और Q_1 क्रमशः ऊपरी एवं निचली चतुर्थक या 75वीं एवं 25वीं प्रतिशतमक बिन्दु होती हैं। यह मान भी सम्पूर्ण आँकड़े के विचलन से संबंधित सीमित सूचनाओं को ही इंगित करता है। उपरोक्त सारणी में $Q_1 = 53.75$ और $Q_3 = 77.9$ है : अतः

$$IQR = 77.9 - 53.75 = 12.07$$ होगा।

उपरोक्त दोनों ही मापन, अधिकांश मूल्यों की उपेक्षा कर, केवल दो निश्चित मानों पर केन्द्रित होते हैं। यथा उपरोक्त उदाहरण में हमें यह ज्ञात नहीं हो पाता कि इस परास में कितने ग्राम औसत के नजदीक हैं या कितने उससे कम हैं। अतः हमें एक ऐसे माप की जरूरत पड़ती है जिसमें औसत के संदर्भ में विचलन को एक मान के रूप में प्रदर्शित किया जा सके।

माध्य विचलन

केन्द्रीय प्रवृत्ति मापन में, माध्य तथा माध्यिका दो रूपों में, औसत को प्रदर्शित किया जाता है : अतएव इन दोनों ही के संदर्भ में विचलन भी आंका जा सकता है।

माध्य विचलन जिसे औसत विचलन भी कहते हैं, **किसी श्रेणी के पद के मूल्य एवं उसकी माध्यिका या माध्य के अन्तर के धनात्मक मानों का माध्य** (समान्तर e⁄k; arithmetical mean) **होता है।** सैद्धान्तिक रूप से इन विचलनों की गणना माध्यिका से करने पर उत्तम होता है क्योंकि ऐसे विचलनों का कुल योग अत्यल्प होता है, किन्तु व्यवहार में माध्य का प्रयोग ज्यादा प्रचलित है जिसके कारण ही इसे माध्य विचलन के नाम से व्यवहृत करते हैं। माध्य विचलन की गणना में प्रत्येक विचलन को धनात्मक माना जाता है। सूत्ररूप में, माध्य विचलन सम्पूर्ण आँकड़ों के माध्य ($\bar{x}$) तथा पदों (x) के अन्तर (d) के योग को कुल आवृत्ति (N) से विभक्त करने पर प्राप्त मान होता है। इसमें $x - \bar{x} = d$ धनात्मक ही रहता है : अतः दोनों ओर दो खड़ी पाई (| |) अर्थात् **मोडुलस** (modulus) का उपयोग करते हैं। इस प्राप्त मान को निरपेक्ष विचलन (absolute deviation) कहते हैं।

माध्य विचलन का सूचक MD है।

$$MD = \frac{\Sigma|x - \bar{x}|}{N}$$

उदाहरण

निम्नांकित आँकड़े किसी निश्चित चर की 8 लोगों (a से h) में माप को प्रदर्शित करते हैं–

a	b	c	d	e	f	g	h
9	2	7	5	4	6	5	2

इन मानों का माध्य 40/8 = 5 है। अब हर मान से माध्य को घटाकर विचलन प्राप्त किया जा सकता है, जैसे a हेतु 9–8 = 4

a	b	c	d	e	f	g	h
4	–3	2	0	–1	1	0	–3

चूँकि ऋण को धन मान लेना है अतएव निरपेक्ष विचलन (absolute difference) ही रखा जाएगा।

a	b	c	d	e	f	g	h
4	3	2	0	1	1	0	3

इन मानों का ही माध्य निकालना है।

$$\frac{4+3+2+0+1+1+0+3}{8} = \frac{14}{8}$$

$= 1.75$

यही 1.75 मान, दिए गए आँकड़े की श्रेणी का माध्य विचलन कहलाएगा। अतः इसे निम्नलिखित सूत्र के तौर पर रखा गया है–

$$\text{माध्य विचलन (MD)} = \frac{\Sigma|x - \overline{x}|}{N}$$

वर्गीकृत आँकड़ों का माध्य विचलन

1. तदनुसार आँकड़े का माध्य सूत्र $\frac{\Sigma fx}{N}$ से ज्ञात करते हैं।
2. वर्गीकृत आँकड़े में पहले हर वर्ग का मध्यमान x (mid value) ज्ञात करते हैं।
3. इस योग को आवृत्ति संख्या अर्थात् N से विभाजित करते हैं, जो माध्य विचलन होगा।
4. अब सभी x मान से माध्य ($\overline{x}$) का अन्तर निकालते हैं जो विचलन या d कहलाएगा।
5. अब इस विचलन (d) की, आवृत्ति (f) से गुणा कर, अगले कालम में रखकर उसका कुल योग Σ(fd) प्राप्त करते हैं।

   सूत्ररूप में माध्य विचलन $MD = \frac{\Sigma fd}{N}$

निम्न सारणी में संपूर्ण प्रक्रिया स्पष्ट की गयी है–

तालिका

वर्ग	*मध्यमान* x	*आवृत्ति* f	*विचलन* $d(x - \overline{x})$	df
30 – 40	35	4	31.2	124.8
40 – 50	45	5	21.2	106.0
50 – 60	55	4	11.2	44.8
60 – 70	65	9	1.2	10.8
70 – 80	75	12	8.8	105.6
80 – 90	85	5	18.8	94.0
90 – 100	95	3	28.8	86.4
$\overline{x} = 66.2$		$\Sigma f = 42$		$\Sigma fd = 572.4$

सारणी से प्राप्त मानों को सूत्र में प्रतिस्थापित करने पर माध्य विचलन

$$MD = \frac{572.4}{42} = 13.63$$

माध्य विचलन की गणना के चरणों को दर्शाया गया है जिसे देखकर इसके ज्यामितीय स्वरूप को समझा जा सके। माध्य विचलन का भूगोल में ज्यादा उपयोग नहीं होता है। यहाँ इसकी विवेचना, विचलन के दो अधिक प्रचलित मापनों—प्रसरण एवं मानक विचलन—की भूमिका के रूप में की गई है।

मानक विचलन और प्रसारण

माध्य विचलन में चिह्नों को उपेक्षित करने पर यद्यपि गणना सुविधाजनक हो जाती है, गणितीय रूप में यह शुद्ध नहीं। फलतः हमें सभी विचलनों के चिह्नों को समाप्त करने के लिए कुछ गणितीय शुद्ध विधियों की आवश्यकता होती है; अथवा गणितीय शब्दावली में इसे **विचलन को मानकीकृत** (standardization) करना कहते हैं। मानकीकरण हेतु हर विचलन का वर्ग निकालकर उनका योग करते हैं। अगर इन संख्याओं को प्रेक्षणांकों से विभक्त कर दिया जाए, तो इसे सांख्यिकीय भाषा में **प्रसरण** (variance) की संज्ञा दी जाती है। वस्तुतः इस प्रक्रिया में माध्य से वर्गित विचलन (squared deviation) प्राप्त होता है। इसी प्रसरण का वर्गमूल ही **मानक विचलन** (standard deviation) कहलाता है : जिसे ग्रीक चिह्न **छोटा सिगमा** (σ) से प्रदर्शित करते हैं।

मानक विचलन का सूत्र निम्नलिखित है—

$$SD \text{ or } \sigma = \sqrt{\frac{\Sigma(x-\bar{x})^2}{N}} \quad \text{या} \quad \sigma = \sqrt{\frac{\Sigma d^2}{N}}$$

एवं **प्रसरण का चिह्न** σ^2 है एवं इसका सूत्र निम्नवत् है :

$$\sigma^2 = \frac{\Sigma(x-\bar{x})^2}{N}$$

उदाहरण : ग्यारह गाँवों में बसाव क्षेत्रों का प्रतिशत औ[illegible] की गणना।

तालिका

X	$(x-\bar{x}) = d$	d^2
2	8	64
3	7	49
5	5	25

7	3	9
10	0	0
11	1	1
12	2	4
13	3	9
14	4	16
16	6	36
17	7	49
$\Sigma x = 110$	$\Sigma\|d\| = 46$	$\Sigma d^2 = 262$

हल :

1. बसाव के प्रतिशत को कालम में x मान कर रखा;
2. x का योग (Σx) लेकर उसे गाँवों की संख्या 11 से विभाजित किया $110/11 = 10$, जो माध्य हुआ।
3. अब माध्य से विचलन $(x - \bar{x})$ निकालकर उसे कालम दो में रखा।
4. विचलन का वर्ग निकालकर उन्हें कालम 3 में रखा जिनका योग 262 आता है।
5. इसी विचलन, वर्ग के योग को, अवलोकन संख्या (N) से विभाजित कर देने पर प्रसरण प्राप्त हो जाएगा :

$$\text{प्रसरण } (\sigma^2) = \frac{\Sigma d^2}{N} = \frac{262}{11} = 23.82$$

$$\text{एवं मानक विचलन } (\sigma) = \sqrt{\frac{\Sigma d}{N}}$$

$$= \sqrt{\frac{262}{11}} = \sqrt{23.82} = 4.8$$

उपरोक्त सूत्र अवर्गीकृत आँकड़े अथवा निजी श्रेणी के आँकड़े (individual series of data) के लिए प्रयुक्त होता है।

प्रत्यक्ष विधि : वृहद् आँकड़े-समूहों में माध्य से विचलन की गणना करने के बाद मानक विचलन ज्ञात करना ज्यादा श्रमसाध्य हो सकता है, अतः विचलन की गणना से बचने हेतु बीजगणितीय विधि का प्रयोग कर निम्न सूत्र की मदद से मानक विचलन प्राप्त करते हैं; जो संगणक, कैलकुलेटर्स पर प्रयुक्त होता है।

$$\sigma = \sqrt{\frac{\Sigma x^2}{N} - (\overline{x})^2}$$

तालिका

x	x^2
2	4
3	9
5	25
7	49
10	100
11	121
12	144
13	169
14	196
16	256
17	289
$\Sigma x = 110$	$\Sigma x^2 = 1362$

उपरोक्त उदाहरण में प्राप्त मानों को सूत्र में प्रतिस्थापित करने पर $\sigma = 4.8$ प्राप्त हुआ।

हल :

$$\overline{x} = \frac{\Sigma x}{N} = \frac{110}{11} = 10$$

$$\sigma = \sqrt{\frac{\Sigma x^2}{N} - \overline{x}^2}$$

$$= \sqrt{\frac{1362}{11} - (10)^2}$$

$$= \sqrt{123.8 - 100}$$

$$= \sqrt{23.8}$$

$$= 4.8$$

वर्गीकृत आँकड़ों हेतु मानक विचलन की गणना करते समय उपरोक्त क्रियाओं के अतिरिक्त आवृत्ति से गुणा कर देते हैं। अर्थात् सूत्र निम्नवत हो जाएगा

मानक विचलन $(\sigma) = \sqrt{\frac{\Sigma f(x-\bar{x})^2}{N}}$

अथवा लघुरूप में $\sigma = \sqrt{\frac{\Sigma f(d)^2}{N}}$ या $\sqrt{\frac{\Sigma fd^2}{N}}$

उदाहरण

निम्नलिखित सारणी में वर्गानुसार एवं आवृत्तियां दी गई है; इसके लिए मानक विचलन तथा प्रसरण की गणना कीजिए।

हल : (i) सबसे पहले हर वर्ग (class) का मध्यमान निकालें; 30-40 वर्ग का मध्यमान $= \frac{30+40}{2} = 35$, जो कालम 2 में रखा गया है।

सारणी

वर्ग	*मध्यमान* x	*आवृत्ति* f	*विचलन* $(x-\bar{x}) = d$	*विचलन वर्ग* d^2	fd^2
30-40	35	4	–31.2	973.44	3893.76
40-50	45	5	–21.2	449.44	2247.20
50-60	55	4	–11.2	125.44	501.76
60-70	65	9	–1.2	1.04	12.96
70-80	75	12	8.8	77.44	929.28
80-90	85	5	18.8	353.44	1768.00
90-100	95	3	28.8	829.44	2488.32
$\bar{x} = 66.2$		$N=42$			$\Sigma fd^2 = 11840.48$

(ii) मध्यमान से आवृत्ति के गुणनफल के योग को N से विभाजित कर माध्य प्राप्त करें। पिछले पृष्ठों में माध्य $(\bar{x})$ निकालने का सूत्र दिया गया है।

(iii) प्राप्त माध्य से प्रत्येक x मान का अन्तर 'd' $(x-\bar{x})$ प्राप्त करें। यथा 35−62.2 = −31.2 जिसे कालम 4 में रखा गया है।

(iv) विचलन मान का वर्ग (d^2) करके कालम 5 में रखें।

(v) सभी आवृत्ति को उसके सामने के विचलन-वर्ग से गुणा कर, गुणनफल को 6वें कालम में रखें। तदनुसार इसी कालम में सभी मानों को जोड़ लें, अर्थात् Σfd^2 प्राप्त कर लें, जो 11840.48 आता है।

(vi) अब प्राप्त मानों को सूत्र में पिरोकर मानक विचलन की गणना कर लें।

$$\because \quad \sigma = \sqrt{\frac{\Sigma fd^2}{N}} \qquad \therefore \quad \sigma = \sqrt{\frac{11840.48}{42}}$$

$$\sigma = \sqrt{281.91} = 16.8$$

प्रसरण (variance) प्राप्त करना अभीष्ट हो तो उत्तर 281.91 ही रहेगा।

अर्थात् $\sigma = \sqrt{281.91}$ एवं $\sigma^2 = 281.91$

निष्कर्ष : दिए गए आँकड़े में मानक विचलन 16.8 है जबकि माध्य 66.2 है।

मानक विचलन गणना की लाघव विधि

वर्गीकृत आँकड़ों में मानक विचलन की गणना हेतु आसान सूक्ष्म पद्धति का इस्तेमाल का उपयोग किया जा सकता है। इसमें कल्पित माध्य वर्ग के संदर्भ में प्राप्त विचलन को वर्ग अन्तराल से भाग देकर अवविचलन (d) ज्ञात कर गणना निम्न तरह से की जाती है। मानक विचलन सूत्र :

$$\sigma = \sqrt{\frac{\Sigma fd^2}{N} - \left(\frac{\Sigma fd}{N}\right)^2} \times i \text{ अर्थात् } = \left(\sqrt{\frac{\Sigma fd^2}{N} - \left(\frac{\Sigma fd}{N}\right)^2}\right)(i)$$

उदाहरण

उपर्युक्त उदाहरण के आँकड़े पर मानक विचलन की लाघव विधि से गणना करें।

हल—

(i) सबसे पहले एक मध्यवर्ती वर्ग को कल्पित माध्य-वर्ग (0) मानें; जैसे यहाँ पर 60-70 वर्ग को 0 वर्ग चुना गया है।

(ii) इस माध्य वर्ग के मध्यमान से ऊपर एवं नीचे अन्तर निकालें : जैसे 55–65 = –10, 45–65 = –20 या 75–65 = 10 आदि।

(iii) पुनः वर्ग-अन्तराल से इन्हें भाग देकर और भी छोटा कर लें; अर्थात् अवविचलन प्राप्त करें : यथा माध्य वर्ग से ऊपर, क्रमशः –1, 20

के स्थान पर –1, – 2, आदि ही रह जाएगा कालम 4.

तालिका

वर्ग Class	मध्यमान (x) Mid-value	आवृत्ति f	विचलन d'	अवविचलन d	d'^2	fd	$f.d^2$
30-40	35	4	–30	–3	9	–12	36
40-50	45	5	–20	–2	4	–10	20
50-60	55	4	–10	–1	1	–4	4
60-70	65	9	0	0	0	0	0
70-80	75	12	10	1	1	12	12
80-90	85	5	20	2	4	10	20
90-100	95	3	30	3	9	9	27
		42				5	119
		$\Sigma f = N$				Σfd	Σfd^2

$$\text{मा. वि.} = \sqrt{\frac{\Sigma fd^2}{\Sigma f} - \left(\frac{\Sigma fd}{\Sigma f}\right)^2} \times i$$

$$= \sqrt{\frac{119}{42} - \left(\frac{5}{42}\right)^2} \times 10$$

$$= \sqrt{2.833 - 0.0141} \times 10$$

$$= \sqrt{2.8189} \times 10$$

$$= 1.68 \times 10$$

$$\sigma = 16.8$$

एवं प्रसरण $(\sigma)^2 = (16.8)^2 = 281.89$

(iv) अब इसी अवविचलन का वर्ग (d^2) निकाल कर कालम 5 में रखा गया है।

(v) अगले कालम में क्रमानुसार आवृत्ति × विचलन = fd और आवृत्ति × वि. वर्ग = fd^2 निकाल कर लिखें। प्रत्येक कालमों के मानों का योग (Σ) ज्ञात कर लें।

(vi) सूत्र के अनुसार मानों को भरकर मानक विचलन की गणना कर लेंगे जो 16.8 है।

प्रयोग : भौगोलिक शोध में मानक विचलन का काफी ज्यादा प्रयोग किया गया है। नगरों के वर्गीकरण में नेल्सन के साथ-साथ भारतीय नगरों के भूगोलविदों ने भी इसका व्यापक उपयोग किया है। माध्य के संदर्भ में दोनों तरफ एक या दो मानक विचलन को जोड़कर या घटाकर वर्गीकरण एवं सीमांकन आदि के लिए, इसका उपयोग होता है। **विषम** (skewed) **वितरण** में मानक विचलन अपेक्षाकृत उच्च मूल्यों द्वारा ज्यादा प्रभावित होता है; अतः समवितरण में यह एक उपयुक्त विचलन मापन होता है।

शब्दों में यह कथन सत्य होगा 'कि गोरखपुर नगर के समीपवर्ती ग्रामों में कृषि कार्य करने वाले लोगों का औसत 66.2 फीसदी है', किन्तु इस माध्य से कितने ग्राम विचलित हैं इसकी जानकरी हमें क्षेत्रीय विषमता को समझने में ज्यादा सहायता प्रदान करेगी। इस तरह आँकड़े की समग्र विशेषता को हम यह कहकर प्रदर्शित कर सकते हैं कि 'इसका माध्य 66.2 एवं मानक विचलन 16.8 है।' पुनः इन दो मानों को यदि एक अनुपात के संदर्भ में रखा जाए तो इससे क्षेत्रीय विभिन्नता और अच्छी तरह आनुपातिक रूप से एक ही मापन द्वारा प्रदर्शित हो सकेगी। विभिन्नता की यथार्थ गणना कठिन है और इसे **परिवर्तित गुणांक** (coefficient of variability) के रूप में प्रदर्शित करने हेतु कई सांख्यिकीय सूत्र प्रस्तुत किए गए हैं।

परिवर्तिता गुणांक

केन्द्रीय प्रवृत्ति की माप तथा विचलन की गणना पर आधारित मापन, दो तरह के होते हैं।

(i) माध्यिका (M) तथा अन्तर-चतुर्थक परास (IQR) पर आधारित मापन को परिवर्तिता गुणांक कहते हैं; अर्थात् सूत्र रूप में–

$$\text{प. गु.} = \frac{\overline{\text{अन्तर चतुर्थक परास}}}{\text{माध्यिका}} \times 100 \quad \text{अथवा} \quad CV = \frac{IQR}{Median} \times 100$$

उपरोक्त उदाहरण में माध्यिका = 68.80 तथा अ. चतुर्थ. परास = 12 था अतः

$$\text{प. गु.} = \frac{12}{68.88} \times 100$$
$$= 17.3 \text{ प्रतिशत}$$

इस सूचकांक का उपयोग वर्षा विश्लेषण के लिए किया जाता है। इस गुणांक के आधार पर खींची गई सममान रेखाओं (isolines) को **समविचरण** (equi-variable) की संज्ञा दी जाती है। इसका उपयोग हॉनम (CE Hounam 1945) द्वारा आस्ट्रेलिया के वर्षा विश्लेषण हेतु किया गया है।

(ii) इसी प्रकार विविधता के सापेक्ष मापन के लिए कार्ल पियर्सन ने एक सरल मापन के रूप में **विचरण गुणांक** (coefficient of variation) का उपयोग किया, जो वर्षा के अध्ययन में प्रयुक्त होता है एवं यह माध्य एवं मानक विचलन पर आधारित है। इसका सूत्र निम्नवत है–

$$\text{वि. गु.} = \frac{\text{मानव विचलन}}{\text{माध्य}} \times 100 \text{ या } V = \frac{\sigma}{\bar{x}} \times 100,$$

उपरोक्त उदाहरण में यह गुणांक–

$$\text{वि. गु.} = \frac{16.8}{66.2} \times 100 = 25.4\%$$

प्रयोग : मानक विचलन के कम होने पर यह गुणांक भी कम होता है जबकि ज्यादा होने पर बड़ा होगा। चूँकि मानक विचलन माध्य से विचलन के औसत को प्रकट करता है अतः अगर यह माध्य से बड़ा हुआ तो, अधिकांश चर उसके नजदीक नहीं होंगे। अर्थात् आँकड़ा अत्यधिक विचरित (highly dispersed) होगा। इसी तरह मानक विचलन के माध्य से कम होने पर न्यून विचरण गुणांक होगा जो माध्य से समीपता प्रदर्शित करता है; अर्थात् वितरण माध्य के चारों तरफ शिखरीय रूप (leptokurtic) में होगा। इस तरह यह विचरण गुणांक, ककुदता (kurtosis) की माप करता है। इस गुणांक का प्रयोग फुश (Fuchs-1960) ने संयुक्त राज्य अमेरिका के नगरीय आवास स्तर में विविधता के अध्ययन में किया है। अपने अध्ययन में उन्होंने निवास्य-मूल्य (Housing Cost) में भिन्नता पर अधिक जोर दिया है।

नगरों को केन्द्रस्थ नगर (जो महानगरीय क्षेत्रों के मध्य स्थित हों) तथा अकेन्द्रस्थ नगर (Non-Central Cities) दो हिस्सों में विभाजित कर उनमें निवास्य खर्च हेतु विचरण गुणांक की गणना की। जिसके आधार पर यह निष्कर्ष निकाला कि अकेन्द्रस्थ नगर सामान्यतः अल्प विभिन्नता युक्त तथा केन्द्रस्थ नगरों की तुलना में आवासीय गुणों में ज्यादा सम्पन्न होते हैं। इस गुणांक को जलवायु विश्लेषण,

विशेषतः, वर्षा अध्ययन में भी प्रयुक्त किया गया है। इस सम्बन्ध में इसकी सुसंगति पर कुछ शंका होती है क्योंकि वर्षा की आवृत्ति-वितरण की एक सीमा के शून्य होने पर, गुणांक अनन्तता को इंगित करता है।

प्रसामान्य बंटन

केन्द्रीयता मापन एवं विचलन मापनों से स्पष्ट हुआ कि माध्य तथा मानक विचलन मिलकर आवृत्ति वितरण अथवा आवृत्ति वक्र की सम्पूर्ण आकृति को वर्णित करते हैं। **आवृत्ति वक्र** की प्रवृत्ति कतिपय निश्चित आकृति धारण करने की होती है, एवं **सममित** (symmetrical) **आकृति** एक सर्वाधिक प्रचलित आकृति है। इसीलिए सममित प्रकार को, **प्रसामान्य वक्र** (normal curve) भी कहा जाता है। यदि यह एक आवृत्ति-सारणी के रूप में है तो इसे प्रसामान्य बंटन (normal distribution) या यदाकदा गासियन बंटन (Gaussian distribution) की संज्ञा दी जाती है। प्रसामान्य वक्र निम्न लक्षणों से युक्त होता है–

1. सामान्य बंटन माध्य (mean) के चारों तरफ समान रूप से वितरित पाया जाता है।
2. वक्र का उच्चतम विस्तार, सामान्य रूप से, माध्य से ± 4 मानक विचलन $(\bar{x} \pm 4\sigma)$ के भीतर ही पाया जाएगा। तथापि ऐसा हमेशा नहीं होता; अतः यह कहा जाता है कि 99.99% घटिता इसी दूरी के अंदर होगी तथा इस तरह एक हजार में केवल एक बार ही इससे अधिक होने की संभावना हो सकती है। दूसरे शब्दों में, यह कहा जा सकता है कि 99. 99% संभावना होती है कि सभी आँकड़े माध्य से 4σ के परास में ही आएँगे।
3. इसी तरह यह भी पाया जाता है कि

   68.27% घटिता माध्य के $\pm 1\sigma$ की दूरी में आएँगे,

   95.45% घटिता माध्य के पास $\pm 2\sigma$ में एवं

   99.73% घटिता माध्य के $\pm 3\sigma$ के परास में होंगे; तथा

   99.99% घटिता माध्य के $\pm 4\sigma$ के तहत आते हैं।

उपरोक्त उदाहरण में माध्य = 66.2 एवं मानक विचलन 16.8 है अतः माध्य से एक मानक विचलन (अर्थात् 66.2 + 16.8) के भीतर घटिता की 68% एवं 2 मानक विचलन के भीतर 95% घटिता पाई जाएगी।

किसी भी अध्ययन में ये सिद्धान्त ही प्रतिदर्शों के आकार के निर्धारण हेतु आधार होते हैं। अतएव इन्हें समुचित रूप से समझ लेना चाहिए क्योंकि सांख्यिकीय विश्लेषण ज्यादातर इन्हीं पर आधारित होता है।

सभी आँकड़े प्रसामान्य वितरित नहीं होते; अक्सर ये असममितीय वितरित होते हैं। सममित वितरण में तीनों मापन-माध्य, माध्यिका एवं बहुलक एक ही बिन्दु पर संपाती होते हैं, किन्तु असममित वितरण में ये अलग होते हैं। असममितता के मापन को वैषम्य (skewness) कहते हैं।

वैषम्य : यह दो तरह का होता है–(1) धनात्मक वैषम्य, (2) ऋणात्मक वैषम्य। अगर माध्य, बहुलक से ज्यादा होता है तो वह वक्र धनात्मक वैषम्य होगा; तथा इसके विपरीत, माध्य से बहुलक के ज्यादा होने पर ऋणात्मक वैषम्य (negative skewness) होता है। वैषम्य, इस तरह उस विस्तार की माप करता है जिस पर किसी वितरण में अधिकांश मान एक माध्य के एक या दूसरे भाग में संकेन्द्रित होते हैं। एक पूर्ण सममित वितरण में कोई वैषम्य नहीं होता। सांख्यिकीय दृष्टि से वैषम्य के मापन के कई तरी प्रचलित हैं। दो प्रमुख सूत्रों का वर्णन निम्नवत् किया गया है।

(1) **वैषम्य गुणांक** द्वारा विषमता की माप

$$\text{वैषम्य गुणांक (Skp)} = \frac{3\,(\text{माध्य} - \text{माध्यिका})}{\text{मानक विचलन}}$$

यह गुणांक जितना ही ज्यादा होगा विषमता उतनी ही अधिक होगी।

(2) घूर्णीय वैषम्य द्वितीय विधि है जिसका सूत्र अग्रलिखित है–

$$\text{वैषम्य} = \frac{\Sigma(x-\bar{x})^3}{n\sigma^3}$$

यहाँ $(x-\bar{x})^3$ माध्य से विचलन मान का घन एवं σ मानक विचलन, n मानों की संख्या को प्रकट करता है।

निम्नलिखित सारणी में एक सरल आँकड़े के लिए वैषम्य की गणना प्रस्तुत की गई है। यहाँ प्राप्त सूचकांक का ऋणात्मक मान, **ऋणात्मक वैषम्य** एवं धनात्मक मान **धनात्मक वैषम्य** को प्रकट करता है। एक सममित वितरण के लिए विषमता का गुणांक शून्य होता है।

तालिका

x	$x-\bar{x}$	$(x-\bar{x})^2$	$(x-\bar{x})^3$	$(x-\bar{x})^4$
1	–2.6	6.76	–17.576	45.6976
2	–1.6	2.56	–4.096	6.5536
2	–1.6	2.56	–4.096	6.5536
3	–0.6	0.36	–0.216	0.1296
3	–0.6	0.36	–0.216	0.1296
3	–0.6	0.36	–0.216	0.1296
4	0.4	0.16	0.064	0.0256
5	1.4	1.96	2.744	3.8416
6	2.4	5.76	13.824	33.1776
7	3.4	11.56	39.304	133.6336
36		32.40	29.520	229.8720

$$\bar{x} = \frac{\Sigma x}{n} = \frac{36}{10} = 3.6$$

$$\sigma = \sqrt{\frac{\Sigma(x-\bar{x})^2}{n}} = \sqrt{\frac{32.4}{10}} = \sqrt{3.24} = 1.8$$

$$\text{वैषम्य} = \frac{\Sigma(x-\bar{x})^3}{n\sigma^3} = \frac{29.520}{10\times 1.8^3} = \frac{29.520}{10\times 5.832}$$

$$= \frac{29.520}{58.32} = 0.506$$

$$\text{ककुदता} = \frac{\Sigma(x-\bar{x})^4}{n\sigma^4} = \frac{229.8720}{10\times 1.8^4} = \frac{229.8720}{10\times 10.4976}$$

$$= \frac{229.8720}{104.976} = 2.190$$

भौगोलिक सांख्यिकी में वैषम्य एक प्रमुख संकल्पना है क्योंकि भौगोलिक अध्ययन में पाए जाने वाले अधिकांश चर अत्यधिक विषम वितरणयुक्त होते हैं। अर्थात् उनके आवृत्ति-वितरण असममित (asymmetrical) ही होते हैं। इसके दो महत्त्वपूर्ण परिणाम होते हैं : **प्रथम,** ऐसे आँकड़ों हेतु प्राचल परीक्षणों (परीक्षण खण्ड में वर्णित) के उपयोग सम्बन्धी शंका उत्पन्न हो जाती है। वैषम्य का ज्यादा होना यह प्रकट करता है कि प्रतिदर्श आँकड़े प्रसामान्य वितरित नहीं हैं। इस तरह वे ऐसे समष्टि (population) से आए हैं जो प्रसामान्य वितरित नहीं। यहाँ ध्यान रहे कि **प्रसामान्य बंटन में वैषम्य सूचकांक शून्य होता है। द्वितीय,** अन्य वर्णनात्मक मापन, विशेषतः माध्य, अगर अकेले प्रयुक्त किया गया तो भ्रमात्मक हो सकता है।

ककुदता (kurtosis) : ककुदता उस विस्तार की माप करता है जिस सीमा तक मान आवृत्ति-वितरण के एक हिस्से में संकेन्द्रित होता है। ककुदता की मापन की गणना निम्नलिखित सूत्र द्वारा की जाती है–

$$k = \frac{\Sigma(x - \bar{x})^4}{n\sigma^4}$$

यहाँ प्रत्येक चिह्न उपरोक्त मान ही धारण करते हैं।

उपर्युक्त सारणी में ककुदता मापन की भी गणना की गई है। इस सूत्र से प्राप्त मान के आधार पर ककुदता की निम्नलिखित श्रेणी विभाजित की जाती है –

(i) 3 मान पर, प्रसामान्य बंटन

(ii) 3 से ज्यादा ककुदता मान-अत्यधिक शिखरीय वितरण; एवं

(iii) 3 से कम ककुदता मान-चपटे अथवा प्लेटीकर्टिक वितरण।

भौगोलिक अध्ययन में ककुदता का निम्नतम प्रयोग हुआ है। वैषम्य की भांति यह भी, माध्य एवं मानक विचलन से प्राप्त सूचनाओं से पृथक एक आँकड़े समूह के वितरण से सम्बन्धित महत्त्वपूर्ण सूचनाएँ प्रदान करता है।

यहाँ ध्यान देने की बात यह है कि कई भौगोलिक चर उच्च **विषम** (highly skewed) तथा **उच्च शिखरीय** (highly leptokurtic), दोनों ही होते हैं। ऐसे चरों पर माध्य या मानक विचलन का प्रयोग गलत परिणाम प्रदान कर सकता है। पुनः ऐसे आँकड़े अगर प्रतिदर्श (samples) से सम्बन्धित हैं तो बहुत सम्भावना है कि वे प्रसामान्य वितरित समूह से सम्बन्धित ही न हों, जिससे वे प्राचल परीक्षण के अयोग्य हो जाते हैं। ज्ञातव्य है कि एक प्रासामान्य बंटन का वैषम्य मान शून्य (0) एवं कटुता 3 होता है।

फैलाव मापन आरेख

चतुर्थक विचलन

चतुर्थक विचलन का प्रयोग माध्यिका से प्रसार अथवा फैलाव के मापन हेतु किया जता है, यथा– जैसे माध्यिका आँकड़े समूह को दो हिस्सों में विभाजित करता है वैसे ही ऊपरी एवं निचले चतुर्थक, आँकड़े के ऊपरी एवं निचले अर्द्ध भागों को पुनर्विभाजित करते हैं। यह विशेषता **प्रसार आरेख** (dispersion diagram) कहते हैं जिसमें एक मापनीय मापक के संदर्भ में व्यक्तिगत मापन (बिंदु) वितरित होता है। ज्ञातव्य है कि माध्यिका एवं चतुर्थक की स्थिति का निर्धारण, ऊपर या नीचे से बिन्दुओं की संख्या को गिनकर किया जाता है।

इस प्रकार माध्यिका बराबर 28वाँ मापन है क्योंकि आरेख पर कुल 55 बिन्दु हैं; एवं ऊपर और नीचे से मापक पर 14वाँ मापन चतुर्थक की स्थिति को प्रकट करता है। यदि मापन-इकाई समसंख्या युक्त (even) हों तो माध्यिका अथवा चतुर्थक दो मापनों के मध्य स्थित होगा। प्रदर्शित उदाहरण में आँकड़ा चार भागों में विभाजित है तथापि यह संभव है कि उद्देश्य को ध्यान में रखते हुए दूसरे विभाजन जैसे 5वाँ (quintiles) चतुर्थक, या 8वाँ चतुर्थक (octiles) भी किया जा सकता है। प्रत्येक बिन्दु, अटलाण्टा नगर (जार्जिया, यू. एस. ए.) के जनगणना खण्ड का है। प्रत्येक बिन्दु को जीवन की गुणवत्ता सूचकांक (Quality of Life Index) के संदर्भ में आकलित किया गया है।

ध्यातव्य है कि जीवन की गुणवत्ता सूचकांक को स्वास्थ्य, अपराध, निवास (housing), सामाजिक-आर्थिक स्तर एवं जनसंख्या घनत्व सम्बन्धी सूचनाओं के आधार पर आंका जाता है। वे खण्ड जिनमें 50% या अधिक जनसंख्या श्वेत है एवं वे खण्ड जिनमें 50% से अधिक जनसंख्या काली है। इस आरेख में दो सम्प्रदायों (श्वेत-अश्वेत) के बीच जीवन-गुणवत्ता में अन्तर एवं नगर के भीतर उनमें अलगाव का स्पष्ट प्रदर्शन होता है। यहाँ विशेष उल्लेखनीय कथ्य यह है कि 'एक ओर जहाँ दोनों समुदायों के परासों (ranges) में समुचित अध्यारोपण (overlap) पाया जाता है; दूसरी ओर अन्तर्चतुर्थक-परास में कोई अध्यारोपण नहीं है।

अन्तर्चतुर्थक परास ऊपरी तथा निचली चतुर्थकों के बीच मापन-मापक पर अन्तर है। परास, जबकि आँकड़े में व्यक्तिगत मापनों (बिन्दुओं) के 100 शामिल को सम्मिलित करता है, अन्तर्चतुर्थक परास मात्र 50 फीसदी को ही शामिल करता है। इस प्रकार अन्तर्चतुर्थक परास एवं चतुर्थक विचलन (quartile deviation) अतिमानों (extreme values) से अप्रभावित रहता है जबकि ये अतिमान, परास हेतु मुख्य बाधा का कार्य

करते हैं। चतुर्थक विचलन केवल अन्तर्चतुर्थक परास का अर्द्धांश (half) होता है।

$$q.d. = \frac{UQ - LQ}{2} \text{ अथवा } = \frac{\text{ऊपरी चतुर्थक मान} - \text{निचला चतुर्थक मान}}{2}$$

एक सामान्य नियम के रूप में चतुर्थक विचलन का उपयोग मानक विचलन से निम्न तीन अवस्थाओं में बेहतर होता है–

(iii) अगर आँकड़ा एक सममित बंटन स्वरूप का हो,

(i) अगर अतिमान सशक्त प्रभाव युक्त हों; एवं

(ii) अगर आँकड़े मापन के क्रमसूचक मापक (ordinal scale) पर आधारित हों।

विशेष प्रयोग : वर्षा प्रतिरूपों के अध्ययन में औसत मासिक वर्षा एवं औसत वार्षिक वर्षा का बहुतायत से प्रयोग हुआ है। ब्रिटिश द्वीप समूह (यू. के.) के औसत वार्षिक वर्षा के मानचित्र काफी प्रचलित हैं (ग्रेगरी 1957) जिन्हें देखकर उच्चावच के संदर्भ में विश्लेषित करना सरल है। तथापि औसत आँकड़ा, वर्षा की परिवर्तनशीलता को स्पष्ट करने में समर्थ नहीं होता है। अतः किसी स्थान की जलवायु की व्याख्या करते समय प्रचलित केन्द्रीय प्रवृत्ति मापों के साथ ही प्रसरण-मापों के उपयोग की सलाह दी जाती है। यहाँ प्रसार-आरेख की काफी अधिक उपयोगिता है।

अतः किसी स्टेशन के संदर्भ में प्राप्त आँकड़े की सहायता से प्रसार आरेख की रचना के साथ ही माध्यिका एवं चतुर्थक विचलन, माध्य तथा मानक विचलन की गणना कर जलवायु का विश्लेषण वैज्ञानिक होता है। मुख्य मानचित्र में वर्षा की परिवर्तिता को प्रदर्शित किया गया है। परिवर्तनशीलता को दिखलाने के लिए परिवर्तिता गुणांक (coefficient of variability or coefficient of variation) की गणना का सूत्र–

$$\frac{\text{मानव विचलन}}{\text{माध्य}} \times 100$$

लिया गया है। मानचित्र से स्पष्ट है कि शुष्क एवं अर्द्धशुष्क क्षेत्रों में वर्षा की परिवर्तनशीलता ज्यादा तथा विश्वसनीयता कम है, वार्षिक वर्षा 30 प्रतिशत से ज्यादा परिवर्तनशील हैं। सामान्य वर्षा वाले हिस्सों में भी यह 20 से 30 प्रतिशत परिवर्तिता युक्त है जिससे वर्षा ऋतु में भी जलपूर्ति की समस्या रहती है। उत्तरी-पश्चिमी बंगाल, असम एवं समीपस्थ राज्यों में, सामान्य रूप से, वर्षा में किसी समय में, नमी की कमी नहीं रहती।

8

समाश्रयण विश्लेषण

ज्यादातर अध्ययनों में पूर्ववर्णित सहसम्बन्ध की गणना अपने आप में काफी हो सकती है। इससे सम-सहसम्बन्ध (iso-correlation) मानचित्र आरेखण के लिए आँकड़े प्राप्त होने के साथ पुर्नान्वेषण के लाभकारी पथ का भी अंदाज मिल सकता है। एक आँकड़े-समूह में प्रदत्त कुछ मानों के सन्दर्भ में दूसरे समूह हेतु प्रत्याशित किये जाने वाले मानों को परिकलित कर इस विश्लेषण का एक अलग पग और आगे ग्रहण करना वांछित हो सकता है। यह काम हर बार पृथक्-पृथक् गणना कर पूर्ण कियाजा सकता है। किन्तु लेखाचित्र पर दो आँकड़ा-समूहों के अन्तर्सम्बन्धों को प्रदर्शित करने वाली रेखा को खींचना ज्यादा प्रभावशाली होता है, क्योंकि इस पर वांछित अपेक्षित मानों को पढ़ा जा सकता है। ऐसे लेखाचित्रीय प्रदर्शन दो चरों के अन्तर्सम्बन्धों के स्वरूपों को चित्रित करने के व्याख्यात्मकयुक्ति (descriptive device) के रूप में भी बराबर महत्त्व के होते हैं। समाश्रयण तथा सहसम्बन्ध विश्लेषण में बराबर विभिन्नताओं के होते हुए भी इनकी परस्पर अन्तर्सम्बन्धिता के कारण इनमें भेद करना मुश्किल होता है।

समाश्रयण उन अवस्थाओं में अधिक उपादेय साबित होता है जहाँ एक कार्यात्मक अन्तर्सम्बन्ध पाया जाता हो, जबकि सहसम्बन्ध में आश्रिता को प्रमुख

स्थान न देते हुए चरों के सह-प्रसरण (co-variation) को ही दृष्टिगत किया जाता है। सह-सम्बन्ध गुणांक दो चरों के आपसी सम्बन्धों की संख्या को ही प्रदर्शित करता है जिससे सम्बन्ध के उच्च, अल्प या नगण्य होने का स्पष्टीकरण होता है। गुणांक के अलावा बहुधा, हमारी उत्कण्ठा सम्बन्ध-स्वरूपों को प्राप्त करने की भी होती है। फलतः जहाँ विस्तृत क्षेत्रों में आँकड़े का संग्रह एक साथ होता हो एवं दो या ज्यादा आँकड़ों के सम्बन्धों की उपनति (trend) की जानकारी प्राप्त करनी हो, समाश्रयण-विश्लेषण एक परम्परागत सांख्यिकीय विधि है।

प्राथमिक लेखाचित्र प्रकीर्ण आरेख

सम्बन्ध-स्वरूप को प्रदर्शित करने वाला प्राथमिक लेखाचित्र प्रकीर्ण आरेख कहलाता है। जब भुजाक्ष (X) पर स्वतन्त्र चर तथा कोटि अक्ष (Y) पर आश्रित चर को प्रदर्शित कर उनके मानों को बिन्दु रूप में निरूपित किया जाए तो उसे प्रकीर्ण आरेख की संख्या देते हैं। अगर अंकित बिन्दु किसी रेखीय स्वरूप में समुहित हों तो वहाँ सहसम्बन्ध हों तो वहाँ सहसम्बन्ध का अवबोध होता है। बिन्दुओं की प्रकीर्णता होने पर न्यूनाधिक मात्रा में सहसम्बन्ध संख्या होता है। पूर्ण सहसम्बन्ध की जरूर में सभी बिन्दु एक ही रेखा पर स्थित होंगे किन्तु मानव क्रियाकलाप जन्य कथ्यों के विश्लेषण में भूगोलविदों को ऐसी अवस्था शायद ही प्राप्त हो।

समाश्रयण-रेखा : प्रकीर्ण आरेख में दोनों चरों के सामान्य-स्वरूप, जो न्यूनाधिक एवं सीधी रेखा के रूप में होते हैं रेखीय सम्बन्ध (linear relationship) कहलाते हैं। अगर सम्बन्धों के प्रतिशत उपनति (एक सीधी रेखा) के परिशुद्ध (precise) रूप का ज्ञान हो जाए तो एक चर की निर्दिष्ट मात्रा के सम्बन्ध में दूसरे चर की सम्बन्धित मात्रा को स्पष्ट किया जा सकता है। ऐसी रेखाओं को समाश्रयण रेखाएँ (प्रतिगमन या प्रतीयगमन रेखा) कहते हैं जो वितरण की यथार्थ प्रवृत्ति की द्योतक होती है।

प्रकीर्ण आरेख में प्रदर्शित विशेषताएँ मुख्यतया किसी सम्बन्ध को प्रकट करती हैं किन्तु ये न तो लगातार होती हैं न ही स्पष्ट। ऐसे अवलोकनों में, चूँकि कोई भी एक ऐसा मान नहीं जो लेखाचित्र पर प्रदत्त किसी एक बिन्दु पर निश्चित रूप घटित हो, अधिकाधिक सम्बन्धों को संक्षेपित करने वाली एक रेखा का अन्तर्वेशन (insertion) ही किया जा सकता है जिसके द्वारा अन्य चर के ज्ञात होने पर एक चर के परम सम्भावी मान का अनुमान हो सके। यद्यपि इसके लिए कई सम्भावनाएँ हैं, हमें तो एक रेखा चाहिए जो सभी अवस्थाओं में सम्बन्धों के अत्यन्त सन्निकट हो। ऐसी रेखा समाश्रयण रेखा होती है।

एक कार्यात्मक सम्बन्ध (जब $r = \pm 1$ है) घटित होने के अलावा अन्य किसी भी स्थिति में रेखा का अन्तर्वेशन, देखने मात्र से ही शुद्धत्व में कर देना सम्भव नहीं क्योंकि यह आभासी (visual) अन्तर्वेशन एक अनुमान से ज्यादा कुछ भी नहीं होगा। गणना द्वारा समाश्रयण रेखा प्राप्त करने का उद्देश्य यही निश्चित करना है कि सभी अवलोकित मानों (actual or observed values) का, रेखा से अन्तर के वर्ग का योग अल्पतम हो। यह अल्पतम वर्ग विधि (least square method) कहलाती है।

न्यूनतम वर्ग पद्धति

'समाश्रयण रेखाएँ आरेख को बिन्दु श्रेणियों के बीच होती हैं अतः इन्हें श्रेष्ठतम आसजन रेखा (line of bestfit) भी कहते हैं।' इस रेखा की यथार्थ स्थिति की गणना सामान्यतः गणितीय विधि से की जाती है। 'समाश्रयण रेखा निर्धारण की सबसे उत्तम रीति न्यूनतम वर्ग ही है जिसमें चरों के यथार्थ तथा आंकलित मानों (सैद्धान्तिक मानों) के अन्तर के वर्गों का योग अल्पतम् होता है।' इसमें रेखा से दोनों तरफ के विभिन्न बिन्दुओं के विचलनों का योग शून्य होता है अर्थात् यदि रेखा के एक तरफ के विविध बिन्दुओं की खड़ी दूरी (अवशिष्ट residuals) को नापकर जोड़ा जाए, तो यह रेखा की दूसरी तरफ स्थित विभिन्न बिन्दुओं की दूरी के योग के तुल्य होगा। इस तरह इन विचलन-वर्गों का योग किसी अन्य रेखा से प्राप्त विचलन-वर्गों के योग की अपेक्षा सबसे कम (न्यूनतम) होगा।

रेखीय समाश्रयण दो पूर्ण अनुसंशोधित (calibrated) चरों के साहचार्य की विधि है। यह X और Y को सम्बद्ध करने वाले कार्यों की प्रकृति का मापन करता है। अर्थात् $Y = f(x)$; यहाँ Y एक प्रभाव (effect), x एक कारण (cause) एवं f प्रतिफल (function of) का द्योतक होता है। (Y is a function of x)। ऐसे शोधों में अन्य चर की तुलना में एक चर के निश्चयन में सशक्त तार्किक पृष्ठभूमि का होना जरूरी होता है। यथा, अल्प वर्षा धान की फसल के खराब होने का कारण हो सकती है, परन्तु खराब फसल कभी भी अल्प वर्षा का कारण नहीं हो सकती।

न्यूनतम वर्ग विधि के अनुरूप Y से X का सम्बन्ध, सामान्यतः $Y = a + bx$ होता है जिसमें a एवं b दो प्राचल (parameters) हैं; एवं a अक्ष Y पर समाश्रयण रेखा की स्थिति एवं b, रेखा के ढाल को प्रकट करते हैं।

इस सूत्र को समाश्रयण समीकरण (regression equation) कहते हैं। कुछ लोग b तथा a के स्थान पर m एवं c संकेताक्षर का भी प्रयोग करते हैं और समीकरण $Y = mx + c$ होता है।

उक्त समीकरण में a और b प्राचलों की निम्नलिखित रूप में गणना कर Y का वास्तविक मान मालूम किया जाता है :

$$b = \frac{\Sigma XY - \frac{(\Sigma X)(\Sigma Y)}{N}}{\Sigma X^2 - \frac{(\Sigma X)^2}{n}}$$

$$a = \overline{Y} - b\overline{x}$$

उपरोक्त विधि के अलावा प्रसामान्य समीकरण (normal equations) का प्रयोग कर भी a तथा b का मान ज्ञात किया जा सकता है–

समीकरण $\Sigma Y = Na + b\Sigma X$ ...(1)

$\Sigma XY = a\Sigma X + b\Sigma X^2$ ...(2)

उदाहरण : दिए गए एक औद्योगिक क्षेत्र के आठ प्रतिदर्श ग्रामों में औद्योगिक श्रमिकों की संख्या के आधार पर समाश्रयण समीकरण की गणना करें।

तालिका

ग्राम	*जनसंख्या* (X)	*औ० श्रमिक* (Y)
1	3900	3400
2	5500	3900
3	3400	2100
4	1900	1500
5	2900	900
6	2400	100
7	5000	2300
8	4300	1800

प्रस्तुत उदाहरण में,

$$N = 8$$
$$\Sigma X = 29300 \qquad \Sigma Y = 15900$$
$$\Sigma X^2 = 118290000$$
$$\Sigma Y^2 = 42610000 \qquad \Sigma XY = 66500000$$

ध्यान रहे ΣX^2 दिए गए ΣX का वर्ग नहीं वरन् प्रत्येक X मान का वर्ग लेकर उनका योग है। इसी तरह ΣY^2 की भी गणना की गई है। यही नियम ΣXY पर भी चरितार्थ होता है।

क्रियाविधि 1

$$Y = a + bx$$

इस समीकरण में a एवं b का मान सबसे पहले प्रसामान्य समीकरण की मदद से आंकलित है : (normal equation)

$$\Sigma Y = Na + b\Sigma X \qquad ...(1)$$
$$\Sigma XY = a\Sigma X + b\Sigma X^2 \qquad ...(2)$$

इन दोनों समीकरणों में प्राप्त मानों को प्रतिस्थापित करने पर

$$8a + 29300\,b = 15900 \qquad ...(1)$$
$$29300a + 118290000\,b = 66500000 \qquad ...(2)$$

प्रथम समीकरण को 3662.5 से गुणा कर पुनः उसे समीकरण 2 से घटाने पर, यहाँ (3662.5 मात्र $\frac{29300}{8}$ है, जिससे समीकरण में a आपस में बराबर हो जाए और घटाने पर समाप्त हो जाए ताकि b का मान ज्ञात किया जा सके।)

$$29300a + 118290000\,b = 66500000 \qquad ...(2)$$
$$29300a \pm 107311250\,b = -58233750 \qquad ...(1)$$
$$10978750\,b = 8266250$$
$$b = 8266250 \text{ è } 10978750 = 0.7529$$

समीकरण (1) में b का मान भरने पर,

$$8a + (0.7529 \times 29300) = 15900$$

अथवा

$$8a + 22060 = 15900$$

या

$$8a = 15900 - 22060 = -6160$$

अथवा

$$a = \frac{-6160}{8} = 770$$

इस तरह प्रस्तुत उदाहरण में $Y = a + bx$ को

$Y = -770 + 0.753\,X$ लिखा जाएगा

क्रियाविधि 2

ऊपर वर्णित प्रथम सूत्र की मदद से a और b का मान भी ज्ञात किया जा सकता है : जहाँ

$$b = \frac{\Sigma XY - (\Sigma X)(\Sigma Y)/N}{\Sigma X^2 - (\Sigma X)^2/N}$$

एवं

$a = \overline{Y} - b\,\overline{X}$ है। $\overline{Y}$ और $\overline{X}$ माध्य हैं।

समुचित मानों को प्रतिस्थापित करने पर,

$$b = \frac{66500000 - (29300)(15900)/8}{118290000 - (29300)^2/8}$$

$$= \frac{66500000 - 58233750}{118290000 - 107311250}$$

$$= 8266250/10978750$$

$$= 0.7529$$

अब a का मान ज्ञात करने हेतु सूत्र में समुचित मानों को प्रतिस्थापित करने पर

$$a = \overline{Y} - b^{-}$$

$$a = 1987.5 - (.7529)\,(3662.5) = 1987.5 - 2757.5$$

$$= -770$$

इस तरह $Y = -770 + 0.753\,X$ लिखा जाएगा जो प्रथम विधि से प्राप्त मानों के बराबर ही है।

क्रियाविधि

समाश्रयण समीकरण के मानों को ज्ञात करने की एक अन्य विधि भी है। सम्बन्धित सूत्र, पूर्व गणना से प्राप्त मानों—माध्य $(\overline{X})$, मानक विचलन (σ), एवं समाश्रयण गुणांक (r)—पर आधारित होता है। सहसम्बन्ध की गणना किए गए उदाहरणों हेतु समाश्रयण रेखा निर्धारण में यह सूत्र ज्यादा उपयोगी होता है। सूत्र निम्न है–

(i) जब Y अज्ञात और X ज्ञात हो (Y on X) तो :

$$Y - \overline{Y} = r_{\sigma}^{\sigma} \frac{Y}{X}\left(X - \overline{X}\right)$$

(ii) जब X अज्ञात और Y ज्ञात हो (X on Y) तो :

$$X - \overline{X} = r_{\sigma}^{\sigma} \frac{X}{Y}\left(Y - \overline{Y}\right)$$

इस सूत्र के आधार पर सारणी (ऊँचाई और कृषिक भूमि % से सम्बन्धित आँकड़े) हेतु समाश्रयण रेखा निश्चित करने की कार्यविधि : जहाँ $r = -0.95$, X का मानक विचलन, $\sigma_x = 15.7$ और $\sigma_y = 10.8$ और माध्य $\overline{X} = 50$ और $\overline{Y} = 44$ है।

सूत्र में (प्रथम दशा में) समुचित मानों को प्रतिस्थापित करने पर :

$$Y - \overline{Y} = r\frac{\sigma Y}{\sigma X} - (X - X)$$

$$Y - 44 = -.95\frac{10.8}{15.7}(X - 50) = -.66(X - 50) = -.66X + 33$$

$$Y = -.66 + (33 + 44) \quad = -.66X + 77$$

इसी समीकरण में –.66 को समाश्रयण गुणांक (regression coefficient) कहते हैं जो समाश्रयण रेखा की, प्रयुक्त दोनों चरों हेतु माप की इकाइयों के सन्दर्भ में, ढाल की मात्रा को प्रकट करता है। 77 मान आधार-अचर (base constant) है जो रेखा के उद्‍भव बिन्दु (point of origin) अर्थात् ज्ञात चर X के शून्य होने पर अज्ञात चर Y के मान को प्रदर्शित करता है।

उपरोक्त समीकरण में X के समुचित मानों को भर कर Y का उपयुक्त मान ज्ञात किया जा सकता है जिसकी मदद से समाश्रयण रेखा खींची जाती है। यहाँ मात्र दो मानों की गणना ही जरूरी होती है क्योंकि समाश्रयण रेखा एक सीधी रेखा

सारणी में यदि X का एक मान 50 है तो,

$$Y = -.66\,X + 77 = (.66 \times 50) + 77 = 33 + 77$$
$$= 44$$

X और Y के ये दोनों मान (50 और 44 क्रमशः) दोनों आँकड़ा समूहों के लिए औसत मान (माध्य) हैं। इस तरह, वास्तविक रूप में केवल एक मान की गणना ही आवश्यक होती है क्योंकि दूसरा मान दोनों माध्य मानों द्वारा ही प्रदान कर दिया जाता है।

पुनः सारणी में अगर X = 25 है, तो

$$Y = -.66\,X + 77 = (-.66 \times 25) + 77 = 16.5 + 77$$
$$= 60.5$$

यदि ग्राफ पर ज्ञात चर X के लिए शून्य मान प्रदर्शित किया गया, है तो इस दूसरे मान की गणना भी आवश्यक नहीं होती क्योंकि आधार-अचर (77) दूसरा मान प्रस्तुत करता है।

इन युग्म मानों की मदद से समाश्रयण रेखा खींची जाती है। X का मान 25 लेने पर Y का मान 60.5 से प्रथम बिन्दु 'अ' तथा X के 50 एवं Y के 44 से दूसरा कटान 'अ' प्राप्त होता है। अ–'अ,' बिन्दुओं को मिलाने से वांछित समाश्रयण रेखा प्राप्त होती है।

समाश्रयण रेखा पर समाश्रयण समीकरण (Y = –0.66 X + 77) अंकित कर दिया जाता है।

प्रकीर्ण आरेख पर खींची गई यह रेखा बिन्दुओं के बीच इस तरह स्थित है कि प्रत्येक बिन्दुओं से इस रेखा की दूरी न्यूनतम है।

इसी तरह Y पर X (X on Y) के मान की गणना भी की जा सकती है। प्रस्तुत उदाहरण में :

$$X - X = r\,\frac{\sigma X}{\sigma Y}\,Y - Y^{-}$$

$$X - 50 = -.95\ \frac{15.7}{10.8}(Y - 44) = -1.34\,(Y - 44)$$
$$= -1.34\,Y + 58.96$$

$$\therefore \quad X = -1.34\,Y + (58.96 + 50) = -1.34\,Y + 108.96$$

तालिका में कोई भी मान लेने पर

यदि Y = 44, तो X = 50 और Y= 62 तो X = 24.88 होगा; इन मानों के आधार

पर चित्र में समाश्रयण रेखा खींची गई है। इस तरह यह रेखा प्रथम रेखा की तुलना में पृथक ढाल को प्रदर्शित कर रहा है तथापि उसे माध्य बिन्दु पर काट रहा है। इस तरह किसी भी आँकड़े-समूह हेतु दो समाश्रयण रेखाएँ होती हैं, किन्तु प्रथम रेखा (X पर Y) खींचकर ही परिणाम ज्ञात किए जाते हैं।

इन दोनों समाश्रयण रेखाओं के बीच अन्तर का कोण सह-सम्बन्ध गुणांक के सापेक्ष आकार को प्रतिबिम्बित करता है। जब गुणांक ± 1 हो तो दोनों रेखाएँ एक-दूसरे से मिल जाती हैं, शून्य मान होने पर रेखाएँ एक-दूसरे पर समकोण होगी एवं इन दोनों चरम सीमाओं के मध्य r के सभी मान, एक दूसरे से पृथक रेखाएँ प्रदान करेंगे। प्रस्तुत उदाहरण में ऋणात्मक सहसम्बन्ध था अतः रेखा दाएँ से बाएँ की ओर उठ रही है। यदि धनात्मक सम्बन्ध होता तो रेखा बाएँ से दाईं ओर उठती।

प्रतिगमन गुणांक

उस मान को कहते हैं जिससे एक चर में परिवर्तन, दूसरे चर में इकाई बदलाव के लिए उत्तरदायी होते हैं। अर्थात् दो चरों के गणितीय सम्बन्धों को स्थापित करने वाले मान को समाश्रयण गुणांक कहते हैं। समाश्रयण समीकरणों की भाँति X पर Y तथा Y पर X की आश्रिता के आधार पर दो समाश्रयण गुणांक ज्ञात करते हैं :

(i) X पर Y का समाश्रयण गुणांक $= r\,\dfrac{\sigma Y}{\sigma X}$ तथा

(ii) Y पर X का समाश्रयण गुणांक $= r\,\dfrac{\sigma X}{\sigma Y}$

इन दोनों गुणांकों के गुणनफल का वर्गमूल सहसम्बन्ध गुणांक के बराबर होता है :

दूसरे शब्दों में $\sqrt{\left(r.\dfrac{\sigma Y}{\sigma X}\right) \times \left(r\,\dfrac{\sigma X}{\sigma Y}\right)} = r$

प्रत्यक्ष गणना में समाश्रयण गुणांक प्राप्त करने का निम्न सूत्र है–

प्रतिगमन गुणांक = ctzh xqkuQy(ross Products) dk; ksx / Lor=kpjksa ds oxZ.kdk

दूसरे शब्दों में $$R.C = \frac{\Sigma XY - \Sigma X.\Sigma Y / n}{\Sigma x^2 - (\Sigma x)^2 / n}$$

उदाहरण : सहसम्बन्ध गुणांक के उदाहरण के लिए गणना किए मानों का प्रयोग करने पर

$$\Sigma XY = 24450, \Sigma X = 600, \Sigma Y = 528, \Sigma X^2 = 32954,$$

$$R.C = \frac{24450 - 600 \times 528 / 12}{32954 - (600)^2 / 12}$$

प्रतिगमन गुणांक $= \frac{-1950}{2954} = -.66.$

इसी मान के द्वारा आधार-अचर भी मालूम किया जाता है :

आधार-अचर = आश्रित चर का औसत -- (समाश्रयण गुणांक × स्वतन्त्र चर का माध्य)

अर्थात् = $\overline{Y}$ – समाश्रयण गुणांक . $\overline{X}$

पुनः मानों को प्रतिस्थापित करने पर

$$= 44 - (-.66 \times 50)$$
$$= 44 + 33$$
$$= 77$$

इस तरह समाश्रयण समीकरण वही हुआ जो उपर्युक्त तृतीय विधि से प्राप्त था दूसरे शब्दों में

$$Y = -.66X + 77$$

प्रतिगमन रेखा और लघुगणक श्रेणी

कुछ परिस्थितियों में प्रतिगमन रेखा साधारण ग्राफ कागज पर न खींचकर अर्द्ध लघुगणक अथवा लघुगणक (log graph) कागजों पर खींचे जाते हैं। ऐसी अवस्था में एक या दोनों पक्षों पर लघुगणकीय मापक का प्रयोग होता है। इसकी गणना में मूल संख्याओं के स्थान पर लघुगणक मानों का प्रयोग करते हैं: अर्द्ध लघुगणक कागज के प्रयोग की अवस्था में X अक्ष प्रसामान्य समान्तर मापक (normal arithmetical scale) अर्थात् साधारण मापक एवं Y अक्ष लघुगणक मापक को धारण करता है। इसके तहत प्रत्येक गणना में जहाँ Y

प्रयुक्त होगा Y का लघुगणक मान ही रखा जाएगा एवं समाश्रयण रेखा निम्न सूत्र द्वारा अनुमानित होगी–

$$\text{Log } Y = a + b \log X$$

लम्ब अक्ष लघुगणक है जबकि (ब) में दोनों ही अक्ष लघुगणक मापक पर हैं। लघुगणक कागज पर X और Y दोनों मापकों की लघुगणकीय रूप में प्रदर्शित करते हैं जिसमें समाश्रयण रेखा समीकरण निग्नवत होगी :

$$\text{Log } Y = a + b \log X$$

प्रतिगमन से अवशिष्ट

प्रतिगमन रेखा जब वास्तविक प्रकीर्ण बिन्दुओं पर आध्यारोपित की जाती है तो कुछ बिन्दु तो इस रेखा पर पड़ती है जबकि अन्य इससे परे दृष्टिगत होते हैं प्रतिगमन रेखा, जो वस्तुतः एक औसत दिशा या उपनति ही होती है, रेखा पर पड़ने वाले अवलोकनों को पूर्णतः प्रदर्शित करती है, किन्तु इस रेखा से दूर पड़ने वाले अवलोकनों को स्पष्ट करने में समर्थ नहीं होती। सम्बन्धों को प्रकट करने वाला यह समीकरण वस्तुतः X के सन्दर्भ में Y की प्रतिगभन्ता (regressing) का प्रतिफल है। समाश्रयण विश्लेषण का एक अत्यन्त महत्त्वपूर्ण अंग सभी अवलोकन हेतु प्रगुक्ति (अनुमान) की यथार्थता में विविधता को विश्लेषित करना होता है क्योंकि आश्रित चरों से सम्बन्धित अन्य चरों की तरफ अवशिष्ट (residuals)* सुस्पष्ट अंकित कर सकते हैं। इस तरह समाश्रयण रेखा जहाँ एक औसत सम्बन्ध की आरेखण होती है अवशिष्ट मान इस औसत का गणितीय अनुमान (mathematical corollaries) होता है।

प्रत्येक अवलोकन हेतु अवशिष्ट (Z) की गणना X के सभी मान के लिए Y के अनुमानित मान (predicted value) = Y' को इसके वास्तविक मान Y से घटाकर निश्चित की जाती है। अर्थात्

$$Z = Y - Y'$$

उदाहरणार्थ प्रथम अवलोकन में X का मान 25 है। अतः इस अवलोकन हेतु Y का अनुमानित मान : (जब $Y = -.66X + 77$ है)

$$Y' = -.66(25) + 77 = 66.5$$

तथा इस तरह अवशिष्ट

$$Z = 62 - 60.5 = 1.5 \text{ होगा।}$$

प्रत्येक अवलोकन के लिए अवशिष्ट मानों की गणना कर सारणी में उद्धृत किया गया है।

इस प्रकार समाश्रयण समीकरण को सुधारकर $Y = -.66x + 77 + e_i$ के रूप में लिखना चाहिए जहाँ e_i अवशिष्ट गलत (error) है।

अवशिष्ट का प्रयोग, सामान्यतः, उन कारकों को पहचानने से सम्बन्ध रखता है जिसके बारे में अल्पतम् जानकारी उपलब्ध है। ये कारक (अवलोकन) सामूहिक या निजी रूप में नवीन परिकल्पनाओं के निर्माण में प्रयुक्त होते हैं जिनकी उपयुक्तता का परीक्षण बाद में किया जाता है।

अवशिष्ट की गणना प्रक्रिया

अवलोकन	*ऊँचाई*	*कृषित भूमि*	*कृषिगत भूमि का अनुमान-Y'*	*अवशिष्ट*	*अवशिष्ट-वर्ग*
	X	*Y*	$(Y = -.66x + 77)$	$Z = (Y - Y')$	$Z' = (Y - Y')^2$
1	25	62	60.5	1.5	2.25
2	30	56	57.2	--1.2	1.44
3	32	52	55.9	--3.9	15.21
4	35	52	53.9	--1.9	3.61
5	52	50	42.7	7.3	53.29
6	48	46	45.3	0.7	0.49
7	50	44	44.0	0.0	0.00
8	56	42	40.0	2.0	4.00
9	64	36	34.8	1.2	1.44
10	66	34	33.5	0.5	0.25
11	70	30	30.8	--0.8	0.64
12	72	24	29.5	--5.5	30.25
					$\Sigma Z^2 = 112.87$

अवशिष्ट मानचित्रण

अवशिष्ट मानों का मानचित्रण अनुवर्ती प्रमेयों (परिकल्पनाओं) की रचना के लिए एक मूल्यवान औजार के रूप में माना जाता है। अवशिष्ट मानों के स्थितिक

विन्यास (locational arrangement) निश्चय ही, उन अन्य चरों की तरफ संकेत करेंगे जो चर की विविधताओं हेतु महत्त्वपूर्ण हो सकते हैं।

प्रतिगमन मानों के सन्दर्भ में अवलोकनों के वास्तविक तथा प्रत्याशित (अनुमानित) मानों में अन्तरों को मानचित्रित किया जा सकता है। घनात्मक अवशिष्टों (वे क्षेत्र जिनके मान प्रत्याशित से अधिक हैं) के वितरण एवं ऋणात्मक अवशिष्टों (प्रत्याशित से कम मान के क्षेत्र) के वितरण अलग संलग्न-प्रारूपों को प्रकट करके प्रतीत होते हैं। उक्त उदाहरण में अवशिष्टों के वितरण से स्पष्ट है कि मध्यवर्ती पूर्वी क्षेत्र में कृषिगत भूमि का औसत अनुमान से ज्यादा है जबकि उत्तरी एवं दक्षिणी-पश्चिमी हिस्सा अनुमान से कम प्रतिशत प्रकट करते हैं। ऋणात्मक तथा घनात्मक अवशिष्ट की यह सामान्य व्यवस्था उत्तरी अधिक ऊँचाई के क्षेत्रों तथा दक्षिणी-पश्चिमी निम्न ऊँचाई किन्तु तीव्र उच्चावचीय अन्तरों के प्रभावों को प्रतिबिम्बित करता है। इस तरह समाश्रयण रेखा (ऋणात्मक सम्बन्ध युक्त) मात्र ऊँचाई में बढ़ोतरी से कृषिभूमि औसत में कमी का आभास कराती है, अवशिष्ट उसके अन्दर निहित कतिपय सूक्ष्म पक्षों को भी उजागर करने में सक्षम होता है।

भूगोल शास्त्रियों के मुताबिक अवशिष्ट मानचित्रण निम्नलिखित शोध स्थितियों में प्रत्यक्ष रूप से लाभकारी होता है।

(i) नई परिकल्पना की रचना करने एवं किसी खोज में सम्मिलित किए जाने वाले नए चरों की पहचान करने हेतु,

(ii) किसी क्षेत्र विशेष पर अन्वेषण हेतु ध्यान केन्द्रित करने या उनके चुनाव में मदद प्रदान करने हेतु।

(iii) प्रादेशिक सीमाओं को निर्धारित करने अथवा उनमें सुधार करने हेतु, और

इस तरह अवशिष्ट मानचित्र भौगोलिक-प्रकृति की समस्याओं के समाधान में मदद प्रदान कर सकती है।

प्रतिगमन रेखा एवं विश्वास-सीमा

उपर्युक्त उदाहरणों में प्रदर्शित रेखाएँ मात्र दो चरों के मध्य अन्तर्सम्बन्धों के श्रेष्ठतम अनुमान (best estimate) ही हैं। इसी प्रकार अज्ञात चरों हेतु इनके द्वारा प्रदत्त मान भी एक अनुमान ही है। वस्तुतः इससे ज्यादा कुछ भी प्राप्त नहीं किया जा सकता क्योंकि किसी अपूर्ण (imperfect) सम्बन्ध हेतु केवल एक सही उत्तर नहीं हो सकता। अतः इस सम्बन्ध के संयोग या असंयोगवश घटित होने की संभावित स्तर का प्रदर्शन करना जरूरी होता है। इसके लिए अनुमान

मानक-त्रुटि (standard error of estimate) की गणना वांछित होती है ताकि उस परास (range) को कतिपय शुद्धता के साथ निर्धारित किया जा सके जिसके तहत वास्तविक दशाएँ आने योग्य हों। प्रतिगमन रेखा हेतु अनुमान के मानक त्रुटि को S_{xy} द्वारा उद्धृत किया जाता है।

इस अज्ञात मान (अर्थात् Y) के अकलन की मानक-त्रुटि (standard error) निम्नलिखित रूप द्वारा ज्ञात की जा सकती है :

$$S.E._{\cdot y} = \sigma_y \sqrt{1 - r^2}$$

प्रस्तुत उदाहरण में जहाँ Y के मान का आकलन लगाया गया है; सूत्र में मानों को प्रतिस्थापित करने पर :

$$S.E._{\cdot y} = 10.8\sqrt{1-(-.95)^2} = 10.8 X .312$$
$$= 3.35$$

$$\therefore \quad 2S.E._{\cdot y} = 6.7$$

इसका आशय यह है कि जब $X = 25$ है तो $Y = 60.5$ से ± 6.7 मान 95% सम्भावितायुक्त होगा। अर्थात् यहाँ 95% सम्भावना है कि Y का मान 53.8 (60.5 – 6.7) और 67.2 (60.5 + 6.7) के बीच होगा।

उपर्युक्त गणना से प्रतिगमन विश्लेषण द्वारा प्रदर्शित अनुमानित मान के सम्बन्ध में विश्वास-सीमा प्राप्त की जा सकती है। अर्थात् इस मान का उपयोग समाश्रयण रेखा के दोनों और विश्वास-सीमा (confidence limit) की रचना में किया जाता है। जैसा परीक्षण अध्याय में देखा गया कि प्रसामान्य बंटन (normal distribution) में 68% सम्भाविता यह होती है कि वास्तविक मान माध्य से एक मानक विचलन ($\pm 1\sigma$) से ज्यादा अन्तर नहीं रखेगा, 95% सम्भाविता कि वे $\pm 2\sigma$ से ज्यादा नहीं और 99% सम्भावित कि वे $\pm 3\sigma$ से अधिक नहीं होते। चूँकि हमारा यह मानक-त्रुटि, मानक विचलन पर ही आधारित है अतः सम्भाविता विशेषताएँ इसके लिए भी वैसी ही होंगी। इस प्रकार यहाँ 68% सम्भावना है कि हमारी प्रतिगमन रेखा के समीप बिन्दु, रेखा से ± 1 S.E. (इस उदाहरण में रेखा के दोनों ओर ± 3.35 इकाई) से ज्यादा दूरी पर नहीं होंगे, 95% सम्भावना कि वे ± 2 S.E. से ज्यादा दूर नहीं और 99% सम्भाविता कि वे ± 3 S.E. से अधिक दूर नहीं होंगे। यदि इन समुचित दूरियों पर एक जोड़ी रेखाएँ खींचें तो लेखाचित्र पर सम्भाविता सीमा (विश्वास-सीमा) को प्रदर्शित किया जा सकता है। प्रस्तुत उदाहरण में $S.E._{\cdot y} = 3.35$

है अतएव यहाँ प्रतिगमन रेखा से 3.35 इकाई ऊपर एवं 3.35 इकाई नीचे रेखा खींची जाए तो वह 1 S.E. (or 1 S_y) की विश्वास-सीमा रेखा होगी। अर्थात् यहाँ जब $X = 25$ हैं तो $Y = 63.85$ $(60.5 + 3.35 = 63.85)$ एवं $60.5 - 3.35 = 57.15$ दो बिन्दुओं से प्रतिगमन रेखा के समान्तर रेखा खींची जाएगी।

इसी प्रकार प्रतिगमन रेखा से : 2S, हेतु : $X = 25$

एवं

$$Y = 60.5 + 2Sy \qquad 60.5 + 6.7 = 67.2$$

तथा

$$60.5 - 6.7 = 53.8$$

एवं

$3S_y$ हेतु $X = 25$

एवं

$$Y = 60.5 + 10.05 = 70.55$$

और

$$60.5 - 10.05 \qquad = 50.45$$

की दूरियों पर अन्य विश्वास सीमा रेखाएँ निश्चित की गई हैं।

निर्धारित गुणांक

अवलोकित तथा प्रत्याशित प्रसरणों (observed and predicted variances) का अनुपात एक प्रतिगमन की आसंजनता (goodness of fit of a regression) की माप प्रस्तुत करता है जिसे निर्धारित गुणांक कहते हैं तथा इसका चिह्न r^2 है। यह गुणांक, सामान्यतः सहसम्बन्ध गुणांक (r) का ही वर्ग होता है तथा किसी प्रतिगमन विशलेषण की व्याख्या में एक उपयोगी मददगार तत्त्व भी है। इस गुणांक की प्रतिगमन से एक चर में विभिन्नता के अनुपात की, दूसरे चर में विविधता द्वारा वर्णित किए जाने की या प्रत्याशित किए जाने की मात्रा का माप किया जाता है। अर्थात् यह एक प्रतिगमन रेखा के आसंजनता (goodness-of-fit) की माप करता है।

इस गुणांक को प्राप्त करने का सूत्र निम्नवत है–

$$r^2 = \frac{S\hat{y}^2}{Sy^2}$$

जिसमें, r^2 = निश्चयता गुणांक

$S\hat{y}^2$ = आश्रित चर के प्रत्याशित मान का प्रसरण (variance)

Sy^2 = आश्रित चर के अवलोकित मान का प्रसरण

यदि पूर्ण आसंजन (perfect fit) है तो प्रत्याशित मान, अवलोकन मान के समतुल्य होगा; जिसमें $S\hat{y}^3$ और Sy^2 दोनों एक बराबर मान धारण करेंगे तथा $r^2 = 1$ अगर प्रतिगमन आसंजनता पूर्ण' से कम (less than perfect) है तो प्रत्याशित तथा अवलोकित मानों के बीच अन्तर होगा, अर्थात् $S\hat{y}^2$ के Sy^2 से कम होने पर $r^2 = 1$ से कम होता है।

कुल प्रतिगमन प्रसरण की गणना

अवलोकित मान			*प्रत्याशित मान*	
X	*Y*	*Y^2*	$\hat{y}$	$\hat{y}^2$
27	25	625	15.00	225.00
28	9	81	15.66	245.24
35	18	324	20.22	408.85
44	27	729	26.09	680.69
45	32	1024	26.74	715.03
47	21	441	28.04	786.24
60	33	1089	36.52	1333.71
66	38	1444	40.43	1634.58
73	49	2401	45.00	2025.00
75	48	2304	46.30	2143.69
	300	10462	300.00	10198.03

उदाहरण : सारणी में X चर ओल्डर वृक्षों की संख्या को तथा Y चर नई की मात्रा का द्योतक है। दोनों के प्रतिगमन हेतु कुल प्रसरण (total variance) और प्रतिगमन प्रसरण (regression variance) की गणना करने के लिए सर्वप्रथम समाश्रयण समीकरण की गणना की गई जो $\hat{y} = 2.6 + 0.52\,X$ प्राप्त हुआ है। इसी समीकरण के आधार पर y के लिए प्रत्याशित मान प्राप्त किया गया है जो **सारणी**

के चतुर्थ कालम में रखा गया है। पुनः इन्हीं y तथा $\hat{y}$ मानों का वर्ग निकालकर रखा गया है। ज्ञात मानों का कुल योग निम्नवत् वर्णित है– Sy^2 अर्थात् अवलोकित मान का प्रसरण (जिसे कुल प्रसरण के रूप में इंगित करते हैं) तथा $S\hat{y}^2$ अर्थात् प्रत्याशित मान का प्रसरण (जिसे प्रतिगमन प्रसरण के रूप में इंगित करते हैं)।

इसी प्रकार सारणी के मानों पर आधारित :

$$Sy^2 = \frac{\Sigma y^2}{n} - \hat{y}^2 \qquad = \frac{10462}{10} = 30^2$$
$$= 10462 - 900 = 146.2$$

$$S\hat{y}^2 = \frac{\Sigma \hat{y}^2}{n} - \hat{y}^2 \qquad = \frac{10198.03}{10} = 30^2$$
$$= 1019.803 - 900 = 119.8$$

इस उदाहरण हेतु निश्चयता गुणांक :

$$r^2 = \frac{S\hat{y}^2}{Sy^2} = \frac{119.8}{146.2} = 0.819$$

इस अनुपात को फीसदी में परिवर्तित करने पर यह कहा जा सकता है कि 81.9% प्रसरण प्रतिगमन आवेष्टित है। अर्थात् आश्रित चर का 81.9% प्रसरण, प्रतिगमन हेतु उत्तरदायी है। दूसरे शब्दों में y में 81.9% विविधता X द्वारा विश्लेषित है।

इसी प्रकार पिछले पृष्ठों पर वर्णित उदाहरण में सहसम्बन्ध गुणांक $(r) = -0.95$ प्राप्त हुआ है जिसके लिए कहा जा सकता है कि ($r^2 = .90$ अर्थात् 90%) कृषित भूमि में 90% विभिन्नता हेतु X अर्थात् ऊँचाई उत्तरदायी है।

ऐसे ही में प्रदर्शित प्रतिगमन हेतु निश्चयता गुणांक $r^2 = 0.51$ होगा। जिससे यह निर्देश प्राप्त होता है कि भट्टियों से झीलों की 'दूरी', झीलों में अम्लता की मात्रा में विविधता हेतु 50 प्रतिशत से अधिक उत्तरदायी है। जिससे यह भी स्पष्ट होता है कि दूसरे तत्त्व (चर) यथा, झीलों ने जल की मात्रा भी अम्लता में विभिन्नता हेतु लगभग समान उत्तरदायी है।

अवशिष्ट के द्वारा मानक अशुद्धि की गणना

यदि प्रतिगमन समीकरण की गणना सहसम्बन्ध के बिना ही की गई है तो विश्वास-सीमा निर्धारित करने के लिए मानक-त्रुटि की गणना एक अन्य

सूत्र की मदद से की जा सकती है। मानक अशुद्धि का प्रयोजन यह प्रदर्शित करना होता है कि वास्तविक अवलोकन-प्रतिगमन रेखा के सामान्यीकरण से किस सीमा तक विचलित होते हैं। इसलिए प्रथम, आश्रित चर के लिए उस मान को जो प्रतिगमन समीकरण उत्पन्न करता, ज्ञात कर, पुनः इस अनुमान एवं वास्तविक मान के बीच अन्तर लेकर गणना की जाती है। ये अन्तर अवशिष्ट (Residuals) z, कहलाते हैं एवं इन अवशिष्टों का मानक विचलन (S_z) प्रतिगमन रेखा के चारों तरफ उनके विचलन को प्रदर्शित करने वाला, अनुमान के मानक-त्रुटि (S_y) को प्रदर्शित करने का एक और तरीका है। इस :

$$S_y = S_z$$

अनुमान की मानक-त्रुटि = अवशिष्टों का मानक विचलन,

$$\text{अवशिष्ट का मानक विचलन} = (S_z)\sqrt{\frac{z^2}{n}}$$

$$= \sqrt{\frac{\text{vof'k"Vksa oxZ dk ;ksx}}{\text{in la[;k}}}$$

उपरोक्त उदाहरण में :

$$S_y = \sqrt{112.87 / 12} = 3.35$$

स्पष्टतः यह पूर्व वर्णित सहसम्बन्ध गुणांक के सूत्र से ज्यादा कठिन और लम्बी प्रक्रिया है किन्तु अवशिष्ट की गणना पुनः शोध हेतु प्रमुख निर्देशन प्रदान करता है।

प्रतिगमन समीकरण–सार्थकता परीक्षण

सहसम्बन्ध गुणांक प्राप्त करते समय अवलोकन सम्बन्धों की सांख्यिकीय सार्थकता की जाँच स्टूडेण्ट t द्वारा करना सम्भव हुआ था। प्रतिगमन समीकरण की गणना जब सहसम्बन्ध को समाविष्ट किए बिना ही की जाए तो इसकी भी सांख्यिकीय सार्थकता का अनुमान लगाने के लिए जांच करना जरूरी हो जाता है। स्टूडेण्ट t परीक्षण का इस उद्देश्य हेतु पुनः प्रयोग किया जा सकता है। यहाँ–

$$t = \frac{\text{प्रतिगमन गुणांक} \sqrt{\text{स्वतन्त्र चर के वर्ग का योग}}}{\text{आश्रित चर के आगणन की मानक त्रुटि}}$$

उपर्युक्त उदाहरण में प्राप्त मानों को यथास्थान प्रतिस्थापित करने पर

$$t = \frac{-.66\sqrt{2954}}{3.35}$$

(3.35 की गणना उपर्युक्त दी गई है)

$$= \frac{-.66 \times 54.3}{3.35} = \frac{35.83}{3.35} = 10.6$$

$\therefore$ $t = 10.6$ हुआ जहाँ स्वातन्त्र्य संख्या $12 - 2 = 10$ है।

यहाँ t का परिकलित मूल्य (10.6) सारणी मान (3.17) से बहुत ज्यादा है अतः उक्त समीकरण सांख्यिकीय रूप से अत्योच्च सार्थक है। फलतः इसे लेखाचित्रीय स्वरूप में प्रदर्शित करना सुरक्षित है।

वक्ररेखीय प्रतिगमन

प्रतिगमन रेखाओं के विभिन्न उद्धरणों में भिन्न-भिन्न स्वरूप दृष्टिगत होते हैं। किसी में इनकी ढाल (प्रवणता) ज्यादा तथा किसी में कम होती है। प्रवृत्ति के अनुसार ये सरलरेखीय या वक्ररेखीय भी हो सकती हैं। दो चरों के मध्य सम्बन्धों से सम्बन्धित कई समस्याओं में एक सीधी रेखा सर्वोत्तम व्यंजक (expression) के रूप में प्रयुक्त नहीं होती। वस्तुतः उपस्थित अन्तर्सम्बन्ध किसी अन्य नैकघात (non-linear) फलनों के अधिक सन्निकट होते हैं, फलस्वरूप श्रेष्ठतम आसंजित समाश्रयण रेखा एक वक्र होती है जिसको अल्पतम वर्ग पद्धति से भिन्न हिसाबी समीकरण के माध्यम से व्याख्यायित किया जा सकता है। इनमें भौगोलिक कार्यों में सबसे अधिक प्रयुक्त लघु-गणकीय एवं घातीय फलन (power function) ही हैं किन्तु बहुपदीय फलनों (polynomial functions) की कई किस्में भी निर्धारित अवलोकनों में सुसंगत होती है।

उपयोग

भौगोलिक अध्ययन में सरल समाश्रयण के कई दृष्टांत दृष्टव्य हैं। क्षेत्रीय आँकड़ों में प्रयुक्त प्रतिगमन विश्लेषण से सम्बन्धित समस्याओं का डंकन (duncan) द्वारा विशद विवेचन किया गया है जबकि राबिन्सन ने उपनति के सम-मान रेखा मानचित्रों (isarithmic maps of trends) के सांख्यिकीय तुलना सम्बन्धी क्लिष्ट उद्धरणों के सन्दर्भ में इसका इस्तेमाल किया है। ओल्सन ने स्थानान्तरण एवं नगर आकार के अन्तर्सम्बन्धों, बेरी एवं गैरिसन ने जनसंख्या आकार एवं केन्द्रीय स्थलों में अन्तर्सम्बन्ध हेतु प्रतिगमन विश्लेषण को ही चुना

है। सम्प्रति प्रतिगमन विश्लेषण का अधिकाधिक उपयोग नगर जनसंख्या घनत्व, उच्चावच विश्लेषण, अधिवासीय प्रकार, भूमि उपयोग प्रतिरूप, भूमि-मूल्य एवं गम्यता आदि के क्षेत्रिक विश्लेषण तथा प्रवणता आदि ज्ञात करने में हो रहा है।

रेखीय समाश्रयण की सीमा

प्रतिगमन का अनुमानात्मक सांख्यिकीय प्रयोजन के लिए इस्तेमाल इसकी कई कल्पनाओं (assumptions) के कारण सीमित है। कुछ महत्त्वपूर्ण कल्पनाएँ निम्नवत् हैं–

1. सम्बन्ध के रेखीय होने की कल्पना की जाती है अर्थात् विश्लेषण से पहले आँकड़े का रेखीय-प्रत्यावर्तन (transformed to linearity) अथवा परिवर्तन अव्यावश्यक है।
2. अन्तराल मापक आँकड़े की जरूरत होती है;
3. इसमें स्वतन्त्र यादृच्छिक प्रतिचयन की कल्पना की जाती है।
4. इसमें समविचालिता (homoscedasticity) की कल्पना की जाती है। अर्थात् x के सभी मान के लिए y के समष्टि वितरण के समतुल्य परिवर्तनशीलता धारण करने की कल्पना की जाती है।
5. x चर के मापन में कोई त्रुटि, y चर के मापन में त्रुटि के सम्बन्ध में 'छोटा' होने की कल्पना की जाती है।

गुणज प्रतिगमन

जब कोई प्रभाव एक कारण के सन्दर्भ में विश्लेषित न होकर कारण-समूहों का प्रतिफल होता है तो वहाँ एक ऐसी अभिव्यक्ति की जरूरत पड़ती है जिसमें एक प्रभाव (Y) कई कारणों ($X_1 X_2 X_3$) से सम्बन्धित हो, इस समस्या का हल गुणन प्रतिगमन विश्लेषण द्वारा होता है जो गणितीय पद में निम्नलिखित सूत्र द्वारा प्रकट होता है–

$$Y = a + bX + cX_2 + \ldots + zX_n$$

यहाँ a, b...z = स्थिरांक हैं।

भौगोलिक वितरण विलेषण के सन्दर्भ में गुणज प्रतिगमन का मैक्कार्टी (1956) ने प्रयोग किया है। जापान के प्रमुख उद्योगों में मशीनरी उद्योग के वितरण सम्बन्धी बातों के अध्ययन के तहत उन्होंने साहचर्य की प्रकृति को निम्न तरह से प्रस्तुत किया है–

$$Y = 0.68\,X_1 + 0.37\,X_2 + 0.42\,X_3 + 0.46\,X_4 - 44.56$$

जिसमें Y मशीनरी उद्योग के वितरण, X_1 मुद्रण, X_2 रसायन, X_3 बुनाई तथा X_4 खाद्य उद्योगों को प्रदर्शित करता था। इस विश्लेषण की सहायता से मैक्वार्टी ने भौगोलिक वितरण विश्लेषण में पूर्व प्रयुक्त कई सिद्धान्तों की जाँच की है। इसी प्रकार, हैगेट (1964) ने भी दक्षिणी पूर्वी ब्राजील में वनों के वितरण को 5 कारकों के सन्दर्भ में विश्लेषण हेतु गुणज प्रतिगमन विश्लेषण का इस्तेमाल किया है।

एक प्रतीक अध्ययन का उदाहरण

चित्र के लिए समाश्रयण रेखा की गणना करते समय pH को आश्रित चर (y) तथा दूरी को स्वतन्त्र चर (x) के रूप में प्रयुक्त किया जाता है।

प्रतिगमन रेखा का ढाल अर्थात् b :

$$b = \frac{n(\Sigma xy) - (\Sigma x)(\Sigma y)}{n\left(\Sigma x^2\right) - (\Sigma x)^2}$$

सारणी : से प्राप्त मान

$$\Sigma y = 162.26$$

$$\Sigma x = 1427.1 \qquad (\Sigma x)^2 = 2036{,}614.4$$

$$\Sigma xy = 7957.853 \qquad \left(\Sigma x^2\right) = 84895.83$$

$$\therefore \qquad b = \frac{32(7957.83) - (1427.1)(162.26)}{32(84895.83) - (2036614.4)}$$

$$= \frac{254651.29 - 231561.24}{2716666.5 - 2036614.4}$$

$$= \frac{23090.05}{680052.1}$$

$$= 0.03395$$

इसके पश्चात् a गुणांक की गणना की जाएगी–

चूँकि $\hat{y} = a + bx$

यहाँ $\hat{y}$ = आश्रित चर का कोई प्रत्याशित मान

सारणी से यहाँ : $b = 0.03395$

$$\bar{x} = \frac{\Sigma x}{n} = 44.5969$$

$$\bar{y} = \frac{\Sigma y}{n} = 5.0706$$

इसी प्रकार $a = \bar{y} - b\bar{x}$

$$= 5.0706 - (0.03395)(44.5969)$$

$$= 5.0706 - 1.5140 = 3.5566$$

इस तरह प्रतिगमन रेखा का समीकरण $\hat{y} = 3.5566 + 0.03395x$ हुआ जिससे y के अन्य प्रत्याशित मानों को प्राप्त किया जा सकता है। यद्यपि $\bar{x}$ और $\bar{y}$ मानों से एक बिन्दु, तथा y का x के सन्दर्भ में समीकरण की मदद से प्राप्त मान द्वारा प्रतिगमन रेखा बनाई जा सकती है किन्तु एक तीसरे बिन्दु की गणना करना लाभदायी होता है क्योंकि यदि गणना सही है तो तीसरे बिन्दु से होकर ही रेखा गुजरेगी। इस उदाहरण में 100 किमी० पर अम्लता (pH) का अप्रत्याशित मान निकाला गया है:

$$\hat{y} = a + bx = 3.55673 + (0.03395)(100.0)$$

$$= 6.9517$$

स्पष्ट है कि गणना सही है और यहाँ वस्तुतः भट्टियों से 100 किमी० दूर पर पाए जाने वाले एक झील के लिए अम्लता को प्रत्याशित किया है। ज्ञातव्य है कि समाश्रयण द्वारा मानों की प्रत्याशा खतरनाक होगा यदि बाह्यवेशन (extrapolated) आरेख क्षेत्र से बाहर के लिए किया गया है।

प्रतिगमन रेखा का ढाल सांख्यिकीय सार्थक है क्योंकि इसका सहसम्बन्ध गुणांक शून्य से सार्थक अन्तर रखता है। निष्कर्ष रूप से कहा जा सकता है कि "प्रतिगमन रेखा का ढाल संयोगवश प्राप्त होने वाले ढाल, या pH एवं भट्टियों से दूरी के बीच सम्बन्ध हीन कहे जाने वाले झीलों से प्रतिचयन पर आधारित ढाल, से अधिक है। पुनः इस उदाहरण में निश्चयता गुणांक r^2 (coefficient of determination) $r^2 = 0.51$ आता है जो इंगित करता है कि भट्टी से दूरी, झीलों में अम्लता की विभिन्नता हेतु मात्र 50% ही उत्तरदायी है। इसका अभिप्राय यह है कि अन्य चरों, जैसे झीलों के आकार, जल की मात्रा भी अम्लता हेतु उतना ही उत्तरदायी कारक है। इस तरह किसी भी ऐसी प्रत्याशा में समुचित अनिश्चितता होती है।

वार्षिक वर्षा एवं जनसंख्या घनत्व सम्बन्ध

सहसम्बन्ध गुणांक हेतु उद्धृत नेब्रास्का (यू.एस.ए.) के उदाहरण से स्पष्ट होता है कि अवशिष्ट-विशलेषण कैसे प्रतिगमन विश्लेषण का एक भाग बन सकता है। रेखा नेब्रास्का में ग्रामीण जनसंख्या घनत्व एवं वार्षिक औसत वर्षा सम्बन्ध के स्वरूप को संक्षेपित करता है। अवशिष्ट (समांक बिन्दुओं का प्रतिगमन रेखा से विचलन) को मानचित्रित किया गया है। मानचित्र नेब्रास्का के उन क्षेत्रों को दर्शाता है जहाँ सम्बन्ध न्यूनतम भरोसे योग्य है अर्थात् जहाँ गामीण जनसंख्या घनत्व की प्रत्याशा के त्रुटिपूर्ण होने की सम्भावना अधिक है। इस प्रकार यह उन क्षेत्रों को इंगित करता है जहाँ वर्षा के अलावा अन्य कारकों का ग्रामीण जनसंख्या घनत्व स्तर के विश्लेषण में, जरूरत है। राज्य के केन्द्र में प्रत्याशित घनत्व अधिक प्रतीत होता है जबकि पूर्वी तथा पश्चिमी भागों में कम प्रत्याशा की प्रवृत्ति दृष्टिगत होती है। तथापि एक और बात विचारणीय है कि पश्चिमी भाग में एक 'अत्यधिक अवशिष्ट' का क्षेत्र भी उभड़ा है। संभवत यह किसी एक विशिष्ट कारण का प्रतिफल है।

सार्थकता परीक्षण

I

मात्रात्मक भूगोल में आंकड़ों संबंधी अन्वेषण और विश्लेषण में भूगोलविदों की दिलचस्पी कुल आंकड़ों के समूहन या अध्ययन तक ही सीमित न रहकर अलग-अलग समूहों के बीच तुलना से भी होती है। इन तुलनात्मक प्रदर्शनों का उद्देश्य समान समूहों में समूहीकरण करना होता है जिससे समान दशाओं वाले प्रदेशों का सीमांकन किया जा सके या आँकड़ों में विविधता की मात्रा का मूल्यांकन करना होता है जिससे वैध तुलनाएँ की जा सकें। ऐसी तुलनाएँ बहुधा मात्र प्रतिदर्श माध्य मूल्यों के समान निरीक्षण पर ही आधारित होती है। तो भी आँकड़ा समूहों की समरूपता अथवा विविधता की तुलना सम्बन्धी समस्याओं में मानक सांख्यिकीय प्रविधियों द्वारा भूगोलविदों को काफी अधिक सहायता मिलती है। थोड़े से अतिरेक श्रम द्वारा वे विश्लेषण की वस्तुनिष्ठ विधि प्रस्तुत कर सकते हैं जिनसे, कम-से-कम परिकलित संशयात्मक वैधता पर आश्रित निष्कर्षों से बच सकते हैं और कई अवलोकनों में 'सर्वोत्तम निश्चित निष्कर्ष' निकालने में समर्थ हो सकते हैं। विविध प्रतिदर्श मानों में अन्तरजन्य वैधता सम्बन्धी निर्णय अनुमान द्वारा प्राप्त कर उन्हें सांख्यिकीय संभाविता के अन्तर्गत लाया जा सकता है।

तुलना हेतु सम्भव कई उपलब्ध विधियों में कतिपय का निर्धारित अवलोकनों के सन्दर्भों में ही प्रयोग किया जा सकता है जबकि कई विधियाँ महत्त्वपूर्ण तथा प्रयोग के योग्य हो सकती हैं। अतः गणना की सरलता एवं इच्छित परिशुद्धता की मात्रा के आधार पर चुनाव किया जाता है। यहाँ कई ऐसी विधियों का विविध समस्याओं के विश्लेषण के सन्दर्भ में विवेचन किया जाएगा, जो भूगोलविदों के समक्ष प्रायः आती रहती है।

प्रतिचयन द्वारा एकत्रित आँकड़े के सम्बन्ध में परिकल्पना (hypothesis) निर्धारित करना जरूरी हो जाता है। पुनः प्राकल्पनाओं की वैधता की विभिन्न सांख्यिकीय विधियों द्वारा परीक्षण किया जा सकता है। इसमें सम्बन्धित आँकड़ों का मान, सामान्यतः प्रतिचयन द्वारा प्राप्त किया जाता है, यद्यपि कुछ परिस्थितियों में समष्टि (सम्पूर्ण जनसंख्या) को परिकल्पना में शामिल किया जा सकता है। अधिकांश परीक्षण, तथापि, सम्पूर्ण जनसंख्या के विशेषताजन्य प्रतिदर्श से अनुमान लगाने से सम्बन्धित ही है।

सांख्यिकीय अनुमानों में प्राकल्पना परीक्षण (testing hypotheses) एक प्रमुख विषयवस्तु होती है, ये परिकल्पनाएँ विशेषतः प्राचल मूल्यों (parameter values)—माध्य, मानक विचलन आदि, या उनमें अन्तरों से सम्बन्धित होती हैं पुनः भौगोलिक अध्ययन में इनका अल्पतम उपयोग हुआ है, किन्तु उनमें कुछ अति महत्त्वपूर्ण है, अतः इन्हें समझने के लिए परिकल्पना, परीक्षण के तर्क की संक्षिप्त व्याख्या, खरीद आवश्यक होती है। कल्पना किया, एक क्षेत्र में कृषक परिवारों द्वारा परचून खरीद हेतु 5 कि०मी० की दूरी तय करनी होती है।

पुनः माना, पूर्व अध्ययन के आधार पर यह ज्ञात है कि इन दूरियों का प्रसरण (variance) 4 एवं मानक विचलन 2 है। इस परिकल्पना के परीक्षण हेतु 36 कृषकों को यादृच्छिक प्रतिदर्श के आधार पर चुनकर हम इस प्रतिदर्श आकार की गणना कर सकते हैं। विशुद्ध सांख्यिकी अर्थ में "समष्टि के यथार्थ माध्य (क्षेत्र में सम्पूर्ण कृषकों द्वारा भ्रमणित औसत दूरी) परिकल्पित मान (इस सन्दर्भ में 5) में कोई प्रमुख अन्तर नहीं है।" वह परिकल्पना है जिसका परीक्षण करना है। अन्तरहीनता की यह परिकल्पना 'निष्फल परिकल्पना' (null hypotheses) H_0 कहलाती है। इस उदाहरण की विकल्प परिकल्पना H_1 यह है कि यथार्थ माध्य 5.0 से कम अथवा ज्यादा है। प्रतिदर्श दृष्टान्त (evidence) का निष्फल प्राकल्पना के परीक्षण में किस प्रकार प्रयोग होता है?

सबसे पहले एक परीक्षण प्रतिदर्शन (test statistic) का निर्णय करना होता है और चूँकि परीक्षण समष्टि माध्य (population mean) से सम्बद्ध है अतः प्रतिदर्श माध्य (sample mean) को परीक्षण प्रतिदर्शज के रूप में प्रयुक्त करना ज्यादा युक्तिपूर्ण होगा। सांख्यिकीय परिकल्पनाओं के परीक्षण में निश्चयता नहीं प्राप्त किया जा सकता अतः परिणाम संभाविता के रूप में दिए जाते हैं। परिणामों के संभाविता की मात्रा (degree of probability) हेतु सार्थकता स्तर (significance level) और विश्वास सीमा (significance limit) शब्दों का उपयोग किया जाता है।

विश्वास सीमा की कल्पना संयोगवश (by chance) घटित परिणामों की संभाविता पर आश्रित हैं। विश्वास सीमा परिशुद्धता की माप प्रदान करती है जिससे प्रतिदर्श माध्य के सन्दर्भ में समष्टि माध्य जानी जाती है। ये सीमाएँ अक्सर 95% संभाविता स्तर के रूप में वर्णित होती हैं यद्यपि वह पूर्णतः स्वेच्छ (arbitrary) ही होती हैं। इसका आशय यह है कि औसत रूप से 95% परिणाम सत्य होंगे। विश्वास-स्तर, परीक्षण किए गए सम्बन्धों के संयोगवश घटित हो सकने के समय के अभिप्राय को प्रकट करता है। अधिकांशतः 95% या 99% स्तर प्रयुक्त होता है जिसका अभिप्राय है कि प्रदत्त परिणाम का 20 में एक या 5%; या 100 में एक या 1% क्रमशः, संभाविता संयोगवश ही घटित होती है।

पुनः कोई भी स्तर चुनी जा सकती है किन्तु यह स्तर 100 के जितने ही समीप होंगे परिणाम उतने ही कम संभाविता पर आधारित होंगे। 99% पर परिणाम अत्यन्त महत्त्वपूर्ण, एवं 95% पर महत्त्वपूर्ण, किन्तु इससे नीचे ये सुझाव मात्र ही होते हैं। सम्बन्धों के परीक्षणार्थ एक निष्फल प्राक्कल्पना (null hypotheses) निर्धारित की जाती है जो यह मानता है कि परीक्षण किए जाने वाले मानों में कोई अन्तर्सम्बन्ध नहीं है।

अगर सांख्यिकीय परिणाम यह प्रदर्शित करते हैं कि वांछित विश्वास स्तर पर मूल्य (value) समुचित रूप से ज्यादा है तो निष्फल प्राक्कल्पना अस्वीकृत कर दी जाती है एवं विकल्प को स्वीकार कर लिया जाता है यहाँ यह स्मरण रहे कि इस सन्दर्भ में हम किसी प्राक्कल्पना के सिद्ध करने की बात नहीं करते अपितु इनके माध्य (tenable अनुपात) के रूप में स्वीकृत या अस्वीकृत करने की बात करते हैं। हमारी समस्या प्रतिचयन क्षेत्र को स्वीकार क्षेत्र एवं अस्वीकार क्षेत्र दो वर्गों में विभक्त करने की होती है। इस प्रकार यदि प्रतिदर्शज (प्रतिदर्श माध्य) इनमें से प्रथम क्षेत्र के तहत आता है तो H_0 कर लिया जाता है। यदि यह द्वितीय क्षेत्र के तहत आता

है तो हम H_0 को अस्वीकार कर देंगे। अर्थात् इस प्रक्रिया में दो तरह की त्रुटियाँ हो सकती हैं : प्रतिदर्श यह प्रदर्शित करता है कि परिकल्पना को अस्वीकार कर दिया जाना चाहिए, वस्तुतः जब यह सत्य है इसे प्रथम प्रकार की त्रुटि (type I error) की संज्ञा दी जाती है।

विकल्पता, प्रतिदर्श यह इंगित करता है कि परिकल्पना को अस्वीकृत कर देना चाहिए, जबकि वस्तुतः यह गलत (false) होता है, जिसे द्वितीय तरह की गलती (type II error) कहते हैं। सार्थकता स्तर जितना ही ऊँचा होगा प्रथम गलती की संभावना उतनी ही कम होती है। द्वितीय तरह के त्रुटि की संभावना अन्य बातों के अतिरिक्त प्रतिदर्श आकार (sample size) पर निर्भर करता है। यदि प्रथम गलती संभाविता (या α) तय कर लिए जा चुके हों एवं प्रतिदर्श (n) में संख्या भी निश्चित कर ली गई हो तो द्वितीय त्रुटि-संभाविता (β) की गणना की जा सकती है जैसेः α और β में प्रतीय सम्बन्ध (inverse relationship) है। प्रतिदर्श (n) में बढ़ोतरी दोनों ही त्रुटियों की संभाविता को कम कर देंगी। किसी परीक्षण की शक्ति (power) निष्फल प्राकल्पना के अस्वीकार करने की संभावना द्वारा परिभाषित की जाती है ($power = 1 - \beta$) विविध परीक्षण पृथक-पृथक शक्ति रखते हैं और विविध प्रकार के आँकड़ों के लिए उपयुक्त होते हैं।

जांच

किसी चर के दो या ज्यादा प्रतिदर्शों में अन्तर की सार्थकता की जाँच हेतु कई परीक्षण विधियाँ उपलब्ध हैं जिनकी उपयुक्तता अध्ययनरत आँकड़ों पर आश्रित होती है। आँकड़े, सांकेतिक अथवा नियत (nominal), क्रमसूचक (ordinal) अथवा कोटिकृत एवं अन्तराल (interval) इन तीन वर्गों में आते हैं। प्रयुक्त सार्थकता परीक्षण, इन आकड़ों के अनुसार ही पृथक्-पृथक् होते हैं। सांकेतिक आँकड़ों हेतु सरल परीक्षण, प्रयोग किए जाते हैं जबकि क्रमसूचक आँकड़ों हेतु ज्यादा संश्लिष्ट विधियों के प्रयोग की संभावना होती है।

अन्तराल युक्त आँकड़ों में उक्त दोनों विधियों के अलावा कई परिष्कृत एवं कठोर विधियाँ उपलब्ध हैं। आधारभूत रूप में परीक्षणों को अप्राचल (non-parametric) तथा प्राचल (parametric) दो वर्गों में विभक्त किया जा सकता है प्रथम का प्रयोग नियत तथा क्रमसूचक आँकड़ों पर हो सकता है जबकि द्वितीय परीक्षण अन्तराल तथा आनुपातिक स्तरीय आँकड़े पर प्रयुक्त किया जा सकता है।

प्राचल परीक्षण

'प्राचल' शब्द से समष्टि के किसी गुण, विशेषता या मान का अवबोध होता है न कि प्रतिदर्श आँकड़े का। अर्थात् समष्टि की संख्यात्मक विशेषताओं या मापनों (माध्य, मानक विचलन) को प्राचल कहते हैं। प्राचल परीक्षण, इस प्रकार वे हैं जो समष्टि में निश्चित दशाओं की कल्पना करती है। एवं इन कल्पनाओं के वैध होने पर ही सुसंगत (relevant) होती हैं। बहुप्रचलित ये कल्पनाएँ निम्नांकित हैं।

- समष्टि आँकड़े प्रसामान्य बंटित (normally distributed) होने चाहिए,
- समस्त अवलोकन परस्पर मुक्त हो और एक का मान अन्य पभावित न करता हो,
- तुलना की गई समष्टियों को समान प्रसरण (variance) रखना चाहिए; एवं
- अवलोकन (चर) अन्तराल या आनुपातिक मापक पर उपलब्ध होने चाहिएं।

इस प्रकार इस वर्ग के परीक्षण प्रसरण, मानक विचलन आदि पर आधारित एवं प्रसामान्य आवृति बंटन से सम्बन्धित होते हैं। इसमें सबसे अधिक प्रचलित एवं प्रयुक्त स्टूडेण्ट t परीक्षण है। अगले पृष्ठों पर कतिपय प्राचल परीक्षणों की सोदाहरण व्याख्या दी गई है।

अप्राचल परीक्षण

ये परीक्षण समष्टि-मानों के सन्दर्भ में कल्पनाएँ नहीं करते हैं और यहाँ आँकड़ों में कुछ सांतत्यता निहित होती है। ये किसी एक बटन, जिससे प्रतिदर्श लिए गए हैं, के निर्धारित स्वरूप की कल्पना नहीं करते हैं। प्राचल परीक्षणों से ये इसी अर्थ में भिन्न होते हैं कि ये बंटनमुक्त (distribution free) होते हैं, दूसरे शब्दों में वे अवलोकनों के प्रसामान्य बंटन की कल्पना नहीं करते। अप्राचल परीक्षण क्रमसूचक तथा नियत मापक आँकड़ों पर प्रयुक्त किए जा सकते हैं। इन्हें छोटे प्रतिदर्श आँकड़ों पर अधिक प्रभावशाली ढंग से उपयोग में लाया जा सकता है ऐसी अवस्थाओं में इन तकनीकों कका अन्तराल-मापक आँकड़ों पर भी प्रयोग करना बेहतर होता है। प्राचल परीक्षणों की तुलना में ये परीक्षण अल्प शक्तिशाली होते हैं। चूँकि इसमें मापन को कोटि-क्रम-मापक पर ले आना पड़ता है। अतः शेष सूचनाएँ उपेक्षित हो जाती हैं। भूगोल में इन तकनीकों का

कल्पतम प्रयोग हुआ है। कुछ प्रचलित परीक्षणों यथा χ^2 (काई वर्ग) परीक्षण आदि का विश्लेषण आगे किया गया है। परीक्षणों के चुनाव में भूगोलविदों को सर्वप्रथम आनुभविक कार्यों में किसी गणितीय कलन (calculus) के उपयोग सम्बन्धी समस्या का हल करना होता है। अर्थात् उसे ऐसा प्रतिरूप चुनना होता है जो आनुभविक स्थिति (empirical situation) को कम-से-कम विकृत करती हो तथा साथ-ही-साथ गणना सरल तथा निर्धारित उद्देश्य को सरलतापूर्वक प्राप्त कर लेता हो। वस्तुतः यह एक मूल्यांकन क्रियाविधि है जिसमें संख्याविदों से समुचित मार्गदर्शन की जरूरत पड़ती है।

निगमनिक अनुमानों (deductive inferences) में किसी उचित परीक्षण प्रक्रिया का निर्णयन काफी कठिन होता है। वैसे सांख्यिकीय सिद्धान्त निर्धारित मान्यतायुक्त अनेक मॉडल प्रस्तुत करती है, इनमें से किसी परीक्षण का चुनाव इस प्रकार किया जाना चाहिए कि वे प्रयुक्त क्रियाविधि के अधिक अनुरूप हों। दी गई परिस्थिति में उपयुक्त किसी निश्चित परीक्षण का निर्णयन परीक्षण के सापेक्ष-घात (relative power) आँकड़े की प्रकृति, प्रतिदर्श आकार, इच्छित यथार्थता की मात्रा, उद्देश्य तथा माप की शक्ति को ध्यान में रखकर किया जाता है। दीर्घकाल में, चुनाव हेतु अनुभव मात्र ही उत्तम मार्गदर्शक होता है।

मानक अशुद्धि

अधिकांश भौगोलिक विश्लेषण में आँकड़े प्रतिदर्शों के तौर उपलब्ध होते हैं न कि समष्टि रूप में। यदि एक वृहत आँकड़ा-समूह से लिए गए अनेक प्रतिदर्शों हेतु सभी के लिए माध्य की गणना की जाए तो यह दृष्टिगत होगा कि समूह-माध्य के सन्दर्भ में प्रतिदर्श माध्यों का बंटन, एक प्रसामान्य (normal distribution) बंटन के सदृश है। प्रतिदर्श की संख्या में बढ़ोतरी के साथ, सम्पूर्ण श्रेणियों के यथार्थ माध्य, प्रतिदर्श माध्यों के बंटन केन्द्र (centre of distribution) के अधिक सन्निकट होते जाते हैं। सभी प्रतिदर्श माध्य का न्यूनाधिक मात्रा में त्रुटिपूर्ण होना स्वाभाविक है क्योंकि यह प्रतिदर्श की गणना मात्र पर ही आधारित होता है।

प्रतिदर्श माध्य और समष्टि माध्य में सैद्धान्तिक तौर पर प्रत्याशित अन्तर का निश्चयन समष्टि के मानक विचलन को प्रेक्षिकतांकों के वर्गमूल से विभक्त कर प्राप्त किया जाता है। दूसरे शब्दों में, मानक विचलन (σ) को प्रतिदर्श में

पदों की संख्या (n) के वर्गमूल से विभक्त कर माध्य-मानक त्रुटि (standard error of the mean = S.E. x) प्राप्त करते हैं–

$$S.E.x = \frac{\sigma}{\sqrt{n}}$$

इसे माध्य का आगणित (estimated) मानक विचलन भी कहते हैं। चूँकि इसमें समष्टि के मानक विचलन का अनुमान लगाना होता है अतः माध्य से मानक त्रुटि का श्रेष्ठतम आगणन $(\hat{\sigma}\,\overline{x})$ (best estimate) निम्न सूत्र से प्रकट होता है।

$$\hat{\sigma}\,\overline{x} = \frac{S}{\sqrt{n-1}}$$

यहाँ S = प्रतिदर्श मानक विचलन

मानक विचलन एवं विचरण गुणांक हेतु भी मापक त्रुटि प्राप्त की जा सकती है किन्तु दो माध्यों की तुलना में प्रयुक्त यह संकल्पना विशेष महत्त्व की होती है। प्रसंगतः यथा– प्रसामान्य बंटन में देखा गया, कोई मान जो माध्य के ± 1 मानक विचलन परास में होगा उसकी संभाविता 68% $\pm 2\sigma$ के परास में 95% और $\pm 3\sigma$ के परास में 99% होगी। इसलिए किसी समष्टि का यथार्थ माध्य $(\overline{X})$ 68%, 95% तथा 99% संभाविता स्तर पर क्रमशः प्रतिदर्श माध्य ± 1, 2 या 3 माध्य-मानक त्रुटि के बराबर होगा, अर्थात्

$(\overline{X}) = \overline{x} \pm S.E.\overline{x}$ 68% संभाविता युक्त अथवा 0.682 सम्भाव्यता

$X = \overline{x} \pm 2S.E.\overline{x}$ 95% संभाविता युक्त अथवा 0.954 सम्भाव्यता

$\overline{X} = \overline{x} \pm 3S.E.\overline{x}$ 99% संभाविता युक्त अथवा 0.997 सम्भाव्यता

यहाँ ± का अर्थ धन या ऋण है।

इस तरह माध्य का मानक त्रुटि, मानक विचलन से बहुत ही समीप का सम्बन्ध रखता है।

उदाहरण

राष्ट्रीय प्रतिदर्श-आकार = 10,000 व्यक्ति

माध्य = 5.0 पिण्ट प्रति सप्ताह

मानक विचलन = 2.0 पिण्ट प्रति सप्ताह

विद्यार्थी-प्रतिदर्श-आकार = 2,000 व्यक्ति

माध्य = 3.5 पिण्ट प्रति सप्ताह

मानक विचलन = 1.5 पिण्ट प्रति सप्ताह

उपरोक्त उदाहरण में भारत में शराब और बीयर का इस्तेमाल राष्ट्रीय आधार पर और छात्रों के एक अध्ययन दल के सर्वोक्षण से उत्पन्न आंकड़ों से ज्ञात किया गया है। इस सूचना के आधार पर माध्य के मानक त्रुटि की गणना की जा सकती है।

$$S.E_{\bar{x}} = \frac{S}{\sqrt{n}}$$

$S.E_{\bar{x}}$ = माध्य की मानक त्रुटि

S = प्रतिदर्श मानक विचलन

n = प्रतिदर्श का आकार

राष्ट्रीय प्रतिदर्श हेतु :

$$S.E._{\bar{x}} = \frac{2}{\sqrt{10,000}} = \frac{2}{100} = 0.02$$

एवं विद्यार्थी-प्रतिदर्श हेतु :

$$S.E._{\bar{x}} = \frac{1.5}{\sqrt{2,000}} = \frac{1.5}{44.72} = 0.03$$

निष्कर्ष : इसका अर्थ यह है कि 'राष्ट्रीय प्रतिदर्श' के आधार पर समष्टि का माध्य, 0.997 संभाविता पर 4.94 पिण्ट प्रति सप्ताह से 5.06 पिण्ट प्रति सप्ताह के मध्य कहीं स्थित होगा।

अन्तर-मानक अशुद्धि

जब दो प्रतिदर्श माध्यों की तुलना की जाती है तो प्रत्येक प्रतिदर्श माध्य में मानक-त्रुटि का होना स्वाभाविक होता है। X आँकड़ा समूह में $\bar{x}$ की मानक-त्रुटि ($SE\bar{x}$) और Y समूह में $\bar{y}$ की मानक-त्रुटि ($SE\bar{y}$) हो सकती है। $\bar{x}$ और $\bar{y}$ में अन्तर की सार्थकता का प्रश्न प्रमुख होता है। पुनः इन दोनों प्रतिदर्श मानों के अन्तर भी त्रुटिपूर्ण हो सकते हैं। फलतः दो प्रतिदर्श माध्यों के अन्तर की मानक त्रुटि की गणना करना जरूरी होता है। इस प्रकार, इस मानक त्रुटि का निर्धारण एक महत्त्वपूर्ण परीक्षण प्रस्तुत करता है, जो माध्य (mean) और मानक विचलन (S.D.) मानों पर आधारित होता है। जैसे दो प्रतिदर्श माध्यों के बीच अन्तर का प्रसरण (variance) उनके प्रसरणों के योग के समतुल्य होता है, इसलिए–

σ^2 अथवा $SE_{(\bar{x}-\bar{y})} = \sqrt{\frac{\sigma x^2}{nx} + \frac{\sigma y^2}{ny}}$

यहाँ σ^2 = प्रसरण

प्रतिदर्श आकार के छोटे होने पर सूत्र में सूक्ष्म परिवर्तन कर दिया जाता है अर्थात् n के स्थान पर n – 1 का उपयोग करते हैं :

$$SE_{(\bar{x}-\bar{y})} = \sqrt{\frac{\sigma x^2}{nx^{-1}} + \frac{\sigma y^2}{ny^{-1}}}$$

माध्य मानक त्रुटि की तरह यह गलती भी कुछ संभावित विशेषताओं को धारण करती हैं :

यदि प्रतिदर्श माध्य का अन्तर $(\bar{x}-\bar{y})$ 2 मानक त्रुटि $(2\ S.E.\bar{x}-\bar{y})$ से ज्यादा है तो अन्तर सम्भवः सार्थक (probably significant), यदि 3 त्रुटि $(3\ T.E.(\bar{x}-\bar{y}))$ से ज्यादा हो तो अन्तर निश्चित या पूर्ण सार्थक है। अर्थात् यह घटिता क्रमशः 5 और 1 औसत संयोग पर आधारित है।

उदाहरण : x और y दो क्षेत्रों में सभी से 10-10 नगरों में खाद्य पदार्थों के थोक दुकानों के प्रतिदर्श लिए गए। दोनों क्षेत्रों के नगरों में थोक दुकानों की संख्या में सार्थक अन्तर की सीमा का परीक्षण करें।

तालिका

नगर संख्या	*दुकान संख्या*	
	x	y
1	44	28
2	31	27
3	38	34
4	62	26
5	37	34
6	44	42
7	49	38
8	53	44
9	61	49
10	41	28

$$\sigma^2 \text{ या प्रसरण} = \left(\frac{\Sigma(x-\overline{x})^2}{n}\right)$$

सारणी से $\overline{x} = 46, x$ का प्रसरण $= 94.2$

$y = 35, y$ का प्रसरण $= 58.0$

चूँकि $SE_{(\overline{x}-\overline{y})} = \sqrt{\frac{\sigma x^2}{n} + \frac{\sigma x}{n}},$

$$= \sqrt{\frac{94.2}{10} + \frac{58}{10}}$$

$$= \sqrt{15.22}$$

$$= 3.9$$

प्रस्तुत उदाहरण में माध्य मानों का अन्तर 11 (46.35) है जो अन्तर-मानक-त्रुटि से लगभग 3 गुना अधिक $\left(3\,SE_{\overline{x}-y}\right)$ है फलतः यहाँ अन्तर सार्थक है। अर्थात् दोनों क्षेत्रों में खाद्य पदार्थों के दुकानों की संख्या के सन्दर्भ में काफी अन्तर है।

यह विधि सार्थकता की मात्रा (Degree of significance) की संख्यात्मक व्यंजक (numerical expression) प्रस्तुत करती है तथा 'अन्तर' के मात्र संशय मान (critical value) का ही बोध होता है। इसी तरह मानक त्रुटि के पूर्ण संख्या गुणज (multiple) होने के कारण विविध सम्भावित मात्रा के लिए स्पष्ट संशय सीमाएँ (critical limits) कम ही होती हैं, मध्यवर्ती मानों की गणना की जा सकती है, किन्तु यह अनावश्यक श्रमसाध्य प्रक्रिया है। इस कठिनाई से छुटकारा पाने के लिए t परीक्षण का उपयोग वांछित होता है।

स्टूडेण्ट का 'टी' जांच

'स्टूडेण्ट' नाम से लिखने वाले (Gosset) गासेट नामक संख्याविद द्वारा सर्वप्रथम प्रस्तुत 't' परीक्षण दो प्रतिदर्शों के एक ही समष्टि से लिए जाने की संभावना की जांच करता है जो छोटे प्रतिदर्शों (सामान्यतः 20 पदोंयुक्त) के माध्य अन्तरों की सार्थकता-निर्धारण में विशेष उपयोगी होता है। यह एक प्राचल परीक्षण है जिसमें प्राप्त सूचकांक t, माध्यों में अन्तर एवं अन्तर-मानक-त्रुटि से सम्बन्ध को प्रदर्शित करता है। अर्थात्

$$t = \frac{\text{izfrhkZ/; ksa esa Urj}}{\text{vUrj– ekud=kqfV}} = \frac{|\bar{x}_1 - \bar{x}_2|}{S.E._{(\bar{x}_1 - \bar{x}_2)}}$$

11 = मोडुलस (Modulus)

इस परीक्षण में यह कल्पना (H_0) की जाती है कि दोनों प्रतिदर्श एक ही समष्टि से लिए गए हैं। परिकलित t मूल्य की सहायता से सारणी या लेखाचित्र[1] पर संयोगवश घटिता (occuring) की औसत संभाविता का निरीक्षण किया जाता है। प्राप्त मानों की तुलना कर निष्फल प्राकल्पना की सार्थकता की जाँच होती है।

वांछित सार्थकता स्तर एवं ($n_1 + n_2 - 2$) स्वातन्त्र्य–संख्या पर यदि परिकलित मूल्य सारणी मान से अधिक है तो उचित विश्वास-मात्रा पर निष्फल प्राक्कल्पना को अस्वीकृत किया जा सकता है अर्थात् दोनों प्रतिदर्श, दो पृथक-पृथक समष्टि से आए हैं। इसके उलट यदि t मूल्य सारणी मान से कम है तो निष्फल प्राक्कल्पना स्वीकार कर ली जाती है। वस्तुतः प्रतिदर्श माध्य तथा समष्टि माध्य में जितना ही ज्यादा अन्तर होगा t का मान उतना ही अधिक होगा। t परीक्षण से पूर्व, निष्फल प्राक्कल्पना को ध्यान में रखते हुए यह सुनिश्चित कर लेना जरूरी हो जाता है कि प्रतिदर्श माध्य एक ही प्रसरण रखते हैं। अर्थात् इस परीक्षण में यह कल्पना कर ली जाती है कि दोनों समष्टियों के मानक विचलन एक ही हैं। इस कल्पना की वैधता की जाँच स्नेडेकर के एफ (snedecor's F) परीक्षण द्वारा की जाती है।

प्रसरणों के अनुपातों की तुलना निम्न सूत्र से होती है–

$$F = \frac{\text{प्रसरण का वृहत्तर आगणन}}{\text{प्रसरण का वृहत्तर आगणन}}$$

अथवा

$$= \frac{\text{Greater estimate of variance}}{\text{Lesser estimate of the variance}}$$

F परीक्षण में दो भिन्न स्वातन्त्र्य संख्याओं की जरूरत होती है : प्रथम x के प्रसरण के लिए तथा द्वितीय y के प्रसरण के लिए। प्रत्येक मान-समूहों के लिए स्वातन्त्र्य-संख्या प्रतिदर्श में पदों (अवलोकनों) की संख्या से एक कम (n – 1) होती है। यदि F का परिकलित मूल्य सारणी-मान से कम हो ($F < F_{95}$ या F_{99}) तो

प्रसरण को सर्वसम (identical) या समांग माना जा सकता है। दूसरे शब्दों में यह निष्फल प्राक्कल्पना कि 'प्रसरणों में सार्थक अन्तर नहीं है' पुष्ट हो जाती है और t परीक्षण का प्रयोग सम्भव है।

मानक-त्रुटि हेतु प्रयुक्त उदाहरण के सन्दर्भ में t परीक्षण का प्रयोग किया जाए तो : जहाँ $\overline{x} = 46, \overline{y} = 35, \sigma x^2 - 9.42. \sigma y^2 = 58$ तथा $n = 10$ था।

$$t = \frac{|\overline{x} - \overline{y}|}{\sqrt{\frac{\sigma_x^2}{n_x} + \frac{\sigma_y^2}{n_y}}}$$

$$= \frac{46 - 35}{\sqrt{\frac{94.2}{10} + \frac{58}{10}}} = \frac{11}{3.9} = 2.82$$

तालिका

नगर संख्या	*दुकान संख्या*	
	x	*y*
1	44	28
2	31	27
3	38	34
4	62	26
5	37	34
6	44	42
7	49	38
8	53	44
9	61	49
10	41	28
$n = 10$		
	$\overline{x} = 46$	$\overline{y} = 35$
	$\sigma_x^2 = 94.2$	$\sigma_y^2 = 58$

स्वातन्त्र्य-संख्या $= n_1 + n_2 - 2 = 10 + 10 - 2 = 18 t_{95} = 2.1$

H_0 अस्वीकृत यथा $t > t_{95}$

5% सार्थकता स्तर पर स्वातन्त्र्य-संख्या 18 के लिए t का अवलोकित मान

2.1 है जो परिकलित मूल्य 2.82 से कम $(t > t_{95})$ है अतएव प्राक्कलन सही नहीं है, अर्थात् दोनों प्रतिदर्श दो पृथक्-पृथक् समष्टि से आए हैं।

निष्कर्ष : खाद्य पदार्थों की दुकानों के सन्दर्भ में दोनों क्षेत्रों में अन्तर की 95% सम्भावना है। पुनः चूँकि यह परीक्षण प्रसरणों की समांगता (homogeneity) पर आधारित है अतः इसे F परीक्षण[1] द्वारा परीक्षित करेंगे–

$$F = \frac{94.2}{58} = 1.62$$

(यहाँ बड़े मान को सदा ऊपर रखा जाता है।)

5% सम्भावित-स्तर एवं 9 स्वातन्त्र्य संख्या गणन के लिए F की सारणी मान 3.2 है जो परिकलित मूल्य से काफी ज्यादा है। यह इस बात की ज्यादा संभावना प्रकट करता है कि प्रसरणों में अन्तर, संयोग का प्रतिफल है। इस तरह प्रसरणों को समांग समझा जाता है और t परीक्षण का परिणाम इस दृष्टि से भी वैध है। इस तरह t परीक्षण मानव त्रुटि की संभाविता-मात्रा सम्बन्धी मुश्किलों को खत्म कर देता है तथापि वृहत् प्रतिदर्शों के सन्दर्भ में अन्तर-मानव त्रुटि का उपयोग उचित होता है, जबकि मध्यम से छोटे प्रतिदर्शों में स्टूडेंट t परीक्षण का उपयोग वांछित होता है। अन्ततः सभी अवलोकनों में मानक विचलन के श्रेष्ठतम आगमन (best estimate) का प्रयोग वांछित होता है क्योंकि यहाँ प्रतिदर्श मानों की ही तुलना की जाती है।

प्रयोग

अलग-अलग भौगोलिक अध्ययनों में इन परीक्षणों के उपयोग दृष्टिगत होते हैं। ढाल की तीव्रता पर चट्टानों पर प्रभाव के अध्ययन में स्ट्राहलर (1954) ने शेल एवं शेलयुक्त बाल पत्थर के जमाव क्षेत्रों में प्रत्येक से 100 बिन्दुओं के प्रतिदर्श चुनकर F परीक्षण का उपयोग कर निम्न निष्कर्ष निकाला है। सम्बन्धित प्रतिदर्श सूचनाएँ–

	शेल	बालू पत्थर-शेल
	$n_1 = 100$	$n_2 = 100$
माध्य	$\overline{X} = 31.82°$	$\overline{X}_2 = 33.12°$
मानक विच०	$S_1 = 4.42°$	$S_2 = 5.78°$

$$F = \frac{5.78^2}{4.42^2} = \frac{33.41}{19.54}$$

$$= 1.71$$

सारणी मान $F_{95} = 1.39$ (5% सार्थकता स्तर तथा 99,99 स्व. स. पर)

परिकलित मूल्य सारणी मूल्य से ज्यादा है $(F - F_{95})$ अतः H_0 अस्वीकृत होती है अर्थात् अन्तर सार्थक है।

निष्कर्ष : ढालों में अन्तर का कारण दो तरह के चट्टानों का जमाव ही है। यहाँ शेल क्षेत्र की अपेक्षा मिश्रित चट्टानी क्षेत्र में ढाल विशेषताओं में अधिक अन्तर प्रत्याशित है। विविध आर्थिक उपप्रदेशों में नगरीय केन्द्रों के बीच दूरियों की परिवर्तनशीलता के अध्ययन में किंग (1961) ने भी इसी परीक्षण का उपयोग किया है। t परीक्षण का प्रयोग हैगेट ने मध्य संयुक्त राज्य के दो प्रदेशों में नगरों के बीच दूरी (spacing of towns) सम्बन्धी आँकड़ों के लिए दो माध्यों के मूल्यों में अन्तर की सार्थकता हेतु t परीक्षण का प्रयोग किया है। उनके अनुसार किसी शोध में एक सरलतम किन्तु अति प्रचलित समस्या उस समय पैदा होती है जब आँकड़े एक चर के संदर्भ में वर्गीकृत हों, किन्तु दूसरे कारक के सन्दर्भ में ठीक-ठीक मापित हों। जैसेः दो भौगोलिक प्रदेशों में, नगरों के बीच यथार्थ दूरी कि० मी० में प्राप्त हो, तो ये दो प्रदेश (lowa and texas) नियम मापक पर वर्गीकृत हैं जबकि नगर अन्तरण दूरी आनुपातिक आधार पर वर्गीकृत है।

जब दो माध्यों की तुलना की जाती है तो टेक्सास प्रदेश में नगर अन्तरण दूरी (20.5 कि० मी०) आयोवी प्रदेश (19.2) से ज्यादा है। इसी तरह जब दो आयताकार रेखाओं की तुलना करने पर एक शंका उत्पन्न होती है : दो बंटन न मात्र उपयुक्त अतिव्यापित (overlap) है अपितु टेक्सास प्रदेश की तुलना में आयोवा, नगरों की संख्या जिस पर प्रतिदर्श आधारित है, लगभग तीन गुना बड़ा है। अतः क्या माध्य अन्तर वास्तविक रूप में सार्थक हैं या यह केवल संयोग का ही प्रतिफल है।

यहाँ प्रतिदर्श माध्यों में अन्तर के परीक्षण हेतु t परीक्षण का प्रयोग कर निम्नांकित निष्कर्ष निकाला है–

$$t = \frac{20.5 - 19.2}{\sqrt{\frac{5.8^2}{67} + \frac{6.85^2}{203}}} = \frac{20.5 - 19.2}{\sqrt{\frac{33.64}{67} + \frac{46.92}{203}}} = 0.219$$

परिकलित मूल्य, 268 स्वा. सं. एवं 5% सार्थकता स्तर पर सारणी मान से काफी कम है। अतः निष्फल प्राक्कल्पना कि 'दो माध्यों में वास्तविक अन्तर नहीं है' स्वीकृत की जाती है। अर्थात् नगर अंतरण में 1.3 कि०मी० की दूरी का अन्तर संयोगवश ही है तथा सांख्यिकीय अर्थ में यह असार्थक है।

प्रतिदर्श आकार

अल्पतम प्रतिदर्श आकार का निश्चयन बहुधा लाभकारी होता है क्योंकि इससे दी गई सीमा के अन्दर 'यथार्थ माध्य' प्राप्त होना सुनिश्चित होता है। इससे सम्बन्धित पूरी जानकारी अध्याय 2 के अन्त में दी गई है। पाठक उस हिस्से को यहाँ मानक त्रुटि की गणना कर लेने के उपरान्त अधिक अच्छी प्रकार समझकर इस्तेमाल कर सकेंगे।

सहसम्बन्ध सार्थकता जांच

सहसम्बन्ध गुणांक की गणना के उपरान्त संबंधों की ससार्थकता का अनुमान लगाना आवश्यक होता है। सभी अवलोकनों में सह-सम्बन्ध के संयोगवश घटित होने की संभावना रहती है। इसलिए विश्लेषित आँकड़ा-समूह या प्रतिदर्श के आकार आदि के प्रस्तुत मात्रा में संयोग-घटिता पर प्रभाव के स्पष्टीकरण के लिए सहसम्बन्ध गुणांक का परीक्षण जरूरी हो जाता है। सहसम्बन्ध सार्थकता परीक्षण का पूर्ण विवरण अध्याय 4 (तुलनाएँ) के तहत अन्त में दिया गया है। पाठकों को चाहिए कि वे उस भाग को, परीक्षण खण्ड के तहत यहाँ पर t परीक्षण की गणना सम्बन्धी जानकारी प्राप्त कर लेने के बाद, प्रयोग में लावें। प्रत्येक दृष्टान्त में सार्थकता-स्तर की गणना से बचने के लिए सहसम्बन्ध-लेखाचित्र का प्रयोग किया जाता है।

प्रसरण विश्लेषण

यह एक प्राचल परीक्षण है जो समष्टि आवंटन में प्रसामान्यता की कल्पना करता है। इस परीक्षण द्वारा एक चर के कई प्रतिदर्शों पर साथ-साथ विचार करना सम्भव हो जाता है। बहुधा यह जरूरी हो जाता है कि अधिक संख्या में प्रतिदर्शों के माध्य-मूल्यों के बीच अन्तर की सार्थकता के विचार को और आगे बढ़ाया जाए। ऐसे अवलोकनों में t परीक्षण की पुनरावृत्ति श्रम-साध्य होगी अतः प्रसरण विश्लेषण एक सुविधाजनक एवं सशक्त सांख्यिकीय उपागम (tools) प्रस्तुत करता है। फिशर द्वारा प्रतिवादित यह विश्लेषण अधुनातन सांख्यिकीय विधियों में एक है। प्रसरण विश्लेषण यह विधि है जिससे विविध प्रतिदर्श माध्यों के बीच विचरण (variation) का प्रतिदर्शों के अन्दर पदों के विचरण से तुलना की जाती है। इन मूल्यों के अनुपात F मान प्रदान करते हैं जिसकी उपयुक्त स्वातन्त्र्य संख्या एवं वांछित सार्थकता स्तर पर F के सारणी मान के सन्दर्भ में जाँच की जा सकती है।

प्रसरण विश्लेषण की गणना निम्नलिखित चरणों में सम्पादित होती है—

यथा प्रसरण मात्र औसत से विचलन के वर्ग योग का औसत होता है, किन्तु इसकी गणना काफी श्रमसाध्य होती है। अतः कल्पित माध्य को ग्रहण करना यहाँ भी कालोचित होगा जैसा माध्य तथा मानक विचलन की गणना के तथा विधि में किया गया था। पुनः कल्पित माध्य की परिशुद्धता क्रिया प्रणाली को प्रभावित नहीं करती अपितु यह वास्तविक माध्य के जितना समीप होगा संख्याएँ उतनी ही छोटी होंगी जिससे गणना सरल हो जाती है। कल्पित माध्य का चुनाव दृश्य-आंकलन पर ही बहुधा आश्रित होता है।

क्रियापविधि

1. सभी स्तम्भ का योग कर लें, अर्थात् विचलनों का योग निकाला।
2. प्रतिदर्शों को स्तम्भों में सूचीकृत कर विचलन प्राप्त करने हेतु उसमें एक कल्पित माध्य को घटा दिया जाता है। आगे की गणनाएँ इसी स्तम्भ (विचलन मानों) पर आधारित होंगी।
3. T^2èN संशोधन कारक (correction factor) की गणना करें यहाँ N विचरणों (variates) की कुल संख्या है।
4. स्तम्भ योग को जोड़कर कुल योग (T) निकालें।
5. सभी स्तम्भों के वर्ग योग का योगफल निकालें;
6. सभी स्तम्भों में मानों का वर्ग निकाल कर उन्हें जोड़ दें।
7. प्रतिदर्शों के बीच वर्गों का योग (SST) की गणना करें—यह मान सभी स्तम्भों के लिए पग 2 में प्राप्त मान का वर्ग निकालकर उसे सभी स्तम्भ की संख्या से विभक्त कर तथा अन्त में संशोधन कारक को घटाकर प्राप्त किया जाएगा।
8. वर्गों का कुल योग (SS) निकालें—यह उपर्युक्त मान से T^2èN को घटाने से प्राप्त होता है।
9. प्रतिदर्शों के अन्दर वर्गों का योग (within sample sum of Sqs.)—SSE—यह मान वर्गों के कुल योग (SS) से प्रतिदर्शों के बीच वर्गों के योग (SST) को घटाकर प्राप्त करते हैं।
10. उक्त आँकड़े की सहायता से प्रसरण विश्लेषण की सारणी बनेगीः सारणी में आगणित प्रसरण (variance estimate) की म

से प्रसरण अनुपात या F मान प्राप्त करते हैं—इसे Snedecor's का F कहते हैं।

F के परिकलित मूल्य तथा संगती सारणी मान में तुलना कर सार्थकता मूल्यांकित होती है।

सारणी

प्रसरण स्रोत *a*	वर्गों का योगफल *b*	स्वातन्त्र्य संख्या *df* *c*	प्रसरण *{Variance estimate (bèc)}*
प्रतिदर्शों के बीच	SST	स्तम्भ संख्या-1 या प्रतिदर्श संख्या-1	V_1
प्रतिदर्शों के अन्दर	SSE	कुल स्वा. संख्या प्रतिदर्शों के बीच की स्वा. संख्या	V_2
योग	SS	N – 1	

$$F = \frac{V_1}{V_2}\ ;k\ \frac{\text{ogÙk izljvkxku}}{\text{y?kq izljvkxku}}$$

नोट : यदि प्रतिदर्शों के बीच प्रसरण उनके अन्दर के प्रसरण से काफी ज्यादा हो जाए तो समझ लेना चाहिए कि प्रतिदर्श किसी एक ही समष्टि से सम्बन्धित नहीं है।

उदाहरण

कतिपय पठारी गांवों में वनों के अन्तर्गत जमीन के प्रतिशत का अध्ययन किया गया। चूँकि क्षेत्र बड़ा था अतः निर्णय लिया गया कि इन ग्रामों से कुछ प्रतिदर्श चुनकर इनके आधार पर संभावित प्रभावकारी कारकों के सन्दर्भ में वनक्षेत्र के औसत में अन्तर्जन्य विविधता की सीमा ज्ञात की जाए। अन्य दृष्टान्तों तथा अनुभव द्वारा यह स्पष्ट हुआ कि इस तरह के अन्तर का एक संभावित कारक वह ऊँचाई हो सकता है जिस पर गाँव स्थित है। अतः ऊँचाई के सन्दर्भ में आँकड़ों को स्तरीकृत कर चार ऊँचाई वर्गों में से सभी से 10-10 यादृच्छिक प्रतिदर्श लिए गए। आँकड़े में (सारणी) स्पष्ट है कि चारों प्रतिदर्शों के औसत प्रतिशतों के मध्य अन्तर दिखाई पड़ता है। इस तरह का अन्तर हर प्रतिदर्शों के

अन्दर भी है। इस तरह यहाँ प्रसरण विश्लेषण ही एक उपयुक्त विधि होगी जिसका लक्ष्य प्रतिदर्शों के मध्य अन्तर की सार्थकता की मात्रा का मूल्यांकन करना होगा। अर्थात् "गाँवों की वनाच्छादित भूमि-प्रतिशत पर ऊँचाई महत्त्वपूर्ण प्रभाव डाल रही है या नहीं?"

सारणी

ऊँचाई	*मीटर*			
%	*0–100*	*100–200*	*200–300*	*400–500*
वन क्षेत्र	*A*	*B*	*C*	*D*
	42	34	33	44
	45	43	40	39
	38	34	48	27
	30	39	45	34
	34	37	39	40
	39	39	42	42
	22	39	42	29
	32	47	48	42
	32	38	38	40
	34	45	44	36
मांध्य	34.8	39.5	42.4	37.3

सारणी

a	a^2	b	b^2	c	c^2	d	d^2
7	49	–1	1	–2	4	9	81
10	100	8	64	5	25	4	16
3	9	–1	1	13	169	–8	64
–5	25	4	16	10	100	–1	1
–1	1	2	4	4	16	5	25
4	16	4	16	7	49	7	49
–13	169	4	16	12	144	–6	36
–3	9	12	144	13	169	7	49
–3	9	3	9	3	9	5	25
–1	1	10	100	9	81	1	1
योग–2	388	45	371	74	766	23	347

कल्पित माध्य 35 के सन्दर्भ में विचलन की गणना कर सारणी बनाई गई है। A का माध्य 34.8 किन्तु 35 को कल्पित माध्य मान $A - \overline{A} = a = 42 - 35 = 7.$ ऐसे ही सभी विचलन निकाले गए हैं।

प्रस्तुत उदहारण में कल्पित माध्य 35 है द्वितीय सारणी इसी से प्राप्त विचलन मानों पर आधारित है।

कुछ प्रतिदर्शों का योग $T = -2 + 45 + 74 + 23 = 140$

संशोधन कारक $\frac{T^2}{N} = \frac{(140)^2}{40} = \frac{19600}{40} = 490$

वर्गों का कुल योग $SS = (338 + 371 + 766 + 347) - 490 = 1382$

प्रतिदर्शों के बीच वर्गों का योग

$$SST = \frac{1}{10}\left(-2^2 + 45^2 + 74^2 + 23^2\right) - 490$$

$$= \frac{4 + 2025 + 5476 + 529}{10} - 490$$

$$= \frac{8034}{10} - 490 = 830 - 490 = 313$$

प्रतिदर्शों के अन्दर वर्गों का योग

$$SSE = 1382 - 313 = 1069$$

उपर्युक्त आंकड़ों की सहायता से प्रसरण-विश्लेषण की सारणी निम्नांकित होगी—

सारणी

प्रसरण स्रोत	*वर्गों का योग*	*स्वातन्त्र्य*	*प्रसरण V*
SST गाँवों के बीच	313	3	$\frac{313}{3} = 104.3$ ...(i)
SST गाँवों के अन्दर	1069	36	$\frac{1069}{36} = 29.7$ ...(ii)
SS योग	1382	39	

$$F = \frac{V_1}{V_2} = \frac{104.3}{29.3} = 3.51$$

$F_{95}(V_1 = 3, V_2 = 36) = 26$ से 3.1 तक;

$\therefore$ $F = 3.51$ सार्थक है क्योंकि $F > F_{95}$

5% सार्थकता-स्तर पर दी गई स्वातन्त्र्य–संख्या 3 और 36 के लिए F का मान[1] 2.922 है जो परिकलित मूल्य 3.51 से कम है अतः अन्तरों के संयोगवश घटित होने की सम्भावना नहीं है। दूसरे शब्दों में अन्तर सार्थक है।

इस प्रकार यह कहना तथ्यपूर्ण होगा कि चुने गए चारों प्रतिदर्शों के मध्य गाँव के वनाच्छादित भूमि के प्रतिशत में अन्तर उस आधार को प्रतिबिम्बित करते हैं जिस आधार पर प्रतिदर्शों का चयन किया गया है अर्थात् ग्रामों की स्थिति में ऊँचाई गत अन्तर उनमें वनस्थल की मात्रा को प्रभावित करता है।

लाघव विधि

प्रसरण-विश्लेषण की एक लघु विधि भी है जिसमें प्रदत्त प्रतिदर्शों में से चरम-माध्य मानों वाले मात्र दो प्रतिदर्शों को लेकर ही गणना की जाती है। जैसेः उपर्युक्त उदाहरण में यथा न्यूनतम माध्य वाले a प्रतिदर्श एवं अत्योच्च माय वाले c प्रतिदर्श को लेकर ही विश्लेषण किया जा सकता है। इससे 'पूर्ण विश्लेषण' की वांछनीयता का आकलन किया जा सकता है। साथ ही यह ऊपर प्रयुक्त पूर्ण विधि के समान ही उपयोगी हल भी प्रदान कर सकती है। तथापि, इन लाघव विधियों का उपयोग सावधानीपूर्वक एवं विश्लेषण बुद्धिमत्तापूर्वक किया जाना चाहिए, त्रुटिपूर्ण निष्कर्षों की थोड़ी भी सम्भावना होने पर अविलम्ब पूर्ण विश्लेषण कर लेना चाहिए।

कई आकार के प्रतिदर्शों के सन्दर्भ में प्रसरण विश्लेषण की क्रियाविधि भी उपर्युक्त ही है तथापि प्रतिदर्शों के बीच वर्ग-योगफल (SST) की गणना करते समय N का मान विशेष ध्यान रखना चाहिए क्योंकि प्रत्येक प्रतिदर्श में पदों/विचरणों की संख्या पृथक-पृथक होती है। इस प्रकार प्रसरण विश्लेषण एक ऐसी उपयोगी उपकरण (tool) प्रदान करता है जिसकी मदद से अनेक आँकड़ा समूहों की तुलना की जा सकती है एवं उनमें आभासी (apparent) अन्तरों की सार्थकता का वस्तुनिष्ठ मूल्यांकन किया जा सकता है।

प्रयोग

उपयुक्त प्रसरण-विश्लेषण एक आसान मॉडल, भी है जिसका भौगोलिक साहित्य में इसी प्राथमिक स्वरूप में ही कई प्रयोग दृष्टिगत होता है। टोपेका के नगरीय भू-मूल्य अध्ययन में नास (Knos-1962) ने अनेक कारकों यथा, कार्य

(functions), विकास खण्डों (growth sectors) तथा विकास की दिशा आदि के भू-मूल्य (land values) पर सम्भावित प्रभाव को आंक कर प्रसरण विश्लेषण से ही निष्कर्ष निकालने का प्रयास किया है। बेरी और गैरिसन (1958) तथा मेफील्ड (1967) ने केन्द्रीय स्थल अध्ययन (central place) में कार्य प्रकार (sets of functions) एवं जनसंख्या आकार के सन्दर्भ में परिभाषित पदानुक्रम वर्गों (hierarchical-classes) के अस्तित्व की पुष्टि हेतु प्रसरण-विश्लेषण का उपयोग किया जबकि हैगेट (1964) ने वनाच्छादन के वितरण पर भू-आकृति, मिट्टी, फार्मों के आकार और पहुँच (farm access) चार कारकों के अलग-अलग और संयुक्त असर के अध्ययन में एक पृथक् ही प्रसरण-विश्लेषण मॉडल का प्रयोग किया है।

बॉयस (Boyce 1965) ने नगरीय भ्रमण प्रतिरूपों से सम्बन्धित परिकल्पना के परीक्षण के लिए 'मिश्रित प्रतिरूप प्रसरण विश्लेषण के उपयोग की व्याख्या की है। उसके अध्ययन में तीन स्थिर कारक-यात्रा दिशा, यात्रा-लम्बाई एवं गन्तव्य क्षेत्र का आकार और एक यादृच्छिक कारक-उद्गम क्षेत्र (zone of origin) था। इन कारकों को धारण करने वाले तीन प्रायोगिक अभिकल्पना (experimental design) का अन्तर्क्षेत्रीय यात्रा आँकड़े के प्रतिदर्श (निकष criterian चर) पर उपयोग किया गया। 'अन्तर्क्षेत्रीय यात्रा परिमाण (volume) यात्रा दिशा से स्वतन्त्र थी' परीक्षण हेतु प्रमुख प्राक्कल्पना थी। परिणाम इसे, मुख्य यात्रा (arterial trip) हेतु एक वैध तथा पारगमन यात्रा (transit trip) हेतु अवैध, धारणा प्रदर्शित करता है इसका प्रयोग प्रादेशिक विभाजन (assignment) में भी किया गया है।

प्रसरण-विश्लेषण का क्षेत्रवार वर्गीकरण में प्रयोग

जोवलर (1958) ने पश्चिमी वर्जीनिया राज्य को इसकी औद्योगिक जनसंख्या (विनिर्माण एवं प्राथमिक उद्योगों में कार्यरत श्रमिकों की संख्या–1950) के सन्दर्भ में, मध्य अटलांटिक, दक्षिणी अतलान्तक और पूर्वी दक्षिण मध्य भाग, इन तीन प्रदेशों में से किसमें शामिल किया जाए के निश्चयन में प्रसरण विश्लेषण का उपयोग किया। चित्र के निरीक्षण से समस्या क्षेत्र के किसी क्षेत्र में शामिल किए जाने का कोई निराकरण नहीं हो पा रहा है अतः एक अपेक्षाकृत ज्यादा दृढ़ उपागम अपनाया गया।

जोवलर की मान्यता थी कि जब छोटी इकाइयों के आधार पर प्रदेश निर्मित किए जाते हैं तो वहाँ विभिन्नता के दो स्रोत होते हैं एक प्रदेश के भीतर राज्यों में विविधता (within region variation) और दूसरी प्रदेशों के मध्य विविधता (between region variation)। इस विविधता की माप हेतु तीन दिशाओं में प. वर्जीनिया की तीनों क्षेत्रों हेतु बारी-बारी से नियत कर (assigned) प्रसरण विश्लेषण का प्रयोग किया गया।

यहाँ प्रदेश के बीच के प्रसरण, जो सम्पूर्ण प्रदेशों के माध्य से हर प्रदेश के विचरण को प्रकट करता है, को प्रदेश के भीतर के प्रसरण, प्रान्तों का अपने प्रादेशिक माध्य के सन्दर्भ में अन्तर को प्रकट करता है, से विभक्त कर प्रसरण प्राप्त किया गया था। यदि दोनों प्रसरण समतुल्य हैं तो इस अनुपात का मूल्य 1 (एक) होगा और F, एक से जितना ही ऊपर होता है, अन्तरप्रादेशिक विभिन्नताएँ उतनी ही ज्यादा होती हैं। अर्थात् 'एक सम राज्यों को एक साथ और विषम राज्यों को अलग रखने में वर्गीकरण क्रियाविधि कितनी सफल हुई है', को ही विसरण अनुपात निश्चित करता है।

प्रादेशिक विभाजन (नियतन) हेतु प्रयुक्त प्रसरण विश्लेषण

प्रसरण अनुपात	*प्रदेशों के बीच प्रसरण*	*प्रदेश के अन्दर प्रसरण*	*प्रसरण अनुपात*		
वर्जीनिया का एकान्तर नियतन (alternative assignment) मध्य अटलांटिक प्रदेश में	46.09	8.91		95%	विश्वास स्तर पर सार्थक
दक्षिण अटलांटिक प्रदेश में	71.55	4.66	15.35	99%	” ”
पूर्वी दक्षिणी मध्य प्रदेश में	72.13	4.57	15.78	99%	” ”

स्त्रोत : जोवलर, 1958 पृष्ठ 146

सारणी के मान प्रदर्शित करते हैं कि यद्यपि पश्चिमी वर्जीनिया तीनों प्रदेशों में से किसी एक में सम्मिलित किया जा सकता है, आदर्श आबंटन इसके दक्षिणी पूर्वी मध्य प्रदेश में मिल जाने से होगा। इसके प्रतिकूल, इस विश्लेषण के आधार पर निकृष्टतम वर्गीकरण विभाजन इसे मध्य अटलांटिक प्रदेश के साथ मिला देने पर होगा।

II

χ^2 काई वर्ग जांच

काई वर्ग (χ^2) परीक्षण एक अप्राचल (non-parametric) परीक्षण विधि है जो साहचर्य (association) की माप करता है : अर्थात् दो या ज्यादा आँकड़ों के समूह किस अंश तक परस्पर सम्बन्धित हैं। यह एक अति महत्त्वपूर्ण परीक्षण है क्योंकि इसमें चरों को विभिन्न वर्गों के अलावा और मात्रीकृत करने की जरूरत नहीं पड़ती है, मात्र वर्ग ही निर्दिष्ट विशेषताओं की उपस्थिति या अभाव हेतु वर्णित किए जा सकते हैं। इस परीक्षण का प्रयोग आवृत्ति के रूप में प्रदर्शित किए जाने योग्य सभी आँकड़ों में किया जा सकता है। χ^2 परीक्षण प्रत्याशित (expected) या सैद्धान्तिक एवं अवलोकित (observed) आवृत्तियों में वास्तविक अन्तर का मापन करता है एवं एक, दो अथवा अनेक चरों हेतु प्रयुक्त हो सकता है।

मात्र सांकेतिक (nominal) मापक पर उपलब्ध आँकड़ों में कारक विश्लेषण (factor analysis) के विकल्प के रूप में χ^2 का प्रयोग किया जा सकता है। अपने मूलरूप में यह विश्लेषण विलियम्स एवं लैमबर्ड दो वनस्पतिविदों द्वारा पादप प्रलम्ब अभिलेखों (plant quadrant records) के पारिस्थितिकी प्रदेश में विभाजित करने के लिए विकसित किया गया था जिसका प्रयोग पूर्वी इंग्लैंड के नगरों के वर्गीकरण में भी हुआ था।

जोबलर (Zobler-1957) द्वारा प्रादेशिक सीमाओं की सार्थकता का एक उल्लेखनीय अध्ययन किया गया है। उसने न्यूजरसी के भू-आकृतिकी तथा भौतिकीय आधार पर चुने गए कई प्रदेशों में मृदा-वर्गों, भूमि प्रयोग प्रकारों और जनसंख्या-समूहों आदि में परस्पर अन्तर्सम्बन्धों की जाँच के लिए इस परीक्षण का प्रयोग किया। स्टूडेण्ट t जैसे प्राचल परीक्षणों में दो प्राचल यथा, माध्य तथा मानक विचलन के आधार पर आंकलन किए जाते हैं जबकि χ^2 में सम्पूर्ण आवृत्ति बंटन मात्र की ही तुलना होती है, विशेषतः जब ज्यादा संख्या में वर्गों का प्रयोग हुआ है।

माध्य एवं मानक विचलन पर आधारित सभी सूत्र चूँकि प्रसामान्य (normal) या लगभग प्रसामान्य बंटन वक्र की कल्पना करते हैं अतः χ^2 तुलना किए गए आवृत्ति बंटनों के प्रसामान्य न होने पर ज्यादा उपयोगी सिद्ध होता है। यह सरल गणनायुक्त किन्तु अशक्त परीक्षण है जिसमें कतिपय वर्गों को मिला देने पर भिन्न परिणाम भी प्राप्त हो सकते हैं। विश्वसनीय परिणाम प्राप्त करने एवं परीक्षण की वैधता हेतु किसी भी वर्ग की न्यूनतम प्रत्याशित आवृत्ति 5 एवं प्रयुक्त कुल संख्या 20 से ज्यादा होनी चाहिए।

काई वर्ग की गणना में प्रत्येक अवलोकित (0) एवं प्रत्याशित (E) आवृत्तियों के अन्तर-वर्ग को संगति प्रत्याशित आवृत्ति से विभाजित का योगफल ज्ञात किया जाता है' अर्थात् सूत्र रूप में :

$$\chi^2 = \sum \frac{(0-E)^2}{E}$$

जहाँ 0 अवलोकित आवृत्ति (Observed frequency) एवं
E प्रत्याशित अथवा सैद्धान्तिक आवृत्ति (Expected E) है।

गणना

सबसे पहले प्रत्येक अवलोकित (यथार्थ) मान के सन्दर्भ में उसके प्रत्याशित मान—'वह मान जो निष्फल प्राक्कल्पना के पूर्णतः व्यवहृत होने पर प्राप्त होता है'—की गणना करते हैं। तदनुसार सभी $\left(\frac{(0-E)^2}{E}\right)$ मानों का योग ज्ञात किया

सारणी

	वर्ग 1	वर्ग 2	वर्ग 3	वर्ग 4	वर्ग 5
अवलोकित आवृत्ति	0_1	0_2	0_3	0_4	0_5
प्रत्याशित आवृत्ति	E_1	E_2	E_3	E_4	E_5

$$\sum \frac{(0-E)^2}{E} = \chi^2 = \frac{(0_1-E_1)^2}{E_1} + \frac{(0_2-E_2)^2}{E_2} + \frac{(0_3-E_3)^2}{E_3} + \frac{(0_4-E_4)^2}{E_4} + \frac{(0_5-E_5)^2}{E_5}$$

जाता है जो χ^2 कहलाता है। यहाँ भी स्वातन्त्र्य—संख्या = वर्गों की संख्या—1 (n – 1) होती है एवं निष्फल-प्राक्कल्पना (H_0) 'अवलोकित परिणाम संयोगवश प्रत्याशित

परिणाम से सार्थक अन्तर नहीं रखता है' को निर्दिष्ट स्वातन्त्र्य–संख्या तथा वांछित सम्भावित स्तर पर सारणी (χ^2 सारणी)* मान से परिकलित मूल्य की तुलना कर स्वीकृत या अस्वीकृत करते हैं। जब परिकलित मूल्य सारणी मान से ज्यादा हो तो H_0 अस्वीकृत कर दी जाती है अन्यथा उसे स्वीकार कर लिया जाता है।

निम्नांकित उदाहरणों के सन्दर्भ में χ^2 परीक्षण की गणना एवं उसके प्रयोग का सामान्य ज्ञान प्राप्त किया जा सकता है।

एक प्रतिदर्शीय अवलोकन

उदाहरण 1

कुछ फार्म स्थलों (Form sites) का, स्थलों के स्थानीयकरण विशेषताओं के सन्दर्भ में अध्ययन किया गया एवं विषम उच्चावच युक्त एक क्षेत्र पर 200 फार्मों वाला एक प्रतिदर्श चुना गया। इन्हें स्थल के भौतिक गुणों दूसरे शब्दों में उच्चावच के आधार पर कई श्रेणियों में विभाजित किया गया। सारणी में कुल भूमि के सम्बन्ध में इन स्थल स्वरूपों के प्रतिशत को भी प्रदर्शित किया गया है।

सारणी

स्थल	*फार्म संख्या*	*भूस्वरूपों का कुल भूमि से %*
1. जलोढ़क	10	10
2. वेदिका	100	35
3. तीव्र ढाल	2	10
4. चूना पठार	38	25
5. बलुआ पठार	50	20

यहाँ फार्मों का वितरण उपलब्ध भूमि की मात्रा एवं स्थल की उपयुक्तता दोनों से ही सम्बन्धित प्रतीत होता है। अतः फार्मों के क्षेत्रिक वितरण विश्लेषण में दोनों प्रवृत्तियों के सापेक्ष महत्त्व का निर्णयन आवश्यक हो जाता है।

– यदि दिए गई भूस्वरूप (terrain) पर फार्मों की संख्या केवल उस आवृत्ति जिससे वह भूस्वरूप आता है का ही प्रतिबिम्ब है तो यह नहीं कहा जा सकता कि फार्म स्थल को भूस्वरूप की विशेषताओं एवं गुणों ने प्रभावित किया है; इसके उलट।

– यदि दिए गए भूस्वरूप, जिस वर्ग से वह फार्म आता है, की आवृत्ति आने वाली भूस्वरूप की आवृत्ति की प्रतिबिम्ब नहीं है, तो यह उक्ति तर्कसंगत होगी कि फार्म स्थलों को विविध भूस्वरूपों की विशेषताओं तथा गुणों से प्रभावित किया है।

इस निर्णयन भूस्वरूपों के प्रकार तथा फार्म स्थलों की घटिता के मध्य एक कारणात्मक सम्बन्ध (casual relationship) निर्धारित किया जा सकता है।

उक्त दोनों संभावनाओं में, इस प्रकार अधिक संभावी तथ्य के परीक्षण हेतु सर्वप्रथम एक निष्फल प्राक्कल्पना निर्धारित की जाएगी।

H_0: "फार्मों के स्थान निर्णयन की अधिमान्य (preferential) आवृत्ति के सन्दर्भ में इन पाँचों श्रेणियों (भूस्वरूपों) में महत्त्वपूर्ण अन्तर नहीं है; फार्मों का बिखराव सम्पूर्ण क्षेत्र पर यादृच्छिक बंटन को ही प्रदर्शित करता है।" इसी परिकल्पना का χ^2 द्वारा परीक्षण होना है।

हल : अवलोकित (वास्तविक) मानों के नीचे इनकी संगती प्रत्याशित मानों की गणना कर लिखेंगे :

यहाँ प्रत्याशित मान हर वर्ग में भूमि की मात्रा के अनुपात में होगा—यथा, 10% भूमि जलोढ़क है तो 200 में 20 फार्म जलोढ़क पर प्रत्याशित होंगे। इसी तरह अन्य भूस्वरूपों हेतु भी E प्राप्त कर निम्न सारणी—अनुसार χ^2 की गणना की जाएगी:

यहाँ स्वातन्त्र्य संख्या (df) = N – 1 = 5 = 1 = 4 11% सार्थकता स्तर पर χ^2 का स्वा० सं० के लिए सारणी मान 13.28 है, इसे $\chi^2_{99} = 13.28$ द्वारा भी स्पष्ट किया जाता है।

निष्कर्ष : परिकलित मूल्य सारणी मान से बहुत ज्यादा है, अतः H_0 गलत साबित होता है।

सारणी

	1	2	3	4	5	योग
O	10	100	2	38	50	200
E	20	70	20	50	40	200
O – E	–10	30	–18	–12	10	
$(O-E)^2$	100	900	324	144	100	
$\frac{(O-E)^2}{E}$	5.0	12.9	16.2	2.9	1.5	

$$\sum \frac{(O-E)^2}{E} = \quad 5.0 + 12.9 + 16.2 + 2.9 + 2.65$$

या $X^2 = 39.5$ $\qquad X^2_{99} = 13.28$

नोट : परिकलित मूल्य हेतु सम्भावित मान χ^2 परीक्षण से भी प्राप्त करते हैं यथा, यह मूल्य df पर 0.1% से भी कम संभाविता मान प्रकट करता है। जिसका अभिप्राय है कि यहाँ H_0 के सही होने की 0.1% से भी कम आशा है।

इस तरह 99.9% संभावना निष्फल प्राक्कल्पना के विपरीत धारणा H_1 (प्रतिलोम संभावना) के सत्य होने की है। अर्थात् फार्म स्थलों की स्थिति कई भूस्वरूपों द्वारा ही प्रभावित है।

उदारहण 2 : बड़ा बाजार में 30 कपड़ों की दुकानों के प्रति अग्रमीटर (front meter) कर योग्य मूल्य (reteable value) दिए गए हैं। इस क्षेत्र के कार्यों के वितरण में कर योग्य मूल्य के प्रभाव की जांच कीजिए।

तालिका

	कर योग्य मूल्य (00) रुपये प्रति अग्र मीटर					
	<10	10–20	20–30	30–40	40–50	योग
दुकानों की संख्या	5	4	8	12	01	30

हल : आँकड़ों को सारणीकृत कर कल्पना किया कि (H_0) 'करयोग्य मूल्य कार्यों के वितरण को प्रभावित नहीं करता।' इसी के परीक्षणोपरांत χ^2 का मूल्य ज्ञात किया जाएगा।

हर वर्ग की प्रत्याशित आवृत्ति, निष्फल प्राक्कल्पना के अनुसार, E = 30 दुकानें ÷ 5 = 6 होगी इन मानों को यथास्थान प्रतिस्थापित कर गणना करने से χ^2 मूल्य प्राप्त हुआ। निष्फल प्राक्कल्पना 95% स्तर पर अस्वीकृत किन्तु 99% स्तर पर स्वीकृत की जाती है। अर्थात् कपड़े की दुकानों की 4 स्वा० सं० पर χ^2 = 11.64 है जो मूल्य सांख्यिकीय सारणी में 5% से 2.5% के भीतर आता है। जिसका अभिप्राय है कि हमारा H_0 कुल अवलोकनों के मान 5 से 25% अवलोकनों में ही सही होगा। अर्थात् यहाँ निष्फल प्राक्कल्पना के प्रतिलोम (inverse) H_1 के 95% से 97.5% सही होने की सम्भावना है। या कपड़े की दुकानें करयोग्य मूल्यों के सम्बन्ध में ही स्थित हुई है।

तालिका

वर्ग	1	2	3	4	5
0	5	4	8	12	1
E	6	6	6	6	6
O – E	–1	–2	2	6	–5
$(O-E^2)$	1	4	4	36	25
$\frac{(O-E)^2}{E}$	0.16	0.66	0.66	6.00	4.16

$\chi^2 = 11.64$ $\chi_{99}{}^2 = 9.49$

स्वा० सं० (5-1) = 4 $\chi_{95}{}^2 = 13.28$

सम्पूर्ण जनसंख्या (समष्टि) से लिया गया कोई प्रतिदर्श वस्तुतः एक यादृच्छिक प्रतिदर्श है कि नहीं? इस समस्या का समुचित हल भी χ^2 परीक्षण द्वारा होता है।

उदाहरण 3 : खाद्य पदार्थ (50) परचून (30) एवं मिश्रित (20) वर्ग के तहत वितरित 100 दुकानों के सम्बन्ध में विपणन (shopping) सुविधाओं का अध्ययन करने हेतु 35 दुकानों का एक प्रतिदर्श चुना गया जिसमें विविध वर्गों से क्रमशः 21, 9 और 5 दुकानें थीं। सामान्यीकरण हेतु लिया गया यह प्रतिदर्श यादृच्छिक (Random) है या अभिनत (biased) इसके सम्बन्ध में निष्कर्ष निकालिए।

हल : H_0 कल्पना किया कि प्रतिदर्श तथा सम्पूर्ण जनसंख्या बंटन में कोई अन्तर नहीं है।

सारणी

दुकानें	O	E	O – E	$(O-E^2)$	$\frac{(O-E)^2}{E}$
खाद्य पदार्थ	21	17.5	3.5	12.75	.61
परचून	9	10.5	1.5	2.25	.21
मिश्रित	5	7.0	2.0	4.00	.57

यहाँ प्रत्याशित मान (E) की गणना सम्पूर्ण के अनुपात में की गई है जैसे: 100 दुकानों में 50 दुकानें प्रथम वर्ग में आती हैं, अतः 35 पर उनकी संख्या $=\frac{50 \times 35}{100}=17.5$ होगी।

$$\sum \frac{(O-E)^2}{E}=6+1.21+.57=1.39$$

स्वा० सं० 3 1 = 2 $\chi^2_{59}=5.99$

आकलित मूल्य सारणीमान की तुलना में अत्यल्प है अतः निष्फल प्राक्कल्पना उच्च सम्भाक्ति मात्रा के साथ स्वीकृत की जाती है।

निष्कर्ष : लिए गए प्रतिदर्श पूर्णतः यादृच्छिक हैं एवं इनके आधार पर किए गए विश्लेषण से प्राप्त परिणाम समष्टि के यथार्थ सूचक होंगे।

नोट : किसी वर्ग में घटिता (संख्याओं) के अनुपात में परिवर्तन न करते हुए भी प्रतिदर्शों के आकार में परिवर्तन किया जाता है तो कोई वर्ग परीक्षण प्रभावित हो सकते हैं।

दो अथवा ज्यादा चरों में तुलनात्मक प्रयोग

अब तक कुछ ऐसे सरल दृष्टान्तों को लिया गया जिसमें सभी में केवल एक ही अवलोकित दशाएं थीं जैसे, विभिन्न भूस्वरूपों पर फार्म स्थलों की आवृत्ति या विभिन्न दुकानें आदि। दूसरी तरफ अनेक स्थलों पर जहाँ भिन्न आवृत्ति बंटन-युक्त दो आँकड़ा समूह हों एवं आवृत्ति बंटनों में अन्तर की सार्थकता का परीक्षण करना हो तो दो या अधिक विभिन्न चर विशेषताओं में तुलना करना वांछित हो सकता है। अपने लोचयुक्त गुणों के कारण χ^2 का उपयोग आवृत्ति युक्त दो चरों के सह-सम्बन्ध परीक्षण में भी किया जा सकता है। यह परीक्षण इस बात की ओर भी संकेत कर सकता है कि क्या तुलना किए गए मानों के सम्पूर्ण परिसर (range) सार्थक अन्तरयुक्त हैं अथवा नहीं हैं? अगर हैं, तो अन्तर में अधिक मददगार वर्गों को प्रत्येक इकाई (cell) के लिए काई-वर्ग मूल्यों को दृष्टिगत कर पहचाना जा सकता है।

द्विचरीय काई-वर्ग परीक्षण की गणना के कुछ उदाहरण प्रस्तुत हैं—

उदाहरण 3

दो जनपदों में वर्गों में श्रेणीकृत फार्मों के आकार की जाँच की गई है। क्या दोनों जनपदों में फार्म के आकार में सार्थक अन्तर है?

तालिका

फार्म का आकार एकड़ में	10	10–20	20–30	30–40	40–50	फार्मों की कुल संख्या
(अ) जनपद में फार्मों की संख्या	10	44	57	30	9	150
(ब) जनपद में फार्मों की संख्या	40	73	70	24	7	214
	50	117	129	54	16	364

इस समस्या का हल काई-वर्ग परीक्षण द्वारा किया जा सकता है।

हल : H_0 माना दोनों जनपदों के फार्म आकारों में कोई अन्तर नहीं है।

क्रिया पद्धति

1. हर अवलोकित आवृत्ति (0) हेतु संगत प्रत्याशित मान (E) की गणना स्तम्भ तथा पंक्ति-योगों के गुणनफल के कुल पद संख्या से विभक्त कर प्राप्त करते हैं।

$$E_1 = \frac{50 \times 150}{364} = 20.6 \left(\frac{Y_x}{N}\right)$$

2. अवलोकित मान से प्रत्याशित मान का अन्तर ज्ञात किया।
3. अन्तर का वर्ग ज्ञात किया।
4. अन्तर वर्ग को संगति प्रत्याशित आवृत्ति से विभाजित किया जिसका योग ही काई-वर्ग होगा।

प्रत्याशित आवृत्ति प्राप्त करने का सूत्र

	a	b	c	योग
अ	$\frac{Y_x}{N}$	—	—	Y
ब	—	—	$\frac{Z_3}{N}$	Z
योग	X	y	z	N

तालिका

	अ			ब		
	O	E	(O–E)	O	E	(O–E)
<10	10	20.6	–10.6	40	29.4	–10.6
10 – 20	44	48.2	– 4.2	73	68.8	4.2
20 – 30	57	52.3	4.7	70	74.7	– 4.7
30 – 40	30	22.3	7.7	24	31.7	– 7.7
40 – 50	9	6.6	2.4	7	9.4	– 2.4
योग		150		214		

$$\sum\frac{(O-E)^2}{E}=\frac{10.6^2}{20.6}+\frac{4.2^2}{48.2}+\frac{4.7^2}{52.3}+\frac{7.7^2}{22.3}+\frac{2.4^2}{6.6}+\frac{10.6^2}{29.4}+\frac{4.7^2}{74.7}+\frac{2.4^2}{3.4}$$

या $\chi^2 = 16.6$ $\chi_{95}^2 = 9.49$

स्वातन्त्र्य-संख्या df= (पंक्ति संख्या –1) (स्तम्भ संख्या –1) H_0 अस्वीकृत यथा $\chi^2 > \chi_{95}^2$

$$=(2-1)(5-1)=1\times 4$$
$$=4$$

H_0 अस्वीकृत क्योंकि $\chi^2 > \chi_{95}^2$

निष्कर्ष : 4 स्वातन्त्र्य संख्या तथा 95% सार्थकता स्तर पर काई-वर्ग का परिकलित मूल्य, सारणी मूल्य से ज्यादा है अतः निष्फल प्राक्कल्पना अस्वीकृत की जाती है; एवं प्रतिलोम अवधारणा कि दोनों जनपदों के फार्म आकारों में सार्थक अन्तर है; स्वीकृत की जाती है।

उदाहरण 4

एक नगर के आन्तरिक व बाह्य भाग में स्थित फर्में विविध प्रकार के उत्पादनों में लगे श्रमिकों के अनुपात के सन्दर्भ में अन्तर रखते हैं या नहीं इसकी जानकारी प्राप्त करने हेतु दोनों क्षेत्रों से वस्त्रोद्योग सम्बन्धी दो प्रतिदर्श चुने गए प्रतिदर्श निम्नांकित प्रतिशत अनुपात (आवृत्ति) प्रतिदर्श करते हैं–

हल : कल्पना किया कि निर्माण के हर प्रकार के लिए दोनों प्रतिदर्श एकल समष्टि से लिए गए हैं जो उन दोनों प्रतिदर्शों के बीच, मध्यवर्ती आवृत्ति रखते हैं। अर्थात् निष्फल प्राक्कल्पना 'अन्तर नहीं है' हुई।

सारणी

	रेनकोट	गंजी/बनियान	स्लैक्स	कमीज	फैंसी-ड्रेस
प्रतिदर्श 1	40	2	18	16	24
प्रतिदर्श 2	16	4	2	30	28

चूँकि प्रथम प्रतिदर्श में : 40% फर्में रेनकोट का निर्माण करती हैं

चूँकि द्वितीय प्रतिदर्श में : 16% फर्में रेनकोट का निर्माण करती हैं

$\therefore$ प्रत्याशित आवृत्ति $\frac{40+16}{2}$ फीसदी = 28 फीसदी अन्य गणनाएँ निम्नवत होंगी–

तालिका

	0 I	II	E	$\lvert O-E \rvert$ (प्रतिदर्श 1	$(O-E)^2$ तथा 2 |	$\frac{(O-E)^2}{E}$ दोनों के लिए)
रेनकोट	40	16	28	12	144	5.14
बनियान	2	4	3	1	1	0.33
स्लैक्स	18	2	10	8	64	6.40
कमीज	16	30	23	7	49	2.13
फैंसी-ड्रेस	24	48	36	12	144	4.00

$$\sum \frac{(O-E)^2}{E} = 18.00$$

इस तरह दोनों प्रतिदर्शों के लिए

$$\chi^2 = 36 \qquad \chi^2_{0.01} = 13.28$$

यहाँ d.f $(n-1)$ है जिसमें n युग्मों की संख्या अर्थात् $n=5$ है अतएव स्वतन्त्र्य संख्या = 5 −1 = 4

निष्कर्ष : नगर हेतु फर्मों के परिणाम संकेत करते हैं कि 1 प्रतिशत स्तर पर दोनों क्षेत्रों में एक सार्थक अन्तर सुस्थापित होता है क्योंकि χ^2 का परिकलित मूल्य 36, सारणी मान 13.28 से बहुत ज्यादा है।

नोट : यदि प्रत्याशित एवं वास्तविक मान समतुल्य हों तो $\chi^2 = 0$ होता है। इस तरह χ^2 का मान अवलोकित मान के प्रत्याशित मान से अन्तर (विचलन) की ओर संकेत करता है। यादृच्छिक प्रतिचयन में χ^2 के शून्य मान से अन्य विचलनों हेतु संयोग विचलन (chance variation) उत्तरदायी हो सकते हैं। दीर्घमान यद्यपि अवलोकित तथा प्रत्याशित मानों के बीच सार्थक अन्तर की ओर इंगित करते हैं।

काई वर्ग द्वारा बंटन परीक्षण

एक प्रतिदर्श में आँकड़ों के बंटन की तुलना में भी इस उपागम का उपयोग किया जा सकता है। कभी-कभी बंटन विशेष की प्रसामान्यता का निश्चयन जरूरी हो जाता है, क्योंकि इससे प्राचल या अप्राचल परीक्षण विधियों के उपयोग सम्बन्धी निर्णय में मदद मिलती है। इस समस्या का हल काई-वर्ग परीक्षण के प्रयोग से अवलोकित एवं प्रत्याशित आवृत्तियों में तुलना कर हल की जा सकती है। इस जाँच के लिए एक काफी बड़ा प्रतिदर्श वांछित होता है जहाँ स्वातन्त्र्य, संख्या वर्गों की कुल संख्या –3 के समतुल्य होती है।

द्विपद (bionomial) अथवा पायसन (Poisson) आदि अन्य सांख्यिकीय बंटनों के सन्दर्भ में भी आवृत्ति बंटन का परीक्षण किया जा सकता है। प्रसामान्यता हेतु बंटनों के परीक्षण हेतु बहुधा सम्भाविता-पात्रों (probability paper) का प्रयोग आसान होता है, किन्तु इससे परिणाम की सार्थकता निर्धारित नहीं की जा सकती। प्रसामान्य उदाहरणों में इस परीक्षण हेतु वर्गसीमा के साथ-साथ माध्य एवं मानक विचलन की भी जरूरत होती है क्योंकि प्रत्याशित माना (E) की गणना में z मानों की गणना करनी होती है जिसे निम्नांकित सूत्र द्वारा प्रदर्शित करते हैं।

$$Z_1 = \frac{\text{oxZ lhekk\&ek;}}{\text{ekud fopyu}}$$

अथवा $$= \frac{\text{class boundary} - m}{S}$$

तदन्तर सारणी से A (प्रसामान्य वक्र के अन्तर्गत क्षेत्र) का अवलोकन कर उसका वक्र से बाहरी क्षेत्र के सम्बन्ध में अन्तर ज्ञात कर n (कुल अवलोकन संख्या) से गुणनफल निकालते हैं, जो सम्बन्धित अवलोकित मान हेतु प्रत्याशित मान होगा। इसी तरह अन्य प्रत्येक अवलोकनों के लिए प्रत्याशित मान की गणना कर सारणीबद्ध

कर $\sum \frac{(O-E)^2}{E}$ या काई-वर्ग ज्ञात करते हैं जिसके लिए सारणी मान देखकर निष्फल प्राक्कल्पना को स्वीकृत या अस्वीकृत कर प्रसामान्यता का निश्चयन होता है।

आसंजन सौष्ठव परीक्षण

अवलोकित आवृत्तियों का सैद्धान्तिक आवृत्तियों के विचलन, सैद्धान्तिक प्रारूप से असंजन सौष्ठव (goodness of fit) की माप को प्रकट करता है। अगर आँकड़े का अवलोकित बंटन काल्पित प्रारूप के सन्निकट हो तो वहाँ प्रत्याशित तथा वास्तविक आवृत्तियों में सार्थक अन्तर नहीं होना चाहिए। चूँकि काई-वर्ग परीक्षण इन्हीं तथ्यों के विश्लेषण करने की पद्धति प्रदान करता है अतः इस आसंजन सौष्ठव का परीक्षण कहते हैं। यदि परिकलित मूल्य, सारणी मूल्य से कम हो तो आसंजन सुष्ठुतम कहा जाएगा क्योंकि अवलोकित व प्रत्याशित आँकड़ों में सार्थक अन्तर नहीं होता।

दूसरे शब्दों में अगर दोनों मानों के वक्रों को प्रत्यारोपित किया जाए तो उनमें ज्यादा भिन्नता दृष्टिगत नहीं होगी। इसके विपरीत काई-वर्ग को परिकलित मूल्य सारणी मान से बहुत बड़ा हो तो वहाँ आसंजन अपकृष्ट (fit is poor) होगा जैसेः दोनों वक्र एक-दूसरे से काफी पृथक् होंगे। अर्थात् यहाँ सिद्धान्त एवं वास्तविकता में पर्याप्त अन्तर है। इस प्रकार साफ है कि यह परीक्षण विविध भौगोलिक प्रकृति युक्त समस्याओं के विश्लेषण, वस्तुनिष्ठ निर्धारण करने में सक्षम होता है। पुनः मान-चित्रित बंटनों से प्राप्त सूचनाओं के सम्बन्ध में, जहाँ निश्चित संख्यात्मक मान उपलब्ध नहीं होते, यह परीक्षण ज्यादा लाभकारी साबित होता है। ऊपर सरल उदाहरणों को लेकर ही गणना की गई है।

ज्यादा संश्लिष्ट समस्याओं का विश्लेषण भी इन्हीं पद्धतियों द्वारा किया जा सकता है। हाँ, समस्याएँ जितनी ही जटिल होंगी निष्फल प्राक्कल्पना को सावधानी पूर्वक निश्चित तथा प्राप्त परिणाम का बुद्धिमत्तापूर्ण विश्लेषण भी अति जरूरी हो सकता है। ध्यान रहे सरल अथवा क्लिष्ट सभी सन्दर्भ में यह परीक्षण मात्र आवृत्तियों हेतु ही प्रयुक्त होता है निरपेक्ष मान अथवा अनुपातों पर नहीं। अन्त में, जब स्वातन्त्र्य संख्या एक से ज्यादा हो, किन्तु प्रत्याशित आवृत्ति 20 फीसदी से अधिक इकाइयों में 5 से कम हो तो यह परीक्षण समुचित रूप से कार्य नहीं करता। यदि

इस तरह की स्थिति हो तो दो या अधिक इकाइयों (Cells) को मिलाकर कम-से-कम 80 प्रतिशत इकाइयों को उक्त स्तर तक अवश्य समायोजित कर लेना चाहिए। वर्णित विविध तथ्यों के सन्दर्भ में सतर्कतापूर्वक प्रयोग किया जाए तो भौगोलिक अध्ययन में यह परीक्षण निश्चय ही समुचित महत्त्व का साबित हो सकता है।

मान व्हिटनी U परीक्षण

प्राचल स्तर पर असफल मापन समस्याओं के निराकरणार्थ अनेकों मापों प्रतिपादित किए गए हैं। साहचर्य (association) का एक अत्यन्त शक्तिशाली जांच मान-व्हिटनी का U परीक्षण है जिसका क्रम सूचक (ordinal) अथवा उच्च मापक आँकड़े तथा विषम आकार के प्रतिदर्शों पर प्रयोग किया जा सकता है। शीघ्र गणना योग्य यह जांच बहुधा t परीक्षण की एक उपयोगी विकल्प भी प्रस्तुत करती है। इसमें X_1 की माप वर्गों में एवं X_2 को कोटिकृत कर देते हैं। वृहत् प्रतिदर्शों ($n_2 > 20$) हेतु निष्फल प्राक्कल्पना की U प्रतिदर्शज (U statistic) द्वारा जाँच की जाती है। (U सारणी परिशिष्ट में है।)

$$U = n_1 n_2 + \frac{n_1(n_1+1)}{2} - R_1$$

यहाँ n_1 = दोनों वर्गों में छोटे वर्ग के अवलोकनों (cases) की संख्या

n_2 = बड़े वर्ग की अवलोकन संख्या

R_1 = n_1 वर्ग की कोटि योग

यदि वृहत् प्रतिदर्श उपलब्ध हों तो U बंटन प्रसामान्य बंटन (normal distribution) के निकट पहुँचता है, अतः U मूल्य को सार्थकता परीक्षण हेतु Z हेतु सारणी-प्रसामान्यवक्र (normal curve) के तहत क्षेत्र का प्रयोग किया जाता है। Z प्रतिदर्शज की गणना निम्न सूत्र द्वारा होती है।

$$Z = \frac{U - \frac{n_1 n_2}{2}}{\sqrt{\frac{n_1 n_2 (n_1 + n_2 + 1)}{12}}}$$

यहाँ U = U का परिकलित मान है।

उदाहरण 1

एक छोटे आकार के प्रतिदर्श (n_2 9 से 220) के सन्दर्भ में U परीक्षण।

तालिका

आँकड़ा	X_1 कोटि	आँकड़ा	X_2 कोटि
225	6	249	12
385	23	158	1
356	22	235	7
338	20	217	4
355	21	210	3
238	8	204	2
269	16	271	17
289	18	240	9
265	15	244	10
251	14	245	11
250	13	305	19
		224	5
$n_1 = 11$	$R_1 = 176$	$n_2 = 12$	$R_2 = 100$

क्रिया पद्धति

(1) सभी आँकड़ों को एक साथ लेकर कोटिकृत किया जिससे आखिरी कोटि $n_1 + n_2$ या $11 + 12 = 23$ हो।

(2) R_1 तथा R_2 प्राप्त करने हेतु दोनों स्तम्भों के कोटि का योग निकाला; सूत्र में मानों को प्रस्थापित किया :

$$U = 11 \times 12 + \frac{11\,(11 + 1)}{2} - 176 = 132 + 66 - 176 = 22$$

U का परिकलित मूल्य, 95% सार्थकता स्तर पर सारणी मान (28) से कम है, अतएव यह निष्फल प्राक्कल्पना कि 'दोनों प्रतिदर्श एक ही समष्टि से गृहीत हैं', अस्वीकृत की जाती है।

उदाहरण 2

सारणी

प्राचल	हवाई फोटो संख्या (n)	आगणित कृषित भूमि-कोटिक्रम Rank order of estimates of Cultivated land							कोटि योग
भूतल वर्गीकरण									
घाटी तल	10	1	2	3	6	8	10	14	
							18	33	111 R_1
पहाड़ी तल	30	4	5	7	9	11	12	13	15
		17	19	20	21	22	23	24	25
		26	27	28	30	31	32	34	35
		36	37	38	39	40			709 R_2

उपरोक्त सारणी में, ब्राजील के फोर्टालेजा बेसिन में हवाई फोटोचित्र के एक प्रतिदर्श की उपरोक्त से दो प्रकार के उच्चावच के लिए कृषित भूमि प्रयोग का अनुमान लगाया गया है। सर्वोच्च मान को एक से शुरू कर न्यूनतम मान को 40 कोटि प्रदान किया गया है। दोनों समूहों के मान एक उभयनिष्ट कोटि में शामिल कर दिए गए हैं। सूत्र में सम्बन्धित मानों को प्रतिस्थापित करने पर

$$U = 10\,(30) + \frac{10\,(10+1)}{2} - 111 = 300 + 55 - 111 = 244$$

U के अवलोकित मूल्य की सार्थकता को निर्धारित करने की विधि n_2 के आकार पर आश्रित होती है। यदि n_2 आठ से कम या 9 से 20 के मध्य हो तो U के किसी आलोकित मान की सार्थकता, मान-व्हिटनी सारणी द्वारा देखकर निर्धारित की जा सकती है। यदि n_2 बीस से ज्यादा है, जैसा प्रस्तुत उदाहरण में है, तो संभाविता Z प्रतिदर्शज की गणना कर निर्धारित की जाएगी। अतः यहाँ सूत्र में मानों को प्रतिस्थापित करने पर

$$Z = \frac{244 - 10 \times 30/2}{\sqrt{\frac{10 \times 30\ (10 + 30 + 1)}{12}}} = \frac{244 - 150}{\sqrt{\frac{300 \times 41}{12}}}$$

$$= \frac{94}{\sqrt{1025}} = \frac{94}{32} = 2.94$$

Z बंटन सारणी से प्राप्त संभावित (P) जो 0.0026 है हमारे विश्वास सीमा ($0.01 < P < 0.001$) के भीतर ही आती है। अतः दोनों भू-आकृतियों एवं खेती की मात्रा में सांख्यिकीय रूप से 99% विश्वास सीमा पर अन्तर्सम्बन्ध सार्थक हैं।

मान का U परीक्षण उन परीक्षणों में है जो स्वतन्त्र-अप्राचल प्रतिदर्शों में अन्तर की सार्थकता की जाँच में लाभकारी होता है। अन्य उपलब्ध परीक्षण Kil moyorov-Smirnov और Wald-Wolfwitz परीक्षण हैं जो प्रतिदर्शों के एकसम समष्टि से ही आने की संभावना की जाँच करते हैं। इसमें Smirnov परीक्षण एक सरल अप्राचल भौगोलिक परीक्षण है, किन्तु ज्यादा सशक्त नहीं। इसका इस्तेमाल वर्गीकृत आँकड़े में होता है। काई-वर्ग की भाँति एक या दो प्रतिदर्श समस्याओं में मात्र क्रमस्वरूप (ordinal) आँकड़ों पर इस्तेमाल किया जाता है।

10

सांख्यिकीय पद्धतियां एवं कम्प्यूटर

आधुनिक काल में तथ्यों के संग्रहण अन्वेषण, विश्लेषण, आरेखण और मानचित्रण आदि में कंम्युटर विस्तृत रूप से प्रयुक्त हो रहा है। संगणक प्रयोग से सांख्यिकीय पद्धतियों का परिष्करण हुआ है। अनेक सांख्यिकीय निष्कर्ष एक साथ प्राप्त किये जाते है जिनसे इनकी तुलना सम्भव हो जाती है तथा उपयुक्त सांख्यिकीय निष्कर्ष का चुनाव किया जा सकता है। संगणक का उपयोग अत्यन्त व्यापक है। शैक्षणिक, व्यावसायिक, वाणिज्यिक, औद्योगिक, प्रशासकीय, राजनीतिक आदि कई क्षेत्रों में संगणक का प्रयोग हो रहा है। इसका कारण संगणक की बहु-आयामी विशेषताएं हैं। उदाहरणार्थ आंकड़ों को संग्रहित करना (Storage), जरूरत पर उन्हें प्रस्तुत करना (Retrieval), प्रमुख सूचकों या मानों को याददास्त (Memory) में रखना, तात्कालिक् जरूरत के अनुसार विश्लेषित कर देना, सलाना आय-व्यय का ब्योरा देना, उत्पादन सम्बन्धी सूचना देना, पूर्वानुमान की गणना जैसे कई कार्य करने में संगणक सक्षम होता है। इसीलिए औद्योगिक संस्थान अपने निवेश-निर्गम, कर्मचारियों की उपस्थिति, उत्पादन आदि, रेल संस्थान माल एवं यात्री परिवहन, आय-व्यय का ब्यौरा शैक्षणिक संस्थाएं अनेकानेक सांख्यिकीय अभ्यास, शोधकार्य, संदर्भ-सूची कई कार्यों हेतु संगठक प्रयोग करते हैं।। सांख्यिकीय विश्लेषण कैसे किया जा सकता है, विशेषतः भौगोलिक आंकड़ों का विश्लेषण कैसे किया जाता है

तथा भूगोल के अध्ययन में संगणक का क्या महत्त्व है, यह इस अध्याय से स्पष्ट किया गया है।

संगठक प्रयोग का संक्षिप्त इतिहास

कंम्यूटर एक प्रकार का यांत्रिक दिमाग है जिसका विकास मानव ने किया है। मानव का दिमाग ईश्वर प्रदत्त कंप्यूटर है जिसने 'सुपर कम्प्यूटर' जैसे अति श्रमतावान यांत्रिक मस्तिष्क का निर्माण किया है। विज्ञान और प्रौद्योगिकी प्रगति के इस युग में न्यूनतम मानवीय श्रम से अधिकतम जरूरतों की पूर्ति करना मनुष्य का उद्देश्य होता जा रहा है। उसने अपने निमित्त व्यवसायों के सम्पादन हेतु मशीनों का निर्माण किया है जैसे खेती के निमित्त कार्यों हेतु ट्रेक्टर, थ्रेसर, संवाहन, निर्माण-उद्योग हेतु मशीनें, परिवहन के साधन-बैलगाड़ी, साइकिल से लेकर अन्तरिक्ष-यान इत्यादि। इसी प्रकार उसने गणना सम्बन्धी कार्यों के सम्पादन हेतु कई विधियों/उपकरणों का विकास किया जिनमें से संगणक एक है।

र्वमान समय में कंम्यूटर ने तथ्य संग्रहण और गणना क्रिया को अत्यधिक आसानबनादिया है। लेकिन संगठक के आविष्कार से पूर्व भी भारत और यूरोप में गणना के कई रूप प्रचलित थे। प्राचीन भारत में वाराहमिहिर, भाष्कराचार्य, आर्यभट्ट जैसे केई प्रख्यात खगोलविद हुए। इनके द्वारा खगोल संबंधी गणना हेतु कई साधनों के प्रयोग का भी उदाहरण मिलता है। प्राचीन यूनान में भी ऐसे यंत्रों के प्रयोग का उल्लेख है। पास्कल (Pascal) एवं सेबनीज (Seibniz) जैसे विद्वानों ने गणक मशीनों का प्रयोग किया था। पी० ई० मोरिसन की सन् 1961 में प्रकाशित पुस्तक के अनुसार सन् 1920 के आस-पास चार्ल्स बावेज नामक एक अंग्रेज ने कम्प्यूटर का निर्माण किया था। इन्होंने सर्वप्रथम डिफरेंस इंजन नाम के यन्त्र का निर्माण किया एवं कालान्तर में इसी मशीन को परिष्कृत कर एनेलिटिक एंजिन का नाम दिया। इनके पांच घटक थे–

(i) गणितीय इकाई (Arithemetic Unit)

(ii) याददाशत (Memory)

(iii) नियन्त्रण केन्द्र (Control Unit),

(iv) निवेश खण्ड (Input Section),

(v) निर्गम खण्ड (Out put section),

सबसे पूर्व कंप्यूटर का निर्माण एक ब्रिटेन की 'फेशन्टी लिमिटेड' कंपनी द्वारा किया गया जो विभिन्न व्यवसायों में व्यवहार में लाया जाने लगा। मानचेस्टर विश्वविद्यालय के सहयोग से फेरान्टी कम्पनी ने संगणक का निर्माण किया था।

वर्तमान समय में संयुक्त राज्य अमेरिका, जापान, आस्ट्रिया, जर्मनी, फ्रांस, इटली, सोवियत संघ, भारत सिंगापुर, मलेशिया जैसे अनेक देशों में कम्प्यूटर का निर्माण होने लगा है। इसमें प्रमुख हैं– IBM, UNIVACI, ARC, DCM...आदि।

ज्ञातव्य है कि इन सभी संगणकों में उपर्युक्त पांच घटक अवश्य होते हैं जिन्हें आधारी अंग भी कहा जा सकता है। कम्प्यूटर निर्माण सुधार होता जा रहा है।

संगठक एवं भौगोलिक आंकड़े

प्रस्तुत पुस्तक 'भूगोल की सांख्यिकीय विधियां' भौगोलिक-आंकड़ों के विश्लेषण में सांख्यिकीय विधियों के प्रयोग से सम्बन्धित हैं। चूंकि संगणक सांख्यिकीय विश्लेषण में एक सहायक यन्त्र है। अतः यह जानना जरूरी है कि भौगोलिक-आंकड़ों के विश्लेषण में कम्प्यूटर का प्रयोग कैसे हो सकता है। भौगोलिक-आंकड़ों के विश्लेषण में संगणक प्रयोग के सम्बन्ध में दो मुख्य कठिनाइयां हैं। प्रथम कठिनाई तो यह है कि भूगोलवेत्ता को संगणक सुविधाओं की सूचना नहीं होती और यदि होती है तो भी संगणक की क्षमता एवं सीमाओं का भौगोलिक ज्ञान की अभिवृद्धि में कितना प्रयोग हो सकता है; इसका ज्ञान नहीं होता। संगणक आंकड़ों का सारणीयन कर सकता है, विश्लेषण कर सकता है, संग्रहण कर सकता है तथा जरूरत पड़ने पर इन्हें याददाश्त से उद्धत कर सकता है।

संगणक मानचित्रों एवं रेखाचित्रों को भी बना सकता है जिससे आंकड़ों को विश्लेषित परिणामों का स्थानिक प्रतिरूप स्पष्ट हो सकता है। उदाहरणस्वरूप जनसंख्या घनत्व, सूचकांक, अवशेष (Residual) मानचित्र आदि का निर्माण करना या उत्पादन, आयात-निर्यात, जनसंख्या वृद्धि सह-सम्बन्ध, प्रतिगमन विश्लेषण आदि से सम्बन्धित आरेखों को भी बना सकता है। इसकी मुश्किल यह है कि संगणक विशेषज्ञ को (Computer User) को भूगोलवेत्ता की आवश्यकता का ज्ञान नहीं होता। संगणक तो आदेशों के अनुसार अपनी क्षमता भर आंकड़ों का विभिन्न रूप में विश्लेषण करने में सक्षम होता है। वह अपने आदेश पूर्वानिर्धारित प्रोग्राम के (Programme) अनुसार ही प्राप्त कर सकता है तथा तभी कार्यरत होता है। अब भूगोलविद् क्या चाहता है? भौगोलिक आंकड़ों की स्थानिक-कालिक विशेषताएं क्या हैं? इसका ज्ञान संगणक विशेषज्ञ को नहीं होता। इसलिए सभी संगणक सामाजिक विज्ञानों या भूगोल के आंकड़ों का विश्लेषण करने में सक्षम नहीं होते।

नार्मन, पैकेज फार दि सोशल साइंसेज, (Statistical package for the social Sciences) द्वारा ऐसे कई प्रोग्राम बनाये जो भौगोलिक आंकड़ों के विश्लेषण के लिए

विशेष रूप से कार्य में लाये जा सकते है। इसे SPSS कहते हैं। यह सामाजिक विज्ञानों के आंकड़ों के संगणक विश्लेषण के लिए बना एक समन्वित प्रोग्राम है। प्रस्तुत अध्याय में इसके उद्देश्य, प्रक्रियाओं (Procedures) एवं विशेषताओं पर प्रकाश डाला गया है। ंप्यूटर विश्लेषण में सामान्यतः दो प्रकार के आंकड़े प्रयुक्त होते हैं। एक तो ऐसे आंकड़े होते हैं जिनके निवेश एवं निर्गम की मात्रा अत्यधिक होती है किन्तु जिनमें संगणना के पद कम होते हैं। उदाहरणार्थ किसी कारखाने के वर्ष के दैनिक उत्पादन के आंकड़ों का औसत या प्रवृत्ति ज्ञात करना।

दूसरे वे आंकड़े होते हैं जिनके निवेश और निर्गम की मात्रा कम होती है किन्तु जिनमें गणितीय संगणना अधिक होती है। जैसे जलवायविक प्रक्रियाओं के विश्लेषण से सम्बन्धित आंकड़े। सामान्य रूप से वैधानिक शोध शिक्षण के आंकड़े इस वर्ग में आते हैं। सामाजिक विज्ञानों, जिनमें भूगोल भी सम्मिलित है, के आंकड़े इन दोनों के बीच में आते हैं। इसका कारण यह कि इनके निवेश की मात्रा अधिक हो सकती है तथा संगणना अधिक हो सकती है, कम भी हो सकती है। भूगोल के आंकड़े रसायन शास्त्र के आंकड़े रसायन शास्त्र के आंकड़े की तरह प्रयोगशाला के परीक्षणों से नहीं आते। इनकी प्रयोगशाला पृथ्वी की सतह होती है तथा आंकड़े मानव व्यवहार से सम्बन्धित होते हैं। ये आंकड़े विविधतापूर्ण सामाजिक-सांस्कृतिक आर्थिक पक्षों से सम्बन्धित होते हैं। साथ ही सभी भूगोलविदों को कंप्यूटर विषयक आंकड़ा विश्लेषण की विधियों का ज्ञान नहीं होता है।

उद्देश्य

कंप्यूटर आंकड़ों के प्रस्तुतीकरण एवं विश्लेषण में सहायक होते हैं। संगणक प्रस्तीकरण (Processing) का अर्थ आंकड़ों का वर्गीकरण करना, शुद्धिकरण करना तथा संग्रहण से है जिसकी चर्चा सांख्यिकीय सोपानों के अन्तर्गत प्रथम अध्याय में की गयी है। ये आंकड़े संगणक में कोड की सहायता से भर दिये जाते हैं तथा दैनदिन (Routine) रूप में उनकी तालिकाओं आदि का प्रयोग किया जाता है। आंकड़ा विश्लेषण गणितीय एवं सांख्किीय पद्धतियों पर आधारित होता है। संगणक विस्तृत गणितीय कार्यों को अल्पावधि में पूरा करने की क्षमता रखता है।

भूगोल में आंकड़ों का प्रस्तुतीकरण एवं विश्लेषण दोनों बहुत महत्वपूर्ण होते हैं क्योंकि भूगोल एक आनुभविक विज्ञान है। आंकड़ों की मात्रा एवं विविधता दोनों ज्यादा होती है इस प्रकार उन्हें संक्षिप्त रूप में प्रस्तुत करना जरूरी हो जाता है। यह कार्य SPSS द्वारा सम्पन्न किया जा सकता है। ऊपर लिखित है कि कम्प्यूटर पूर्वानिर्धारित, प्रोग्राम (Programme) के अनुसार कार्य करता है। अब प्रश्न यह है

कि प्रोग्राम क्या है? प्रोग्राम वास्तव में क्रमबद्ध आदेशों की एक निश्चित श्रृंखला को कहते हैं जिनके अनुसार संगणक कार्य करता है।

बिना प्रोग्राम के संगणक कार्य नहीं कर सकता है। कोई एक प्रोग्राम आंकड़ों की विभिन्न शृंखलाओं पर लागू किया जा सकता है। उदाहरणस्वरूप, दो चरों के बीच सह-सम्बन्ध ज्ञात करने के लिए जो विभिन्न पद आवश्यक है उनका समन्वित रूप सह-सम्बन्ध प्रोग्राम (Correlation Programme) कहलायेगा। अब यह प्रोग्राम किन्हीं भी आंकड़ों की ऐसी शृंखलाओं पर लागू किया जा सकता है जिनमें सह-सम्बन्ध ज्ञात करना हो। इस प्रोग्राम में न्यूनाधिक परिवर्तन भी सम्भव होता हैं संगणक पुस्तकालयय ऐसे प्रोग्राम उपलब्ध करता है। ध्यातव्य है कि संगणक के आंकड़ों के विश्लेषण में विभिन्न क्रियाओं को दुहराना पड़ता है। विभिन्न प्रोग्राम के द्वारा विश्लेषित आंकड़े एक दूसरे के निवेश निर्गम बन जाते हैं। उदाहरणस्वरूप आंकड़ों के सारणीयन के पश्चात् उनका समाश्रयण (Regression) ज्ञात करना है तो संगणक को आपसी श्रृंखलाबद्ध गणनाएं करनी होगी। ऐसी स्थिति में अलग-अलग प्रोग्राम के आंकड़ों को आपसी रूप से ग्राह्य होना चाहिए। साथ ही प्रोग्राम भी आपसी प्रयोग के लायक होना चाहिए। SPSS ऐसे ही परस्पर सम्बन्धित प्रोग्राम का समुच्चय है जो सामाजिक विज्ञानों के आंकड़ों का विश्लेषण सुलभ बनाता है साथ ही SPSS की भाषा भी सामान्य भाषा से मिलती-जुलती है ताकि उसका प्रयोग सरलता से किया जा सके।

SPSS की सांख्यिकी-पद्धतियां

भौगोलिक आंकड़ों के विश्लेषण के दो लक्ष्य हैं। एक तो आंकड़ों की विवरणात्मक व्याख्या करना तथा दूसरे आंकड़ों की श्रृंखलाओं के मध्य अर्थपूर्ण सम्बन्धों एवं प्रतिरूपों को पहचाना ताकि उसके आधार पर नियम एवं सिद्धान्त प्रतिपादित किये जा सके। SPSS द्वारा आंकड़ों की व्याख्या माडल निर्धारण, सार्थकता परीक्षण तथा नियम प्रतिपादित किया जा सकता है। इन्हें दो भागों में विभाजित किया सकता है।

(क) प्राचलिक प्रक्रिया (Parametic Procedures),

(ख) अप्राचलिक प्रक्रिया (Non Parametic Procedures)

प्रथम के तहत वर्गान्तराल युक्त आंकड़े प्रयोग में लाये जाते हुें तथा श्रृंखलाबद्ध सांख्यिकी गणनाएं की जाती हैं। अप्राचलिक प्रक्रिया के तहत संज्ञात्मक (Nominal) एवं क्रमसूचक (Ordinal) आंकड़े प्रयोग में लाये जाते हैं तथा इनमें चरों के वितरण के लिए किन्ही अवधारणओं को नहीं माना जाता।

SPSS के माध्यम से स्वतन्त्र एवं परतन्त्र प्रत्येक चर की वितरण सम्बन्धी विशेषताओं को विश्लेषित करने के लिए निम्नलिखित सांख्यिकी प्रक्रियाओं का प्रयोग किया जा सकता है

(क) **कंडिस्क्रिप्टिव** –इसमें वर्गन्तराल युक्त ऐसे चरों का प्रयोग किया जाता है जिनकी संख्या ज्यादा होती हैं उदाहरण के लिए उत्पादन के आंकड़े, औसत आय के आंकड़े इत्यादि।

(ख) **कोड बुक**–एवं (ग) **मार्जिनल** –इनका प्रयोग सीमित मान वाले चरों के लिए किया जाता है। साथ ही इनका प्रयोग संज्ञात्मक आंकड़ों के विश्लेषण के लिए भी किया जाता है। इसके द्वारा प्रजाति, जाति, संस्थागत अभिनीत से सम्बन्धित आंकड़े विश्लेषित किए जाते हैं।

उपरोक्त लिखित प्रोग्राम द्वारा औसत, मध्यिका, बहुलक, मानक विचलन जैसी सांख्यिकी प्राप्ती की जा सकती है। 'कोड बुक' के द्वारा आंकड़ों को तालिकाबद्ध करना आवृत्ति वितरण ज्ञात करना तथा आयात बनाने का कार्य किया जा सकता है। इन प्रोग्राम का निर्गम काफी ज्यादा मात्रा में प्राप्त होता है। मार्जिनल प्रोग्राम इन्ही सूचनाओं को संक्षिप्त रूप में देते हैं।

चरों के आपसी सम्बन्ध का विश्लेषण-सारणीयन

भौगोलिक आंकड़ों का सम्बन्ध मालूम करने के लिए निम्नलिखित प्रोग्राम SPSS में उपलब्ध होते हैं–

(क) **क्रासटेब्स** –इसके द्वारा द्विपद एवं बहुपद सारणीयन किया जाता है। इसके द्वारा विभिन्न Non-Parametic सांख्यिकी भी प्राप्त की जा सकती है। तालिकाओं के स्तम्भों एवं Rows का योग प्रतिशत तथा सम्बन्ध की मात्रा का भी ज्ञान हो जाता है।

(ख) **फास्टेब्स** –यह प्रोग्राम उक्त (क्रासटेब्स) की तरह ही है किन्तु संख्याओं का प्रयोग अधिक करता है।

(ग) **ब्रेकडाउन** – इस प्रोग्राम के द्वारा औसत, मानक विचलन प्रसरण आदि क्रमबद्ध रूप से प्राप्त होते हैं अर्थात् शृंखला के लिए चिट समूहों के लिए उप समूहों के लिए इत्यादि। अर्थात् सम्पूर्ण शृंखला के औसत से लेकर न्यूनतम पांच-पांच स्वतन्त्र चरों की सांख्यिकी प्राप्त की जाती है।

द्विपद सह-सम्बन्ध विश्लेषण

SPSS संगणक प्रोग्राम में (Product moment Correlation Coefficient) ज्ञात

करने के लिए पिर्यसन का सह-सम्बन्ध प्रोग्राम उपलब्ध होता है जो वर्गान्तराल युक्त प्रसामान्य वितरण वाले आंकड़ों के लिए सही होता है। इसके अतिरिक्त स्पियर मैन सह-सम्बन्ध अथवा केन्डाल महोदय को कोटिक्रम सह-सम्बन्ध मालूम करने के लिए NON PAR CORR प्रोग्राम उपलब्ध रहता है। इनका सार्थकता मापन एवं Matrice निर्माण भी किया जाता है ताकि Matrice का अन्य प्रोग्राम में प्रयोग हो सके।

बहुचर सह-सम्बन्ध एवं समाश्रयण

SPSS का 'PARTIAL CORR' प्रोग्राम किन्हीं दो चरों के बीच रेखीय सह-सम्बन्ध को ज्ञात करने में मदद होता है। इसमें मूल आंकड़ों का या किसी प्रोग्राम द्वारा जनित Matric का प्रयोग हो सकता है।

बहुचर समाश्रयण विश्लेषण में किसी परतन्त्र चर के परिप्रेक्ष्य में कुछ स्वतन्त्र चरों के रेखीय सम्बन्ध का विश्लेषण किया जाता है। यह प्रोग्राम 'REGRESSION' के नाम से जाना जाता है। इसके निर्गम के रूप में चरों की सूची, गुणक, समाश्रयण में संयुक्त सूत्र, मानक त्रुटि तथा सार्थकता में स्तर की सांख्यिकी प्राप्त होती है।

गेटमेन मापन एवं घटक विश्लेषण

SPSS द्वारा गेटमेन मापन सांख्यिकी भी प्राप्त की जा सकती है। 'GUTTMAN SCALE' प्रोग्राम से एक बार में 50 पृथक-पृथक मापक प्राप्त होते हैं तथा इनका आकलन गुडइनफ तकनीक (Goodenough Technique) से किया जाता है।

घटक विश्लेषण में प्रमुख घटकों की खोज करके आंकड़ों को संयमित किया जाता है। 'FACTOR' प्रोग्राम द्वारा विभिन्न तकनीकें उपलब्ध करायी जाती है। SPSS में अग्रलिखित पंच विधियों से विश्लेषण किया जा सकता है।

(क) Principal Factoring without Iteration

(ख) Principal Factoring with Iteration

(ग) Rao's Cononical Factoring

(घ) Image Factoring

SPSS के मुख्य गुण

संगणक SPSS द्वारा प्रोग्राम के प्रयोग निम्नलिखित गुण हैं

[i] **शृंखलाबद्ध आगणन** (Sequencecing calculation)–SPSS का संचालन कुछ नियन्त्रक कार्ड (Control Cards) करते हैं जिन्हें पंचकार्ड के जैसा कोड के अनुसार पंच किया जाता है। ये एक निश्चित क्रम में होते हैं तथा यह क्रम

विश्लेषणकर्त्ता अपनी जरूरत के अनुसार करता है। SPSS का प्रोग्राम नियन्त्रक (Control Programme) ऐसे कार्ड के संकेतों को समझकर यहाँ कन्ट्रोल कार्ड को एक निश्चित क्रम में रखना जरूरी होता है।

[ii] **आंकड़ों का प्रदेश तथा प्रक्रम** (Entering and Processing Data)—SPSS तन्त्र में आंकड़ों का संगठन फाइल के रूप में किया जाता है। फाइल में आंकड़े तथा उनकी संलग्न सुरक्षित रहती है। इनका टेप या डिस्क में भण्डारण किया जाता है।

[iii] [Subfiles] आंकड़ों को जब छोटे-छोटे समूहों में विभाजित जाता है इन्हें भी फाइल की तरह टेप डिस्क में रखा जाता है।

[iv]—हर फाइल का आंकड़ा अपने आप में सम्पूर्ण नहीं होता है। SPSS में अपूर्ण आंकड़ों को पुनः प्रेषित करने की गुंजाइश रहती है। हर चर के तीन मान तक अपूर्ण आंकड़ों के रूप में संचित किए जा सकते हैं।

[v] Recording Data —आंकड़ों के संकेतों द्वारा कम्प्यूटर में विश्लेषित किया जाता है। में कोड को पारिभाषित करने की सम्भावना रहती है। RELODE प्रक्रिया से कोड को अस्थायी रूप से या स्थाई रूप से परिमार्जित किया जा सकता है।

[vi] **चर रूपान्तरण** (Variable Transformation)—इस प्रक्रिया द्वारा भिन्न-भिन्न चरों के मान के प्रयोग से नये चर का गठन लिया जा सकता है। SPSS में एक कार्ड होता है जो निम्नरूप से रूपान्तरण करता है।

1		16
Compute	A=B+C	'A' needs to be defined from existing B.C.

चर रूपान्तरण में कार्ड की मदद ली जाती है। इसके द्वारा यदि कुछ स्थितियाँ उपस्थित हैं तो चर रूपान्तरण किया जाता है।

इस तरह SPSS तन्त्र एक व्यापक प्रणाली है जिसमें आंकड़ों का भण्डारण रूपान्तरण, विश्लेषण होता है तथा सम्पूर्ण आंकड़े तथा विश्लेषण प्रक्रिया टंकित रूप में प्राप्त हो जाती है। संप्रेषित आंकड़ों को बदला जा सकता है, रूपान्तरित किया जा सकता है।

संगठक उपयोग का उदाहरण

पूर्वगामी पृष्ठों में सैद्धान्तिक रूप से समझाया गया है कि संगणक प्रयोग से आंकड़ों के इच्छित विश्लेषण के लिए कौन-कौन सी प्रक्रियायें दोहरानी होती है। उदाहरण स्वरूप SPSS प्रोग्राम के अनुसार किन्हीं आंकड़ों को विश्लेषण के लिए नियन्त्रक कार्ड (Control Card) के माध्यम से कम्प्यूटर को आदेश दिए जाते हैं और तब इच्छित सांख्यिकी प्राप्त की जाती है।

उदाहरणस्वरूप मेहथा बाजार में वस्तुओं को खरीदने एवं बेचने के उद्देश्य से आने वाले व्यक्तियों के व्यवहार का विश्लेषण हेतु संगणक-प्रयोग से प्राप्त सांख्यिकी को निम्नलिखित प्रकार से समझाया जा सकता है

सबसे पहले कम्प्यूटर दिनांक, कम्प्यूटर सेन्टर का नाम अन्य तकनीकी सूचनायें प्रदान करता है।

तदुपरान्त पंचकार्ड के माध्यम से निम्न आदेश संगणक को दिए जाते है–

पंच कार्ड

का क्रम	आदेश
1.	बाजार का नाम (Run Name)
2.	चरों की सूची (Variable List)
3.	निवेश माध्यम (Input Medium) यह पंच कार्ड, मैगनेटिक डिस्क आदि हो सकता है।
4.	प्रकरणों की संख्या (Number of Cases)
5.	निवेश फार्मेट (Input Formate) इसके तहत पद के सोपान
6.	टंकण फार्मेट (Print Formates) यह कार्ड कम्प्यूटर को निर्देश देता है कि किन-किन चरों का विश्लेषण छाप कर देना है।
7.	क्रास टेब्स (Crosstabs) यह कार्ड कम्प्यूटर को तालिका के गठन के उद्देश्य से आदेश देता है कि कौन-कौन से चर स्वतन्त्र हैं और कौन परतन्त्र।
8.	सांख्यिकी (Statistics) यह कार्ड कम्प्यूटर को उस सांख्यिकी की प्राप्ति हेतु आदेश देता है जिसे विश्लेषण द्वारा प्राप्त करना है।
9.	अन्तिम कार्ड कम्प्यूटर को आंकड़ा पढ़ने का आदेश देता है।

संगणक विश्लेषण का निष्कर्ष

उक्त क्रम से पंच कार्ड (Crosstabs) प्रक्रिया के अनुरूप संगणक एक तालिकाबद्ध स्वरूप में आंकड़ों को व्यवस्थित करता है। उदाहरणस्वरूप तालिका मेहथा बाजार में वस्तु विक्रय के लिए आने वाले व्यक्तियों [Sale] का वर्गीकरण [WHo] उपभोक्ता [C], व्यापारी [T] या अन्य [X] में प्रस्तुत करती है।

π π π